测绘地理信息科技出版资金资助

高精度GNSS时变观测模型与数据处理质量控制

Time-varying Information Model and Quality Control in Precise Satellite Navigation and Positioning

郑作亚 著

测绘出版社

·北京·

内容简介

本书以高精度卫星导航定位时变观测模型和数据处理质量控制为核心，以精密单点定位技术和卫星导航定位基准站系统为主线，开展非差相位定位观测模型与误差改正、系统误差与随机误差处理、卫星钟差内插与预报、参数估计收敛速度及影响因素、卫星导航定位基准站网静态时变信息分析、动态定位与质量控制、卫星导航定位基准站网反演电离层模型等研究。

本书的技术内容属于卫星导航定位技术领域的应用技术研究，可作为大学本科高年级学生进一步学习卫星导航定位相关技术及其工程应用的参考书，也可以作为研究生深入科研以及企业软硬件研发人员、生产一线的大地测量学工作者的重要参考资料。

图书在版编目（CIP）数据

高精度 GNSS 时变观测模型与数据处理质量控制 / 郑作亚著. —北京：测绘出版社，2017.3
ISBN 978-7-5030-4031-3

Ⅰ. ①高… Ⅱ. ①郑… Ⅲ. ①卫星导航—全球定位系统—时变—观测—模型—研究 ②卫星导航—全球定位系统—数据处理—质量控制—研究 Ⅳ. ①P228.4

中国版本图书馆 CIP 数据核字（2016）第 323364 号

责任编辑 雷秀丽 **封面设计** 李 伟 **责任校对** 石书贤 **责任印制** 陈 超

出版发行	测绘出版社	**电 话**	010－83543956（发行部）
地 址	北京市西城区三里河路 50 号		010－68531609（门市部）
邮政编码	100045		010－68531363（编辑部）
电子邮箱	smp@sinomaps.com	**网 址**	www.chinasmp.com
印 刷	北京京华虎彩印刷有限公司	**经 销**	新华书店
成品规格	169mm×239mm		
印 张	14.25	**字 数**	287 千字
版 次	2017 年 3 月第 1 版	**印 次**	2017 年 3 月第 1 次印刷
印 数	0001－1000	**定 价**	56.00 元

书 号 ISBN 978-7-5030-4031-3

前 言

自 1978 年美国国防部为军事应用建立授时与测距导航系统 NAVSTAR（又称全球定位系统，即 GPS）以来，GPS、北斗（BDS）、格洛纳斯（GLONASS）和伽利略（Galileo）等全球卫星导航系统（global navigation satellite system，GNSS）都在加快建设和完善进程。此外，其他国家如日本、印度也在努力建设自己的区域卫星导航系统。至此，卫星导航定位正呈现百花齐放的局面，卫星导航定位技术的发展呈现出卫星导航系统越来越多、系统频率越来越丰富、数据及产品的实时性越来越高等趋势。

近年来，卫星导航定位技术已经在导航、大地测量、天文学、工程测量、大气科学、地球物理学、地球动力学、空间科学、海洋科学等诸多学科领域得到了广泛应用，并促进了多学科的交叉融合与发展，引起了卫星导航、大地测量等学科的革命性发展；卫星导航定位技术的出现，更是推动了卫星导航与位置服务产业的发展壮大。与此同时，卫星导航定位技术还有很大的研究空间和发展前景，如实时精密单点定位（precise point positioning，PPP）、全球级连续运行基准站及其系统（continuously operating reference station or system，CORS）建立与应用服务、多系统多技术集成定位导航技术、室内导航定位新理论新技术新方法、现代大地测量框架建立与维护、基于 GNSS-R 的海洋微波遥感及参数反演应用、海底大地测量等方面。

随着全球 IGS（international GNSS service）站的完善和地区、国家级 CORS 网的逐步构建以及高精度数据处理方法的深入研究，精密单位定位技术和卫星导航定位基准站系统研究已成为卫星导航定位技术中重要的两个研究方向和应用领域。

本书基于笔者主持的国家自然科学基金项目（40904001）、中国博士后科学基金特别资助（201003146）和一等资助（20080440049）、国家“863”计划重点项目子课题（2009AA121401）等项目的研究工作，结合笔者在香港理工大学做访问学者期间以及博士后期间的阶段性研究成果，以高精度卫星导航定位中的时变信息模型和质量控制为核心，以精密单点定位技术和卫星导航定位基准站系统为主线，开展非差相位定位观测模型与误差改正、系统误差与随机误差处理、卫星钟差内插与预报、参数估计收敛速度及影响因素、卫星导航定位基准站网静态时变信息分析、动态定位与质量控制、卫星导航定位基准站网反演电离层模型等研究。笔者长期从事卫星精密定位、定轨与导航以及时变信息模型和质量控制方面的研究，于 2008 年出版了专著《星载 GPS 低轨卫星数据质量控制及其精密轨道确定理论与方法》，在此基础上结合笔者在该领域的最新研究成果整理出版此书，力争为我国从事卫星导航定位技术应用推广、系统开发与生产实践的科研工作者和技术人员提供一定的借鉴与参考。

全书共分10章。第1章主要概述了卫星导航定位技术的发展、当前的主要发展趋势与发展方向、精密单点定位技术、连续运行参考站网技术及质量控制方法的研究现状与发展趋势。第2章在总结非差观测的观测模型和平差方法的基础上，重点对非差精密单点定位过程中的误差来源及其改正模型进行综述和归纳。最后对目前已经认识到的误差来源、影响量级及改正措施进行总结。第3章主要针对GPS数据处理中系统误差和随机误差，提出基于符号约束稳健最小二乘估计的系统误差分离方法研究。第4章首先对IGS超快星历中相邻钟差资料的相关性进行分析，针对铯钟和铷钟两种卫星钟类型，对目前常用的内插方法进行内插精度分析与比较，重点阐述卫星钟差的预报方法，对附有指数的灰色模型、附有周期项的二次多项式模型及基于递推遗忘因子的最小二乘方法等预报模型进行深入研究。第5章在分析不同采样间隔的GPS观测资料与卫星钟差对参数收敛的影响的基础上，进行收敛影响因素的分析并提出提高收敛效率的措施讨论。第6章阐述了精密单点定位顾及系统误差抗差模型，讨论了新息和残差的随机性分析指标。第7章基于近年来利用多GPS基准站连续观测技术的地壳运动监测研究的进展，以及地震、山体滑坡、泥石流等自然灾害频繁发生，提出利用卫星导航定位基准站网的点位、基线变化来反映地壳的运动情况。第8章介绍基于卫星导航定位基准站网的高精度动态定位方法、海上GPS动态定位技术和卫星导航定位基准站网质量控制理论。第9章分析基于球谐函数模型的电离层预报和夜间平场随维度、季节和太阳活动的变化规律。第10章总结本书内容，并给出今后卫星精密定位领域的一些研究方向、设想和展望。

在本书编写期间，有幸得到了陈俊勇、宁津生、许厚泽、杨元喜、李建成等各位院士的指点，得到了黄瑊研究员、陈永奇教授、张继贤研究员、程鹏飞研究员、燕琴研究员、党亚民研究员、卢秀山教授等的关心与指导，得到了秘金钟研究员、王潜心博士、谷守周博士等的支持与帮助，张晓强、李冉、李建彬等硕士在资料收集整理方面做了很多有成效的工作，在此一并表示诚挚感谢。同时，在本书编写过程中笔者参阅了大量文献，引用了相关书刊中的资料，在此向有关作者表示衷心的感谢。

本书内容是笔者近年来研究成果的阶段性总结，还有待进一步深入研究，笔者虽做了最大努力，但书中难免有疏漏和不妥之处，真诚恳望同行专家及广大读者批评指正。

目　录

第 1 章　绪　论 …… 1
1.1　概　述 …… 1
1.2　主要发展现状与趋势 …… 2
1.3　研究意义与内容安排 …… 8

第 2 章　观测模型与误差改正 …… 10
2.1　非差观测模型 …… 10
2.2　平差模型 …… 13
2.3　主要误差源及其改正模型 …… 15

第 3 章　系统误差与随机误差处理 …… 31
3.1　概　述 …… 31
3.2　GPS 观测量系统误差分离方法研究 …… 32
3.3　GPS 差分处理中的随机模型 …… 39
3.4　降低观测量噪声的组合模型分析 …… 42
3.5　基于 CORS 网的随机模型 …… 43

第 4 章　非差相位定位卫星钟差内插与预报 …… 49
4.1　概　述 …… 49
4.2　IGS 超快星历中钟差资料相关性 …… 50
4.3　卫星钟差内插方法 …… 52
4.4　卫星钟差内插精度分析 …… 55
4.5　卫星钟差预报常用方法 …… 67
4.6　附有指数的灰色模型 …… 76
4.7　附有周期项的二次多项式模型 …… 91
4.8　基于递推遗忘因子最小二乘法的钟差预报 …… 98

第 5 章　非差相位定位参数估计收敛速度及影响因素 …… 107
5.1　概　述 …… 107
5.2　观测资料和卫星钟差采样间隔对参数收敛的影响 …… 107

5.3 收敛的影响因素及分析 …… 113
5.4 提高收敛效率的措施讨论 …… 116

第6章 非差相位定位的质量控制 …… 120
6.1 概 述 …… 120
6.2 定位模型 …… 120
6.3 顾及系统误差的抗差模型 …… 125
6.4 滤波模型异常探测和识别 …… 132
6.5 分析与讨论 …… 137

第7章 CORS网静态时变信息分析 …… 140
7.1 概 述 …… 140
7.2 数据来源及处理方法 …… 141
7.3 点位时间序列分析 …… 145
7.4 基线变化时间序列分析 …… 150
7.5 分析与讨论 …… 157

第8章 CORS网动态定位与质量控制 …… 158
8.1 概述 …… 158
8.2 基于CORS的高精度动态定位方法 …… 158
8.3 海上GPS浮标网络定位技术 …… 166
8.4 GNSS导航定位性能及预警研究 …… 172
8.5 QDCORS网质量评定 …… 177
8.6 QDCORS系统的完备性分析 …… 182
8.7 QDCORS完备性实验分析 …… 188

第9章 CORS网反演电离层模型 …… 196
9.1 概 述 …… 196
9.2 基于球谐函数模型的电离层预报 …… 196
9.3 夜间平场随纬度、季节和太阳活动的变化 …… 200

第10章 结论与展望 …… 205
10.1 主要结论 …… 205
10.2 研究展望 …… 206

参考文献 …… 209

Contents

Chapter 1 Introduction ······ 1
1.1 Overview ······ 1
1.2 Main Development Status and Trend ······ 2
1.3 Research Significance and Content Arrangement ······ 8
Chapter 2 Observation Model and Error Correction ······ 10
2.1 Non-difference Observation Model ······ 10
2.2 Adjustment Model ······ 13
2.3 Main Error Sources and Their Correction Models ······ 15
Chapter 3 System Error and Stochastic Model ······ 31
3.1 Overview ······ 31
3.2 Research on Separation Method of GPS Observation System Error ······ 32
3.3 Stochastic Model in GPS Differential Processing ······ 39
3.4 Combined Model Analysis for Reducing Observed Noise ······ 42
3.5 The Stochastic Model of CORS Network ······ 43
Chapter 4 Interpolation and Prediction of Satellite Clock Error for Non-difference Phase Location ······ 49
4.1 Overview ······ 49
4.2 Relativity of IGS Superfast Ephemeris Data ······ 50
4.3 Interpolation Method of Satellite Clock Error ······ 52
4.4 Interpolation Accuracy Analysis of Satellite Clock Error ······ 55
4.5 Common Methods of Satellite Clock Error Prediction ······ 67
4.6 An Indexed Gray Model ······ 76
4.7 A Quadratic Polynomial Model with Periodic Term ······ 91
4.8 Prediction of Clock Error Based on Recursive Forgetting Factor Least Squares ······ 98
Chapter 5 Estimation of Convergence Rate and Influencing Factors of Non-difference Phase Location Parameters ······ 107
5.1 Overview ······ 107
5.2 The Observation Data and Satellite Clock Differential Sampling

Interval on the Influence of the Parameters Convergence ········ 107
5.3 The Influencing Factors and Analysis of Convergence ·············· 113
5.4 Discussion on Measures to Improve Convergence Efficiency ······ 116
Chapter 6 Quality Control of Non-difference Phase Location ················ 120
6.1 Overview ·· 120
6.2 Positioning Model ·· 120
6.3 Tolerance Model Considering System Error ······················ 125
6.4 Anomaly Detection and Identification of Filtering Model ········ 132
6.5 Analysis and Discussion ··· 137
Chapter 7 Static Time-varying Information Analysis of CORS Network ······ 140
7.1 Overview ·· 140
7.2 Data Sources and Processing Methods ···························· 141
7.3 Point Time Series Analysis ······································ 145
7.4 Baseline Time Series Analysis ··································· 150
7.5 Analysis and Discussion ··· 157
Chapter 8 Dynamic Positioning and Quality Control of CORS Network ······ 158
8.1 Overview ·· 158
8.2 High Precision Dynamic Positioning Method Based on CORS ·· 158
8.3 Marine GPS Buoy Network Positioning Technology ·············· 166
8.4 GNSS Navigation and Early Warning Research Performance ······ 172
8.5 QDCORS Network Quality Evaluation ····························· 177
8.6 Completeness Analysis of QDCORS System ······················ 182
8.7 QDCORS Completeness Experimental Analysis ···················· 188
Chapter 9 Inversion of Ionospheric Model by CORS Network ················ 196
9.1 Overview ·· 196
9.2 Ionospheric Prediction Based on Spherical Harmonic Function Model ·· 196
9.3 The Changes of Nighttime Flat Field with Latitude, Season and Solar Activity ·· 200
Chapter 10 Conclusion and Outlook ··· 205
10.1 Main Conclusion ··· 205
10.2 Research Prospects ·· 206
References ·· 209

第1章 绪 论

1.1 概 述

20 世纪中期以来，随着通信科学、计算机科学、空间科学、地球科学等现代科学技术的飞速发展，卫星技术出现并得到了飞速发展，特别是星载原子钟的成功研制，使得卫星测距导航成为可能。全球导航卫星系统(global navigation satellite system, GNSS)就是在这样的背景下产生的，现有的全球导航卫星系统主要包括美国的全球定位系统(Global Positioning System,GPS)、中国的北斗卫星导航系统(BeiDou Navigation Satellite System,BDS)、俄罗斯的格洛纳斯导航卫星系统(Global Navigation Satellite System,GLONASS)以及欧盟的伽利略卫星导航系统(Galileo satellite Navigation System,Galileo)四个卫星导航系统。GNSS 的出现不仅为定位、导航、守时与授时带来巨大的技术革命，也给测绘地理信息行业，尤其是现代大地测量带来了前所未有的技术革新，它的出现推动了地球空间信息科学的发展。在经过早期的子午仪卫星导航系统(Transit Navigation Satellite System, TSNS)的试验论证以后，20 世纪 70 年代中期以来逐渐发展完善 GPS，该系统于 1994 年全面建成，1996 年 1 月 18 日实现 24 颗卫星的全面运行能力，具有在海陆空全方位实时三维导航与定位能力(徐绍铨，2001；陈金平，2001)，能满足各种不同精度要求。

GNSS 静态定位的应用已经相对成熟，国际上比较著名的数据处理软件有美国麻省理工学院和加利福尼亚大学共同研发的 GAMIT 软件、瑞士伯尔尼大学天文研究所研制的 Bernese 软件、美国喷气推进实验室研发的 GIPSY 软件和德国波茨坦地学中心开发的 EPOS 软件。此外，还有美国得克萨斯大学的 TEXGAP 软件、英国的 GAS 软件、挪威的 GEOSAT 软件及我国武汉大学研制的 PANDA 软件等。当前多数软件均能同时处理多模 GNSS 数据，GNSS 静态定位精度已经达到了 10^{-9} 量级。相比较而言，GNSS 动态定位的应用范围更为广泛，相对定位的作用距离从数米到上千千米，定位技术也从数十米的导航定位发展到厘米级实时动态差分(real-time kinematic,RTK)技术，以及近年迅速发展起来的网络 RTK 技术，即虚拟参考技术(virtual reference station,VRS)。这些技术为航空动态测量的位置和姿态测定提供了一种有效的解决途径，提高了航空动态测量技术(包括航空重力测量、航空摄影测量、航空 LiDAR 和机载 SAR 等)在地图、数据库快速更新以及地理国情普查与监测中的作业效率。

近年来，GNSS 技术已经在导航、大地测量、天文学、工程测量、大气科学、地球物理学、地球动力学、空间科学、海洋科学等诸多学科领域得到了广泛应用，并促进了多学科的交叉融合与发展，引起了卫星导航、大地测量等学科的革命性发展。不仅如此，GNSS技术的出现，同时也推动了卫星导航与位置服务产业的发展和壮大，随着2013年国务院办公厅《国家卫星导航产业中长期发展规划》(国办发[2013]97号)的印发实施，卫星导航与位置服务产业将在更深、更广的层次上影响着人们的日常生活。

1.2 主要发展现状与趋势

1.2.1 GNSS技术主要发展趋势

目前，GNSS技术的发展主要表现在三个方面：一是卫星导航系统越来越多，二是系统频率越来越丰富，三是数据及产品的实时性越来越高。

在多卫星导航系统数据的联合处理方面，国际GNSS服务组织(International GNSS Service，IGS)于2011年8月开始启动多卫星导航系统测试项目MGEX(Multi-GNSS Experiment)，2012年7月在波兰奥尔什丁(Olsztyn)市召开了第一次MGEX项目总结大会。会议对多卫星导航系统融合处理结果进行了全面分析，对不同卫星导航系统的频间偏差(卫星和接收机)进行了总结。通过实施MGEX一期项目，IGS有效地探索了多卫星导航系统数据采集与联合处理的经验。计划在二期项目中，逐步实现提供多卫星导航系统数据产品服务。目前用户可通过互联网来获取MGEX站的观测数据和部分IGS分析中心(GFZ、TUM、WHU)发布的多卫星导航系统产品。

目前，多频技术研究主要集中在利用多频观测数据提高整周模糊度的解算成功率、消除高阶电离层影响、增强数据的抗干扰性等方面。国内外的主要研究团队有：澳大利亚科廷大学(Curtin University)Teunissen教授带领的研究团队，主要对GNSS多频技术在CORS方面的应用进行了深入研究；德国地球研究中心葛茂荣教授的研究团队，主要对GNSS多频技术在精密单点定位方面的应用进行了研究，取得了突破性的研究成果；国内总参测绘研究所杨元喜院士的研究团队，主要针对GNSS多频技术在误差分析和数据质量控制方面开展了系统研究。

在实时数据处理与产品生成方面，IGS早在2002年便成立了专题工作组(real-time working group，RTWG)，负责研究GNSS实时产品生成技术。2007年6月IGS又将GNSS实时数据与产品作为2008—2012年的战略计划，同时确定在2007—2010年开展实时试验计划(International GNSS Service Real-time Pilot Project，IGS-RTPP)，主要参加单位有加拿大自然资源部(Natural Resources Canada，NRCan)、亥姆霍兹波茨坦中心-德国地学中心(Helmholtz-Centre Potsdam-German Research Centre for Geosciences，GFZ)、美国喷气推进实验室(Jet Propulsion Laboratory，JPL）、欧洲航天局（European Space Agency，ESA）、德国联邦制图和测地局（Bundesamt für Kartographie und Geodäsie，BKG）等（Kintner et al，2005）。2013年起，IGS开始正式提供实时数据与产品服务。

1.2.2 GNSS技术主要发展方向

GNSS技术可分为差分和非差（单点）两种方式。其中，GPS差分定位主要有局域差分GPS（local area differential GPS，LADGPS）和广域差分GPS（wide area differential GPS，WADGPS）。局域差分GPS作用半径小，通常伪距差分的作用半径不超过150 km，此时用户站的实时定位精度一般可以提高到3～5 m；广域差分GPS不仅削弱了局域差分GPS技术中主控站和用户站之间定位误差对时空的相关性，而且保持了局域差分GPS的定位精度，但系统复杂、成本高，而且对数据传输技术要求较高。20世纪90年代末，陈俊勇院士和刘经南院士等提出了分布式广域差分GPS的思想，改善了广域差分GPS技术中的数据通信问题。

为满足米级或更高精度的实时定位、信号安全和可靠性要求，美国航空联邦局（Federal Aviation Administration，FAA）于2003年提出了广域增强系统（wide area augmentation system，WAAS），其定位原理与广域差分GPS基本相同，仅仅通过在某地区增加同步卫星来提高系统的可靠性和完备性。目前，增强系统有美国的WAAS、欧洲的EGNOS、俄罗斯的SDCM、日本的QZSS和MSAS、印度的IRNSS和GAGAN、尼日利亚的NiComSat-1。

实时动态差分（RTK）技术于1994年首次提出，包括单基准站传统RTK和多基准站网络RTK。传统RTK只利用一个基准站，没有多余的观测值加以约束，而且长距离会降低基准站与用户站之间的时空相关性，基准站与用户站的距离不得超过15 km。20世纪90年代末，Raquet等研究了多基准站网络RTK，网络RTK具有以下几个特点：

（1）提高了基准站服务的可行性和可靠性。

（2）可以对区域的距离相关或时空相关的误差进行模型化，从而有利于模糊度的解算和固定。

（3）作用范围由传统RTK的10～20 km扩展到100 km。

（4）有利于建立虚拟基准站（VRS）。网络RTK在实际导航定位应用中具有更加广阔的应用空间。

随着计算机、物联网、云计算、通信和新一代网络等技术的快速发展以及GNSS研究的深入和应用的拓宽，GNSS技术正在向更高层次和更广范围发展，在GNSS的定位模式、定位精度以及定位距离等方面取得了重要进展。目前，GNSS精密单点定位（precise point positioning，PPP）技术和连续运行基准站及其系统（continuously operating reference station or system，CORS）是GNSS技术的两个重要发展方向和应用领域，下面分别简单介绍PPP技术和CORS技术的现状与发展趋势。

1. 精密单点定位技术

精密单点定位技术是20世纪70年代针对多普勒精密单点定位提出的概念，20世纪90年代中期，IGS开始向全球提供精密星历和精密卫星钟差产品，之后，还提供精度等级不同的事后、超快、快速和预报4类精密星历和相应的15 min、5 min采样间隔精密卫星钟差产品。目前IGS及其分析中心所提供的GPS精密星历精度已优于5 cm，卫星钟精度已达到0.1～0.2 ns。随着接收机性能的不断改善，大气延迟改正模型和改正方法研究的不断深入，为精密单点定位提供了新的解决思路。喷气推进实验室(JPL)的Zumberge等(1999)提出了利用高精度的GPS精密卫星星历和卫星钟差，以及单台双频GPS接收机采集的载波相位观测值，采用非差绝对模型进行精密单点定位，并在GIPSY软件上给予实现；在单站定位方程式中，只估计测站对流层参数、接收机钟差和测站坐标，其单天解的定位精度水平方向可达到±1 cm，高程方向可达到±2 cm。俄亥俄州立大学(OSU)的Han等(2001)也提出了类似的绝对定位的概念，在固定GPS精密轨道的基础上，利用IGS站的观测资料先估计出GPS卫星的钟差，然后再求解测站的绝对位置。加拿大自然资源部(NRCan)的Heroux等(2001)也研究了非差精密单点定位方法，处理长时间静态定位的结果精度也达到厘米级。卡尔加里(Calgary)大学的Gao等(2002)也在此方面进行了深入研究，并编写了相应的精密单点定位软件P3。此外，目前Bernese软件也增加了用非差载波相位观测值进行精密单点定位的功能。

在动态精密单点定位研究方面，JPL的Muellerschoen等(2000)提出了全球实时动态精密单点定位技术。实验结果表明，在全球范围内可实现水平方向定位精度为10～20 cm的实时动态精密单点定位。美国Navcom公司的Hatch(2001)提出了利用JPL实时定轨软件RTG实现全球RTK(Global RTK)计划，通过互联网和地球静止通信卫星向全球用户发送精密星历和精密卫星钟差修正数据，利用这些修正数据，实现2～4 dm的全球实时动态定位精度，事后静态定位精度可达2～4 cm。荷兰的Le等(2007)利用单频接收机取得了水平0.5 m和高程1 m的定位结果。2007年，国外已有多家公司推出了精密单点定位的数据处理软件，主要包括：GrafNav7.8增加了精密单点定位的解算模块；加拿大APPLANiX公司推出的POSPac AIR软件也具有精密单点定位的能力；挪威Terra Tec公司推出的TerraPOS软件也是基于精密单点定位模式开发的动态定位软件；瑞士Leica公司也推出了自己的精密动态单点定位软件IPAS PPP。

国内学者也对精密单点定位技术进行了深入研究，且目前的研究水平与国际水平相当。上海天文台黄城等(2002)研究了采用GIPSY软件的精密单点定位方法解算区域基准网问题。武汉大学叶世榕(2002)利用提出的改进模型及自主研制的PANDA软件进行了试算，结果表明：利用事后精密星历与精密卫星钟差进行定位的初始化时间约为15 min，其事后静态序列历元的定位精度在B、L、H方向均优于20 cm，大部分优于10 cm；单测站的精密单点定位单天解结果在B方向优于1 cm，L方向优于2 cm，H方向优于3 cm；利用GPS的预报精密星历和实时估计的卫星钟差进行实时精密单点定位，在B、L、H方向精度均约为40 cm。李征航等(2009)也对GPS精密单点定位理论与方法进行了深入的研究，开发出了精密单点定位数据处理软件TriP。香港理工大学的陈永奇和陈武等也对精密单点定位进行了深入的研究，并利用GPS浮标监测海面变化。

随着我国北斗卫星导航系统的逐步完善，将为PPP技术提供更多的可用卫星，几何图形强度将大大提高，这将显著提高精密单点定位的可靠性和精度。另外，在多系统组合定位中，数据处理比双差模型简单，不需要在观测值间求差，模型中保留了所有信息，将有利于大气科学、地球动力学、海洋科学和空间科学等相关领域的研究。

2. 连续运行参考站网技术

20世纪80年代，加拿大提出CORS“主动控制系统”理论，并于1995年建成第一个CORS站网。早期CORS的应用由于受到当时通信、解算的限制，未能在实时定位方面提供服务，主要应用于大地控制网测量和地球板块运动监测。其缺陷主要表现在：①参考站数量少，服务功能单一；②参考站设备落后，数据存储量少；③参考站之间只能构成数学理论网络，无法实现数据交换和融合；④应用范围小。

20世纪90年代开始，随着差分GPS技术的发展，出现了一些依靠无线电波进行差分改正信息发布的永久性参考站，即RTK单参考站，能够在近距离范围内为用户提供RTD伪距相位差分服务和RTK载波相位差分服务，就是现代CORS的雏形。其特点是为用户提供单向通信的实时差分数据服务，参考站间相互独立存在，无数据交换。

进入21世纪以来，由于计算机技术和网络通信技术的飞速发展，CORS得到了快速发展，很多发达国家纷纷建立了不同层级的CORS网。1999年，我国深圳率先建成了城市CORS，随后全国大部分省、市建成了省、市级CORS系统，目前各省市CORS系统已经在各行业得到广泛应用。国家级CORS网的建立及其服务系统的构建是我国测绘地理信息事业发展的一个重要工程。

国外CORS技术研究主要集中在基础设施建设、系统自动化管理、数据采集与分发、基于网络的GNSS定位技术开发等方面。其中，具有代表性的国家和地区CORS系统包括IGS跟踪站网络、美国NGS-CORS、欧洲EPN永久性连续网等。在美国CORS网的东部区域，大部分站点实现了实时的数据传输。在EPN网络中，德国、挪威等国家已率先利用网络RTK技术提供实时高精度定位服务。目前，美国、加拿大、德国等国家的CORS系统已经得到广泛应用。

国内CORS系统的研究相对略晚，但是目前技术水平与国际基本持平。陈俊勇院士等提出了我国CORS建设的方法、设计方案等。国务院于2007年发布的《国务院关于加强测绘工作的意见》(国发[2007]30号)中指出:"十一五"期间,开展卫星定位连续运行参考站(CORS)网建设,改建或扩建大地控制网、高程控制网和重力基本网,加快形成覆盖全国国土、陆海统一的高精度现代测绘基准体系。国家级CORS系统的建立是高精度现代测绘基准体系建设的重要组成部分。国家测绘地理信息局组织开展的国家现代测绘基准基础设施一期工程建设,其中包括国家现代大地基准建设,即利用全国范围内360个GNSS连续运行基准站,其中新建150个,利用、改造60个,直接利用150个;建设由4500点组成的卫星大地控制网,其中新建2500点,利用2000点,基本形成国家现代大地基准框架,满足国家地心坐标系的建设与维持需求(国家测绘局,2010)。

1.2.3 质量控制方法研究现状

质量控制包括可靠性和精密度两部分。可靠性指系统可探测粗差的最小值(内部可靠性)和不可探测粗差对结果的影响(外部可靠性)两部分。随着可靠性理论的不断发展,广义可靠性除了包括内部可靠性和外部可靠性外,还包括粗差探测和识别。

1. 粗差探测研究现状

假设观测值的先验方差已知时,观测值不相关的粗差探测和识别方法最早由Barrda教授提出,即数据探测法。先验方差未知时,Pope提出了τ检验法。王金岭分析了数学期望平移模型估计的粗差值与残差的区别。针对观测值的相关性,许多学者提出了各种方法,如QUAD法、相关系数、判断矩阵法等。考虑到平差模型的病态性,许多学者研究并改进了岭估计的粗差探测方法。近年来,其他方法辅助的粗差探测方法也得到快速发展,如Bayes法、主成分分析法、粗差探测与抗差结合。另外,徐天河根据粗差探测和识别方法发展了移动开窗粗差探测法。

2. 可靠性研究现状

最小二乘作为可靠性研究的典型,很早就应用于大地测量平差系统中。从一维备选假设出发,研究观测值不相关情况下的最小二乘平差系统的可靠性理论,定义基于多余观测分量的内部可靠性和外部可靠性概念,上述可靠性都是在一维备选假设下。针对多维备选假设的情况,李德仁根据粗差传播原理推导出多维备选假设下的内外可靠性。由于最小二乘对粗差的抗差性较差,很多学者又对抗差M估计进行了研究。

卡尔曼滤波的可靠性基础是卡尔曼滤波的预计残差,Teunissen教授在理论分析的基础上,给出了衡量内部可靠性的最小可测偏差(minimal detectable biases,MDB)概念及相应的计算公式。虽然最小二乘的粗差探测和可靠性理论较成熟，但卡尔曼滤波的相关研究较少。已有的研究主要利用预计残差分析卡尔曼滤波观测模型的粗差问题。当观测值精度相同时，预计残差可满足各种需要；当观测值精度不同时，预测残差不能同时反映各种观测值的随机性。多粗差探测一般基于迭代算法，判断去除最大检验量后的其余检验量是否超过阈值。卡尔曼滤波的粗差探测、识别方法和粗差的可分性没有系统研究，尤其是其动力学模型。类似地，卡尔曼滤波的可靠性理论也只针对观测模型进行研究，卡尔曼滤波动力学模型的相关理论没有得到系统的研究。

3. 完备性研究现状

完备性可以用三个指标定量评价：完备性风险概率(integrity risk，IR)、示警阈值(alarm limit，AL)和示警耗时。完备性风险概率指系统误差超过限值而不能及时提供警示的概率，可将其投影到观测值域进行粗差探测，常用的方法为接收机自主完备性监测(receiver autonomous integrity monitoring，RAIM)。示警阈值指系统不可接受的最大误差，可通过与坐标域的保护水平(protection level，PL)比较确定系统是否可用。

基于观测值域的 RAIM 只包括故障探测，不包括故障排除。传统 RAIM 共包括四种方法。Lee 首先提出接收机自主完备性监测的距离比较法。1988 年，Parkinson 和 Sturza 分别提出最小二乘残差法和奇偶向量法。由于接收机完备性监测与卫星几何结构有关，Sturza 引入最大精度因子变化值反映卫星几何结构的影响。Brown 证明了在等报警概率情况下上述三种方法具有等价性，并在归一化的基础上提出近似径向误差保护方法，实际上两者可以相互转换。这些方法在等精度伪距观测值时均适用。当观测值具有异方差性时，Walter 提出加权 RAIM。Hewitson 利用模型故障识别方法研究 GNSS 接收机自主完备性监测的效果。上述方法主要针对单故障，针对多故障问题，Martini、Rippl 等提出了距离一致法等新的多故障探测方法。

基于坐标域的保护水平包括水平方向的保护水平和垂直方向的保护水平。2005 年，Blanch 提出基于观测值残差的保护水平计算方法。Angus 提出适用于多故障的保护水平。至于多系统集成的保护水平，Oliveira 研究了 SBAS 系统的保护水平和可靠性水平，Kneissland 研究了 GPS-Galileo 组合系统的保护水平，Schuster 根据航空地面移动实践研究其完备性监测方法。

国内方面，陈家斌研究了 GPS-INS 组合和 GPS-气压高度表组合的完备性。陈金平和牛飞在 GPS 系统完备性的基础上，深入研究各种增强 GPS 系统的完备性。秘金钟对 GPS 各种定位模式的完备性监测方法进行深入的应用研究。虽然 GPS 的观测值域和坐标域的完备性监测方法得到深入研究，但是精密单点定位的相关理论还不成熟，与其他导航定位方法相比，精密单点定位在稳定之前存在一个收敛过程。针对精密单点定位的特殊性，必须研究其相应的完备性监测和预警方法。

1.3 研究意义与内容安排

1.3.1 研究意义

PPP技术与GPS差分定位技术相比，具有可用观测信息多、能直接得到测站坐标、不同测站的观测值不相关、无测站间距离限制等优点。而且，实时PPP技术的应用领域更广泛、更具应用价值。因此，实时PPP技术是当前GPS技术的研究热点之一。其中，精化误差改正模型、卫星钟差预报、参数估计收敛速度、收敛稳定性及影响因素等是实时PPP技术的主要研究内容。

在CORS系统方面，我国在CORS系统的技术构建、设施建设以及工程应用等方面已经达到了国际先进水平，但是参考站网的覆盖范围、站点密度、数据传输与处理、管理服务等与国外还有一定差距。从管理层面上看，目前各省市CORS系统基本处于独立运行的状态，部分地区出现了不同行业、不同部门之间CORS系统重复建设的现象，多数地区未能实现跨行业、跨地区的联网。从技术层面上看，不同地区CORS系统之间的联合平差、跨网情况下流动站坐标快速解算、高精度区域误差模型的建立以及系统完备性监测等都亟待解决。

基于上述两种GNSS定位模式的研究意义和应用价值，随着全球IGS站的完善和地区、国家级CORS网的逐步构建及高精度数据处理方法的深入研究，PPP技术和CORS系统研究成为GNSS导航定位技术中两个重要的研究方向。

1.3.2 内容安排

本书以高精度GNSS时变观测模型及数据处理质量控制为核心，以PPP技术和CORS系统为主线，开展非差相位定位观测模型与误差改正、系统误差与随机误差处理、卫星钟差内插与预报、参数估计收敛速度及影响因素、CORS网静态时变信息分析、动态定位与质量控制、CORS网反演电离层模型等研究，为相关领域的研究提供借鉴与参考。本书内容结构安排如下：

第1章，绪论，主要概述GNSS技术的发展、当前的主要发展趋势与发展方向、精密单点定位技术、连续运行基准站网技术及质量控制方法的研究现状与发展趋势，阐明撰写本书的意义。

第2章，观测模型和误差改正，总结非差观测的观测模型和平差方法，重点对非差精密单点定位过程中的误差来源及其改正模型进行综述和归纳。最后对目前已经认识到的误差来源、影响量级及改正措施进行总结。

第3章，系统误差与随机模型，主要针对GPS数据处理中系统误差和随机误差，提出基于符号约束稳健最小二乘估计的系统误差分离方法研究，包括基于符号约束稳健最小二乘估计的粗差剔除有效性、选群拟合的解算方法和基于不同崩溃污染率的符号约束稳健估计最小二乘估计等分析研究，讨论分析 GPS 数据处理中的随机模型、降低观测量噪声的组合模型以及基于 CORS 系统的随机模型。

第 4 章，非差相位定位卫星钟差内插与预报，首先对 IGS 超快星历中相邻钟差资料的相关性进行分析，针对铯钟和铷钟两种卫星钟类型，对目前常用的内插方法进行内插精度分析与比较，重点阐述卫星钟差的预报方法，在分析线性模型、二次多项式模型以及经典灰色模型局限性的基础上，对附有指数的灰色模型、附有周期项的二次多项式模型以及基于递推遗忘因子的最小二乘方法等预报模型进行深入研究。

第 5 章，非差相位定位参数估计收敛速度及影响因素，分析不同采样间隔的 GPS 观测资料与卫星钟差对参数收敛的影响。在此基础上，进行收敛影响因素的分析并提出提高收敛效率的措施。

第 6 章，非差相位定位的质量控制，阐述了精密单点定位顾及系统误差抗差模型，讨论了新息和残差的随机性分析指标。针对卡尔曼滤波，介绍了具有抗差性能的统计抗差卡尔曼滤波，并探讨了滤波中的模型异常探测和识别的方法，最后定义了参数估计的精度评定准则。

第 7 章，CORS 网静态时变信息分析，基于近年来 GPS 技术在地壳运动监测研究方面取得的进展，以及近年来地震、山体滑坡、泥石流等自然灾害频繁发生，提出利用 CORS 网的点位、基线变化来反映地壳的运动情况，本章利用国内的 BJFS、SHAO、WUHN 和 KUNM 四个 IGS 台站一个月的观测资料进行点位和基线的时间序列分析，包括平滑处理、小波分析等，反映地壳运动的某些特征。

第 8 章，CORS 网动态定位与质量控制，开展基于 CORS 网的高精度动态定位方法、海上 GPS 动态定位技术和 CORS 网质量控制理论研究。在此基础上，利用实测资料，研究基于 CORS 的高精度动态定位方法并进行精度分析；以青岛 CORS 网(QDCORS)为例，分析 QDCORS 网质量评定以及系统电离层、对流层完备性。

第 9 章，基于 CORS 网反演电离层模型，分析基于球谐函数模型的电离层预报和夜间平场随维度、季节和太阳活动的变化规律。基于球谐函数模型，采用时间序列分析模型进行预报，并利用实测数据进行验证分析。

第 10 章，结论与展望，总结本书内容，并给出今后 GNSS 精密定位领域的一些研究展望。

第 2 章　观测模型与误差改正

2.1　非差观测模型

2.1.1　非差观测方程

GPS 的原始观测数据主要有两类：测码相位（伪距）观测值和载波相位观测值。在地心坐标系中，载波相位 Φ_{L1}、Φ_{L2} 和伪距 P_1、P_2 观测值方程分别为

$$\Phi_{L1k}{}^{p}(t)=\rho_k^p(t)-ct^p(t)+d_{orb}^p(t)+d_{ant}^p-I_k^p+T_k^p(t)+ct_k(t)+\frac{c}{f_1}[N_{1k}^p+\varphi_k(t_0)-\varphi^p(t_0)]_1+\varepsilon_{k,L1}^p \tag{2.1}$$

$$\Phi_{L2k}{}^{p}(t)=\rho_k^p(t)-ct^p(t)+d_{orb}^p(t)+d_{ant}^p-\frac{f_1^2}{f_2^2}I_k^p+T_k^p(t)+ct_k(t)+\frac{c}{f_2}[N_{2k}^p+\varphi_k(t_0)-\varphi^p(t_0)]_2+\varepsilon_{k,L2}^p \tag{2.2}$$

$$P_{1k}^p(t)=\rho_k^p(t)-ct^p(t)+d_{orb}^p+d_{ant}^p+I_k^p+T_k^p(t)+ct_k(t)+\varepsilon_{k,P_1}^p \tag{2.3}$$

$$P_{2k}^p(t)=\rho_k^p(t)-ct^p(t)+d_{orb}^p+d_{ant}^p+\frac{f_1^2}{f_2^2}I_k^p+T_k^p(t)+ct_k(t)+\varepsilon_{k,P_2}^p \tag{2.4}$$

式(2.1)～式(2.4)中，$\rho_k^p(t)$ 为接收机 k 在时刻 t 与卫星 p 在时刻 $(t-\tau)$ 在地心地固系中的空间几何距离，τ 为信号从 GPS 卫星 p 到接收机 k 所用的时间，$\rho_k^p(t)$ 可用下式表示

$$\rho_k^p(t)=\sqrt{\{[X^p(t-\tau)]-x_k\}^2+\{[Y^p(t-\tau)]-y_k\}^2+\{[Z^p(t-\tau)]-z_k\}^2} \tag{2.5}$$

式中，上标 p 表示 GPS 卫星，下标 k 为接收机；c 为真空中的光速；f_1、f_2 分别为 L1、L2 波段的频率，$f_1=1\,575.42$ MHz，$f_2=1\,227.60$ MHz；t 为接收机接收信号的时刻（GPS 时）；L_{ik}^p 为 L1、L2 载波测得的距离，P_{ik}^p 为 P_1、P_2 码伪距；$d_{orb}^p(t)$ 为卫星轨道误差，d_{ant}^p 为卫星天线相位中心变化引起的误差；$I_k^p(t)$ 为电离层延迟，$T_k^p(t)$ 为对流层延迟，$T_k^p(t)=m_k^p(t-\tau,t)T_k^{p^0}(t)$，$T_k^{p^0}(t)$ 为天顶方向的对流层延迟，$m_k^p(t-\tau,t)$ 为将信号在对流层天顶方向的延迟投影到接收机到卫星矢量方向的投影函数，湿分量和干分量采用不同的投影函数；$t_k(t)$ 为接收机在 t 时刻相对于 GPS 时间的钟差；$t^p(t)$ 为卫星 p 在 $(t-\tau)$ 时刻相对于 GPS

时间的钟差；N_{ik}^{p} 为 L1、L2 载波的初始整周模糊度（$i=1,2$）；$\varphi_k(t_0)$ 为接收机 k 中的初始相位残差，$\varphi^p(t_0)$ 为卫星 p 中的初始相位残差；$\varepsilon_{k,Li}^{p}$ 为载波相位观测值噪声和无法模型化的误差，ε_{k,P_i}^{p} 为码相位观测值噪声和无法模型化的误差。从上述变量可以看出，变量主要分为两类，一类是与时间相关的物理量，一类是与时间无关的物理量。

令非整周模糊度

$$\begin{aligned} N_{1k}^{*p} &= [N_{1k}^{p} + \varphi_k(t_0) - \varphi^p(t_0)]_1 \\ N_{2k}^{*p} &= [N_{2k}^{p} + \varphi_k(t_0) - \varphi^p(t_0)]_2 \end{aligned} \tag{2.6}$$

同时，卫星轨道误差 $d_{\text{orb}}^{p}(t)$、卫星钟差引起的距离改正项 $ct^p(t)$ 可以利用 IGS 提供的精密卫星轨道和钟差改正信息消除，卫星天线相位偏差也可以根据卫星型号加以改正。为避免当观测量较少时，出现方程病态，使解算结果不准确，对流层延迟 $T_k^p(t)$ 也可以利用模型进行改正。令经过以上改正之后的站星几何距离为 $\rho_k^{*p}(t)$，则有

$$\rho_k^{*p}(t) = \rho_k^{p}(t) + T_k^p(t) + d_{\text{orb}}^{p} + d_{\text{ant}}^{p} - ct^p(t) \tag{2.7}$$

因此，观测模型可以简化为

$$\Phi_{\text{L}1k}^{p}(t) = \rho_k^{*p}(t) + ct_k(t) - I_k^p + \frac{c}{f_1}N_{1k}^{*p} + \varepsilon_{k,\text{L1}}^{p} \tag{2.8}$$

$$\Phi_{\text{L}2k}^{p}(t) = \rho_k^{*p}(t) + ct_k(t) - \frac{f_1^2}{f_2^2}I_k^p + \frac{c}{f_2}N_{2k}^{*p} + \varepsilon_{k,\text{L2}}^{p} \tag{2.9}$$

$$P_{1k}^{p}(t) = \rho_k^{*p}(t) + I_k^p + ct_k(t) + \varepsilon_{k,P_1}^{p} \tag{2.10}$$

$$P_{2k}^{p}(t) = \rho_k^{*p}(t) + \frac{f_1^2}{f_2^2}I_k^p + ct_k(t) + \varepsilon_{k,P_2}^{p} \tag{2.11}$$

式(2.7)～式(2.11)中，未知量为 $\rho_k^{*p}(t)$ 中包含的测站空间三维坐标（x_k，y_k，z_k）、接收机钟差 $t_k(t)$、整周模糊度 N_{ik}^{p} 以及对流层湿延迟部分。

当接收机为双频接收机时，可以通过线性组合消除电离层影响，主要有以下几种：传统消电离层组合模型（韦建超，2007）、UofC 模型（Gao et al，2002）以及无模糊度模型（Bisnath et al，2001）。当接收机为单频时，可通过 IGS 提供的电离层信息进行模型改正，或者利用单频相位和伪距观测值的线性组合（刘精攀，2007），线性组合消除了一阶电离层影响，对高阶项电离层影响很小，可忽略。

对流层延迟影响 $T_k^p(t)$，包括干延迟和湿延迟部分，表示为

$$T_k^p(t) = T_{\text{H}}(t) + T_{\text{W}}(t) = d_{\text{Z.H}} \cdot m_{\text{H}}(E) + d_{\text{Z.W}} \cdot m_{\text{W}}(E) = zpd \cdot M(E) \tag{2.12}$$

式中，$d_{\text{Z.H}}$ 和 $m_{\text{H}}(E)$ 分别表示干延迟部分的天顶方向改正模型和映射函数，$d_{\text{Z.W}}$ 和 $m_{\text{W}}(E)$ 分别表示湿延迟部分的天顶方向改正模型和映射函数，zpd 和 $M(E)$ 分别表示天顶路径方向延迟和映射函数。

式(2.7)中的卫星轨道和卫星钟差:在事后精密单点定位中,利用IGS精密星历;在实时单点定位中,则采用卫星轨道和卫星钟差的预报资料或IGS超快星历。则非差单点定位数学模型可表示为

$$\left.\begin{aligned} f_P &= \rho + c \cdot \mathrm{d}T + M \cdot zpd + \varepsilon_P - L_P = 0 \\ f_\Phi &= \rho + c \cdot \mathrm{d}T + M \cdot zpd + N\lambda + \varepsilon_\Phi - L_\Phi = 0 \end{aligned}\right\} \tag{2.13}$$

式中,$\mathrm{d}T$ 为时间变量,Φ 表示载波相位。

2.1.2 非差观测值的线性组合

在GPS非差数据处理中,一般采用消电离层组合(iono-free,IF)、电离层残差法(geometry-free,GF)、宽巷组合(wide-lane,WL)和宽巷相位减窄巷伪距组合(Melbourne-Wubbena,MW)等几种线性组合,用于周跳的探测和修复、数据编辑和初始整周模糊度的确定。

1. IF组合

$$\left.\begin{aligned} L_C &= \frac{1}{f_1^2 - f_2^2}(f_1^2 L_1 - f_2^2 L_2) \\ P_C &= \frac{1}{f_1^2 - f_2^2}(f_1^2 P_1 - f_2^2 P_2) \end{aligned}\right\} \tag{2.14}$$

IF组合的最大优点是消除了电离层一阶项的影响。

2. GF组合

$$\left.\begin{aligned} L_4 &= L_1 - L_2 \\ P_4 &= P_1 - P_2 \end{aligned}\right\} \tag{2.15}$$

GF组合观测值与几何距离无关,仅包含电离层和整周模糊度的影响。由于电离层在一般情况下变化缓慢,因此,该组合经常用于探测和修复周跳。

3. WL组合

$$L_5 = \frac{1}{f_1 - f_2}(f_1 L_1 - f_2 L_2) \tag{2.16}$$

宽巷观测值具有较长的波长,其波长 λ_5 约为86 cm,较小的量测噪声在一定程度上削弱了电离层的影响。因此,该组合常用于周跳探测与修复、初始整周模糊度的确定。

4. MW组合

$$L_6 = \frac{1}{f_1 - f_2}(f_1 L_1 - f_2 L_2) - \frac{1}{f_1 + f_2}(f_1 P_1 + f_2 P_2) \tag{2.17}$$

MW组合的优点是消除了电离层、对流层、钟差和几何观测值的影响,并且具有较长的波长(约为86 cm)。利用它几乎可以确定所有的宽巷周跳,并且可利用它确定初始整周模糊度等。

2.2　平差模型

2.2.1　参数估计方法

目前，参数估计方法主要有两种：一种是卡尔曼（Kalman）滤波，Kalman 滤波方法在动态定位中的应用较为广泛，计算效率高，但是如果先验信息不准确，滤波往往容易造成发散，定位结果会严重偏离真值；另一种是最小二乘法，包括序贯最小二乘估计法和最小二乘参数消元法。

在 X_0 处对式(2.13)进行级数展开，保留至一次项，误差方程矩阵形式为

$$\boldsymbol{AX} + \boldsymbol{W} - \boldsymbol{V} = 0 \tag{2.18}$$

式中：$\boldsymbol{A} = \begin{bmatrix} \dfrac{\partial f(X,L_p)}{\partial X_x} & \dfrac{\partial f(X,L_p)}{\partial X_y} & \dfrac{\partial f(X,L_p)}{\partial X_z} & \dfrac{\partial f(X,L_p)}{\partial X_{dT}} & \dfrac{\partial f(X,L_p)}{\partial X_{zpd}} & \dfrac{\partial f(X,L_p)}{\partial X_{N^i(i=1,nsat)}} \\ \dfrac{\partial f(X,L_\Phi)}{\partial X_x} & \dfrac{\partial f(X,L_\Phi)}{\partial X_y} & \dfrac{\partial f(X,L_\Phi)}{\partial X_z} & \dfrac{\partial f(X,L_\Phi)}{\partial X_{dT}} & \dfrac{\partial f(X,L_\Phi)}{\partial X_{zpd}} & \dfrac{\partial f(X,L_\Phi)}{\partial X_{N^i(i=1,nsat)}} \end{bmatrix}$；

$\dfrac{\partial f}{\partial X_x} = \dfrac{x - X^s}{\rho}$，$\dfrac{\partial f}{\partial X_y} = \dfrac{y - Y^s}{\rho}$，$\dfrac{\partial f}{\partial X_z} = \dfrac{z - Z^s}{\rho}$，$\dfrac{\partial f}{\partial X_{dT}} = c$，$\dfrac{\partial f}{\partial X_{zpd}} = M$，

$\dfrac{\partial f}{\partial X_{N^i(i=1,nsat)}} = 0$ 或 1；$\boldsymbol{X} = [x\ y\ z\ \mathrm{d}T\ zpd\ N^i(i=1,nsat)]^{\mathrm{T}}$ 为未知参数向量，矩阵中各量分别表示待估测站坐标、测站钟差、对流层延迟、整周模糊度参数；L_p、L_Φ 分别表示伪距相位观测值和载波相位观测值；X^s、Y^s、Z^s 代表卫星坐标；ρ 表示卫星与测站之间的几何距离。

序贯最小二乘估计法是设待估参数为带权观测值，并设其先验权矩阵为 $\boldsymbol{P}_{\boldsymbol{X}_0}$，则由式(2.18)按最小二乘平差方法可求解未知数为

$$\boldsymbol{X} = -(\boldsymbol{P}_{\boldsymbol{X}_0} + \boldsymbol{A}^{\mathrm{T}}\boldsymbol{P}_L\boldsymbol{A})^{-1}\boldsymbol{A}^{\mathrm{T}}\boldsymbol{P}_L\boldsymbol{W} \tag{2.19}$$

式中，$\boldsymbol{P}_L$ 是观测值的权矩阵，非差时为 $\boldsymbol{P}_L = \begin{bmatrix} \left[\dfrac{\sigma_0}{\sigma_\Phi}\right]^2 & 0 \\ 0 & \left[\dfrac{\sigma_0}{\sigma_P}\right]^2 \end{bmatrix}$，$\sigma_\Phi \approx 3\ \mathrm{mm}$，$\dfrac{\sigma_P}{\sigma_\Phi} \approx 100$。则坐标值为

$$\hat{\boldsymbol{X}} = \boldsymbol{X}_0 + \boldsymbol{\delta} \tag{2.20}$$

相应的权系数矩阵为

$$\boldsymbol{C}_{\hat{\boldsymbol{X}}} = \boldsymbol{P}_{\hat{\boldsymbol{X}}}^{-1} = (\boldsymbol{P}_{\boldsymbol{X}_0} + \boldsymbol{A}^{\mathrm{T}}\boldsymbol{P}_L\boldsymbol{A})^{-1} \tag{2.21}$$

残差平方和为

$$\boldsymbol{V}^{\mathrm{T}}\boldsymbol{P}\boldsymbol{V} = \boldsymbol{\delta}^{\mathrm{T}}\boldsymbol{P}\boldsymbol{\delta} + \boldsymbol{V}^{\mathrm{T}}\boldsymbol{P}_L\boldsymbol{V} \tag{2.22}$$

参数估计的后验方差-协方差矩阵为

$$D_{\hat{X}} = \hat{\sigma}_0^2 (P_{X_0} + A^{\mathrm{T}} P_L A)^{-1} \tag{2.23}$$

式中，标准方差为

$$\hat{\sigma}_0^2 = \frac{V^{\mathrm{T}} P V}{n - t}$$

在动态单点定位中，经常采用批处理或者动态序贯滤波算法，来提高法方程的解算效率，其核心思想是分类处理不同性质的参数，该方法适用于不同的动态用户。考虑观测历元间的状态参数变量，采用适当的随机过程更新它们的方差，在 GPS 精密单点定位的数学模型中，参数有测站坐标、接收机钟差、对流层天顶延迟和组合后的相位模糊度参数等四类。其中：测站坐标可以是静态的或者动态的，动态用户的测站坐标参数是随时间发生变化的；接收机钟差变化依赖于其振荡器的质量，一个内置稳定性为 10^{-10} 的石英钟每秒变化约几厘米；对流层天顶延迟参数在短时间内变化相对稳定，一个小时只有厘米级的变化；只要没有新的周跳出现，组合模糊度可作为一个非整数固定常数处理。对于随时间变化的参数，可以通过消元法从法方程中消去，只计算不随时间变化的参数，然后采用回代法逐历元计算随时间变化的参数，这样就大大降低了法矩阵的维数（郑作亚，2005）。

2.2.2 动态序贯滤波方法

在序贯滤波中，将上一历元参数的估计值作为当前历元的初始值，即

$$X_i^0 = \hat{X}_{i-1} \tag{2.24}$$

时间间隔为 Δt，为了从 $i-1$ 历元到 i 历元传播协方差信息，引进过程噪声 $C\varepsilon_{\Delta t}$，则有

$$P_{X_i^0} = [C_{\hat{X}_{i-1}} + C\varepsilon_{\Delta t}]^{-1} \tag{2.25}$$

式中

$$C\varepsilon_{\Delta t} = \begin{bmatrix} C\varepsilon(x)_{\Delta t} & 0 & 0 & 0 & 0 & 0 \\ 0 & C\varepsilon(y)_{\Delta t} & 0 & 0 & 0 & 0 \\ 0 & 0 & C\varepsilon(z)_{\Delta t} & 0 & 0 & 0 \\ 0 & 0 & 0 & C\varepsilon(\mathrm{d}T)_{\Delta t} & 0 & 0 \\ 0 & 0 & 0 & 0 & C\varepsilon(zpd)_{\Delta t} & 0 \\ 0 & 0 & 0 & 0 & 0 & C\varepsilon(N^j_{j=1,nsat})_{\Delta t} \end{bmatrix}$$

过程噪声与用户动态行为、接收机钟差行为以及大气活动等因素有关。由于载波相位模糊度参数在没有周跳的情况为一个常数，因此，$C\varepsilon(N^j_{j=1,nsat})_{\Delta t} = 0$；在

静态单点定位中，用户坐标是不动的，所以 $C\varepsilon(x)_{\Delta t}=C\varepsilon(y)_{\Delta t}=C\varepsilon(z)_{\Delta t}=0$；在动态模式中，坐标变化根据测站的运动情况来确定，接收机钟差的过程噪声通常采用白噪声模型，对流层天顶延迟误差采用随机游走方法进行估计。

2.3　主要误差源及其改正模型

在精密单点定位中，影响其定位精度的主要误差源可分为四类：

(1)与卫星有关的误差，主要包括卫星轨道误差、卫星钟误差、卫星天线相位中心偏差、相对论效应和相位缠绕等。

(2)与信号传播路径有关的误差，主要包括对流层延迟误差、电离层延迟误差和多路径效应影响等。

(3)与接收机和测站有关的误差，主要包括接收机钟差、接收机天线相位中心偏差、地球潮汐、地球自转、测站位置变化等。

(4)其他误差，如永久变形、处理模型误差等。

GPS 精密单点定位中使用非差观测信息，所有误差影响都必须考虑，目前主要通过两种途径来解决：

(1)对于能精确模型化的误差，采用模型改正。如卫星天线相位中心改正、潮汐影响改正、相对论效应等都可以采用现有模型精确改正。

(2)对于不能精确模型化的误差，一般设待估参数进行估计或使用组合观测值。例如，对流层天顶湿延迟目前还难以精确模型化改正，则需设待估参数进行估计解算；而电离层延迟误差改正可以采用双频组合观测值消除低阶项的影响。

对于误差影响是否需要模型化处理，视精度要求而定。如果精度要求比较高，有些模型改正精度不高，则考虑加参数估计而非采用模型改正；在精度要求不高的情况下，则有些误差影响可以忽略或者用简单模型进行改正。

2.3.1　与卫星有关的误差

1. 卫星轨道误差

卫星轨道误差是指卫星计算轨道与真实轨道之间的差值，大小取决于轨道计算的数学模型、定轨条件、地面跟踪网的规模、地面跟踪站的分布及跟踪站数据观测时间的长度等因素。广播星历的精度大约 10 m，而 IGS 所提供的事后精密星历产品的精度为 3～5 cm。因此，在精密单点定位中，必须采用精密星历进行计算。目前，IGS 提供的精密星历轨道产品一般以 15 min 或 5 min 间隔给出(见表 4.1)，而 GPS 观测值的采样间隔一般都小于上述两种间隔的产品，甚至有时可达 0.1 s。因此，需要通过内插计算得到每个历元所对应卫星位置，内插方法一般用8～10 阶拉格朗日(Lagrange)多项式或切比雪夫(Chebyshev)多项式可以满足精度要求

(郑作亚,2005)。

2. **卫星钟差**

卫星钟差是指卫星钟频率漂移引起的卫星钟时间与GPS标准时之间的差值。为实现定位,GPS广播星历中已经提供了卫星钟差的改正信息,地面数据处理中心通过地面跟踪站对卫星的观测数据进行计算,可以计算出每颗卫星的钟差参数,采用二次多项式来模拟卫星钟差随时间的变化,并将这些参数实时播发给GPS用户使用。但目前广播星历所提供的卫星钟差的改正精度一般只能达到5～10 ns。在精密单点定位中,不能像处理接收机钟差一样直接作为未知参数进行解算,需要事先确定其大小,代入观测方程改正该误差对定位的影响。IGS及其分析中心为满足精密定位及精密时间传递等应用需求,提供了5 min或30 s采样间隔的事后精密卫星钟差产品(见表4.1),其产品精度能满足精密单点定位的要求。但在实际应用中,GPS观测值的采样间隔一般都比较小。因此,需内插计算得到每个历元所对应的卫星钟差。

在事后单点定位中,卫星轨道和卫星钟差可以利用精密轨道产品,并用拉格朗日或二阶多项式等内插方法得到每个历元对应的卫星轨道或钟差值,而对于实时单点定位,广播星历、超快星历都难以实现高精度的单点定位要求。因此,高精度的卫星钟差预报是当前的一个研究热点,预报方法及预报精度分析等详见第4章。

3. **GPS卫星天线相位中心偏差**

一般来说,卫星天线相位中心与卫星质心并不重合,卫星天线相位中心偏差是指卫星质量中心和天线相位中心之间的偏差。利用GPS接收机所测量的站星观测距离是卫星天线相位中心到地面GPS接收天线之间的距离,而卫星轨道中的轨道力学模型是以卫星的质心为参考的,即IGS等提供的精密星历所计算的卫星坐标是卫星质量中心的位置。因此,在精密单点定位中,不能利用差分方法消除或减弱卫星天线相位中心偏差的影响,必须顾及该偏差,考虑其精确的改正模型。在星固系中,不同GPS卫星的天线相位中心偏差是不同的,卫星相位中心相对于卫星质心的偏差如表2.1所示。

表2.1 星固系中卫星天线相位偏差

卫星类型	在星固系中卫星天线相位中心偏差/m		
	X	Y	Z
Block Ⅰ	0.211	0.000	0.886
Block Ⅱ/ⅡA	0.279	0.000	1.023
Block ⅡR	0.000	0.000	0.000

Block Ⅰ卫星已经退出服务,从2006年11月5日起,IGS05取代IGS00成为IGS新的坐标参考框架,GPS卫星和接收机的天线相位中心改正由相对相位中心

模式变为绝对相位中心模式，从而导致 GPS 卫星天线相位中心在星固系中的偏差改正值发生较大变化，如表 2.2 所示给出了部分卫星在 2006 年 11 月 5 日前后的相位中心偏差改正量。需要指出的是，在绝对相位中心模式下，同类卫星的天线相位中心偏差沿 Z 轴的分量大小不尽相同。

表 2.2　星固系中卫星天线相位偏差对比

卫星类型及 PRN	相对相位中心模式下			绝对相位中心模式下		
	δx	δy	δz	δx	δy	δz
Block ⅡA(G1)	0.279 0	0.000 0	1.023 0	0.279 0	0.000 0	2.201 0
Block ⅡA(G8)	0.279 0	0.000 0	1.023 0	0.279 0	0.000 0	2.405 0
Block ⅡR(G2)	0.000 0	0.000 0	0.000 0	0.000 0	0.000 0	0.614 0
Block ⅡR(G7)	0.000 0	0.000 0	0.000 0	0.000 0	0.000 0	0.700 0

卫星天线相位中心相对于卫星质量中心的偏差，常以星固系中的偏差向量给出，对于 Block Ⅰ卫星、Block Ⅱ/ⅡA 卫星和 Block ⅡR 卫星，分别令

$$\alpha_1 = [0.211 \quad 0.000 \quad 0.886]^{\mathrm{T}}$$

$$\alpha_2 = [0.279 \quad 0.000 \quad 1.023]^{\mathrm{T}}$$

$$\alpha_3 = [0.000 \quad 0.000 \quad 0.000]^{\mathrm{T}}$$

值得注意的是，如果采用 IGS 精密星历和钟差进行定位计算，就必须采用与 IGS 解算精密星历和钟差时所用到的相同的 GPS 卫星天线相位偏心值，以保持成果的内部一致性。

假设在惯性系中，星固系轴的单位矢量为 $(\boldsymbol{e}_x, \boldsymbol{e}_y, \boldsymbol{e}_z)$，则表示在惯性系中的天线相位中心偏差为

$$\Delta \boldsymbol{r}_{\mathrm{ant}} = (\boldsymbol{e}_x, \boldsymbol{e}_y, \boldsymbol{e}_z)\boldsymbol{\alpha} \tag{2.26}$$

已知卫星质量中心的位置（卫星星历坐标）$\boldsymbol{r}_s$，则相位中心在惯性系中的坐标为

$$\boldsymbol{r}_{\mathrm{ant}} = \boldsymbol{r}_s + \Delta \boldsymbol{r}_{\mathrm{ant}} \tag{2.27}$$

另外，卫星天线相位中心偏差也可以直接改正为观测距离，其公式为

$$\Delta \rho_{\mathrm{sant}} = \frac{(\boldsymbol{r}_s - \boldsymbol{r}_R)}{|\boldsymbol{r}_s - \boldsymbol{r}_R|} \cdot \Delta \boldsymbol{r}_{\mathrm{sant}} \tag{2.28}$$

处理 GPS 卫星天线相位中心偏心改正，可以采用两种方法：一是将星历中给出的卫星质心坐标修正为对应于观测值的天线相位中心；另一种方法是将该卫星对应的观测值进行修正，将观测值修正到对应于卫星质心的观测值。两种方法理论上是等价的。

另外，严格意义上讲，GPS 卫星天线相位偏心还存在一个天线相位中心变化的问题（phase center variation，PCV），指的是 GPS 天线相位中心随高度角和方位角的不同而发生的变化。

4. 相对论效应

卫星钟相对论效应是指由于卫星钟和接收机钟所处的状态(运动速度和重力位)不同而引起它们之间产生的相对钟误差现象。GPS卫星钟与地面钟每秒约差0.45 ns。为保持地面接收到的信号频率与GPS系统设计的信号频率一致,在卫星发射前,人为地将GPS卫星钟的标准频率减少约0.004 57 Hz。但由于GPS卫星轨道并非圆轨道,且卫星所在的位置受到的地球重力场影响也不同,相对论效应对卫星钟频率和信号传播路径的影响并非常数,相对论效应影响包括卫星钟频率漂移和地球引力场引起的信号传播的几何延迟(称为引力延迟)

$$\Delta\rho_{\mathrm{rel}} = \Delta D_{\mathrm{rel}} + \Delta D_g \tag{2.29}$$

频漂引起的距离偏差为:

(1)采用广播星历中的卫星参数,表达式为

$$\Delta D_{\mathrm{rel}} = -\frac{2\sqrt{GMa}}{c} e\sin E \tag{2.30}$$

(2)采用卫星坐标与速度,表达式为

$$\Delta D_{\mathrm{rel}} = -\frac{2\,\boldsymbol{r}\dot{\boldsymbol{r}}}{c} = -\frac{2(x\dot{x} + y\dot{y} + z\dot{z})}{c} \tag{2.31}$$

式中,GM为地球引力常数,c为光速,a为卫星轨道半长轴,e为卫星轨道的偏心率,E为偏近点角,$\boldsymbol{r}(x,y,z)$、$\dot{\boldsymbol{r}}(V_x,V_y,V_z)$分别为卫星在某时刻的位置和速度。

引力延迟改正为

$$\Delta D_g = \frac{2GM}{c^2}\ln\frac{r + r_R + \rho}{r + r_R - \rho} \tag{2.32}$$

引力延迟ΔD_g与观测站到卫星的几何位置有关,但影响很小,只有在精度要求优于10^{-8}时才予以考虑,因此,一般在单点定位中不予考虑。

5. 相位缠绕改正

GPS卫星发射的是右旋极化电磁波信号,接收机观测到的相位值依赖于卫星天线与接收机天线间的相互方位关系。接收机天线或卫星天线绕极化轴向的旋转会改变相位观测值,最大可达1周,这个效应就称为“相位缠绕”(Wu et al,1993)。接收机天线在静态观测时,天线不发生旋转,但对于卫星天线,卫星为了保持其太阳能翼板指向太阳,卫星天线相应地会发生缓慢的旋转,而且站星间的几何关系也不断变化。此外,在卫星进入地影区域时,卫星为了使其太阳能翼板指向太阳会快速旋转,卫星在0.5 h内可旋转一周,其间,需要进行相位改正。

在高精度的相对定位中,如果是几百千米以内的基线,差分后相位缠绕对定位结果的影响通常可以忽略不计,对于4 000 km的基线,其影响量级可达4 cm(Wu et al,1993)。但在非差精密单点定位中,卫星轨道和卫星钟固定的情况下,相位缠

绕不能被消除，其改正量可达半周，必须加以考虑。如果不考虑该影响，直接固定 IGS 的卫星轨道和卫星钟进行精密单点定位会带来分米级的定位误差。对于动态导航而言，接收机天线因旋转而产生的相位缠绕可以完全被接收机钟差所吸收。相位缠绕改正公式为(Wu et al，1993)

$$\Delta\Phi = \mathrm{sign}(\boldsymbol{\zeta})\cos\frac{\boldsymbol{D}'\boldsymbol{D}}{|\boldsymbol{D}'||\boldsymbol{D}|} \tag{2.33}$$

式中，$\boldsymbol{\zeta}=\hat{\boldsymbol{k}}\cdot(\boldsymbol{D}'\times\boldsymbol{D})$，$\hat{k}$ 为卫星到接收机的单位向量，$\boldsymbol{D}'$、$\boldsymbol{D}$ 是由星固坐标单位向量 $(\hat{x}',\hat{y}',\hat{z}')$ 和当地接收机单位向量 $(\hat{x},\hat{y},z)$ 计算得到的有效耦极向量

$$\boldsymbol{D}'=\hat{\boldsymbol{x}}'-\hat{\boldsymbol{k}}(\hat{\boldsymbol{k}}\cdot\hat{\boldsymbol{x}}')-\hat{\boldsymbol{k}}\times\hat{\boldsymbol{y}}'$$

$$\boldsymbol{D}=\hat{\boldsymbol{x}}-\hat{\boldsymbol{k}}(\hat{\boldsymbol{k}}\cdot\hat{\boldsymbol{x}})-\hat{\boldsymbol{k}}\times\hat{\boldsymbol{y}}$$

6. 卫星更替对定位的影响

卫星更替对定位的影响是指在测站观测区域内卫星的上行出现和下行消失行为过程中对定位的影响。通过试验表明，该项影响能达到 10 cm，是一个不可忽略的因素(Wu et al，2004)。在静态定位或事后处理过程中，可以采用过滤或平滑等手段消除或减弱卫星更替对定位的影响。但是，在实时精密单点定位过程中，卫星更替对定位的影响还没有很好的解决方法，是一个值得研究的问题。

2.3.2　与信号传播路径有关的误差

1. 电离层影响

在精密单点定位数据处理中，对于双频接收机，可以采用消电离层线性组合消除电离层延迟一阶项的影响。消电离层组合后，低高度角电离层仍有 2～4 cm 的高阶项误差影响，15°以上高度角有毫米级的影响。对于单频精密单点定位而言，不能采用消电离层组合消除其影响，一般有两种处理方法：一种是利用高精度的电离层模型改正，如 CODE 的电离层格网模型；另一种是利用半和改正法，即将伪距观测值和相位观测值求和的办法来抵消电离层延迟误差。

2. 对流层天顶延迟

对流层延迟影响通常表示为天顶方向的对流层延迟量和同高度角相关的投影函数的乘积，天顶方向上的对流层延迟量大约为 2.3 m，高度角为 10°时的倾斜路径上的对流层延迟量可达 20 m。90％的对流层延迟是由大气中干燥气体所引起的，为干分量延迟；其余 10％是由水汽所引起的，为湿分量延迟。因此，对流层延迟可用天顶方向的干、湿分量延迟及其相应的投影函数表示

$$\Delta P_{\mathrm{trop}}=\Delta P_{z,\mathrm{dry}}M_{\mathrm{dry}}(E)+\Delta P_{z,\mathrm{wet}}M_{\mathrm{wet}}(E) \tag{2.34}$$

式中，ΔP_{trop} 为对流层总延迟，$\Delta P_{z,\mathrm{dry}}$ 为天顶方向对流层干分量延迟，$M_{\mathrm{dry}}(E)$ 为相应的对流层干分量投影函数，$\Delta P_{z,\mathrm{wet}}$ 为天顶方向对流层湿分量延迟，$M_{\mathrm{wet}}(E)$ 为相应的对流层湿分量投影函数。

1)天顶延迟对流层模型

Hopfield与Saastamoinen模型是比较常用的两种对流层干湿分量计算模型。

(1)Hopfield模型为

$$ZTD_{\text{dry}} = \frac{10^{-6}}{5} 77.64 \frac{P}{T} [40\ 136 + 148.72(T - 273.16)] \tag{2.35}$$

$$ZTD_{\text{wet}} = \frac{10^{-6}}{5T^2} e(-12.96T + 3\ 718 \times 10^5) \times 11\ 000 \tag{2.36}$$

式中,P为大气压(单位mb),T为温度(单位K),e为湿气压(单位mb)。

(2)Saastamoinen模型为

$$ZTD_{\text{dry}} = \frac{0.002\ 277P}{f(B,h)} \tag{2.37}$$

$$ZTD_{\text{wet}} = \frac{e}{f(B,h)} \left(\frac{0.278\ 9}{T} + 0.05 \right) \tag{2.38}$$

式中,$f(B,h)$是纬度B和高程h的函数,$f(B,h) = 1 - 0.002\ 66\cos(2B) - 0.000\ 28\,h$。

除以上两种模型以外,还有勃兰克(Black)模型等,这里暂不讨论。

2)映射函数模型

Hopfield与Saastamoinen模型都各自定义了趋近于天顶角余弦倒数的概略映射函数,但其精度较低。目前已发展出多种精度较高的现代映射函数,如Chao模型、CAF模型、MTT模型和Niell模型等。

(1)Chao模型。

Chao模型是无线电探空观测的平均折射率剖面的经验拟合公式映射函数,与地面测站气象要素无关,模型为

$$mf = \frac{1}{\sin\theta + \dfrac{A}{\tan\theta + B}} \tag{2.39}$$

式中,θ为高度角,A、B分别为模型参数。干分量$A=0.001\ 433$、$B=0.044\ 5$,湿分量$A=0.000\ 35$、$B=0.017\ 0$。

(2)CAF模型。

CAF模型可有效减少低高度角卫星对流层延迟模型误差,研究表明其精度达厘米级。CAF模型干湿分量映射函数相同,均表示为

$$mf = \frac{1}{\sin\theta + \dfrac{A}{\tan\theta + \dfrac{B}{\sin\theta + C}}} \tag{2.40}$$

模型参数如下

$$A = 0.001\ 185[1 + 0.607\ 1 \times 10^{-4}(P - 1\ 000) - 0.147\ 1 \times 10^{-3}e +$$

$$0.3072\times10^{-2}(T-20)+0.1965\times10^{-1}(\alpha+6.5)-$$
$$0.5645\times10^{-2}(H_t-11.231)]$$
$$B=0.001144[1+0.1164\times10^{-4}(P-1000)-0.2795\times10^{-3}e+$$
$$0.3109\times10^{-2}(T-20)+0.3038\times10^{-1}(\alpha+6.5)-$$
$$0.1217\times10^{-2}(H_t-11.231)]$$
$$C=-0.0090$$

式中：θ 为高度角；T、P、e 分别为测站温度(K)、大气压及水汽压(mb)；H_t 为同温层高度；α 为温度递减率，$a=-\frac{\mathrm{d}T}{\mathrm{d}h}$。

(3)MTT 模型。

MTT 模型与 CAF 形式相同，但对干湿模型分量进行了区分，其模型参数定义如下：

干映射模型参数为

$$\left.\begin{aligned}A&=[1.2320-0.0139\cos B-0.0209h_0+0.00215(T-10)]\times10^{-3}\\B&=[3.1612-0.1600\cos B-0.0331h_0+0.00206(T-10)]\times10^{-3}\\C&=[71.244-4.293\cos B-0.149h_0-0.0021(T-10)]\times10^{-3}\end{aligned}\right\}\tag{2.41}$$

湿映射模型参数为

$$\left.\begin{aligned}A&=[0.583-0.011\cos B-0.052h_0+0.0014(T-10)]\times10^{-3}\\B&=[1.402-0.102\cos B-0.101h_0+0.0020(T-10)]\times10^{-3}\\C&=[45.84-1.91\cos B-1.29h_0-0.015(T-10)]\times10^{-3}\end{aligned}\right\}\tag{2.42}$$

式中：B 为大地纬度；h_0 为测站高程(km)；T 为地表温度。

(4)NMF 模型。

NMF 模型是 1996 年 Niell 综合上述模型，根据大地纬度、测站高程及年积日参数建立的 Niell 映射模型(NMF)。

Niell 干分量投影函数为

$$m_{\mathrm{Hydro}}(\varepsilon)=\frac{\dfrac{1}{1+\dfrac{a_{\mathrm{Hydro}}}{1+\dfrac{b_{\mathrm{Hydro}}}{1+c_{\mathrm{Hydro}}}}}}{\dfrac{1}{\sin\varepsilon+\dfrac{a_{\mathrm{Hydro}}}{\sin\varepsilon+\dfrac{b_{\mathrm{Hydro}}}{\sin\varepsilon+c_{\mathrm{Hydro}}}}}}+\left[\frac{1}{\sin\varepsilon}-\frac{\dfrac{1}{1+\dfrac{a_{ht}}{1+\dfrac{b_{ht}}{1+c_{ht}}}}}{\dfrac{1}{\sin\varepsilon+\dfrac{a_{ht}}{\sin\varepsilon+\dfrac{b_{ht}}{\sin\varepsilon+c_{ht}}}}}\right]\times\frac{H}{1000}\tag{2.43}$$

式中：ε 为高度角；$a_{ht}=2.53\times10^{-5}$，$b_{ht}=5.49\times10^{-3}$，$c_{ht}=1.14\times10^{-3}$；H 为

正高。干分量投影系数 a_{Hydro}、b_{Hydro}、c_{Hydro} 对于测站纬度 ϕ（$15° \leqslant |\phi| \leqslant 75°$）利用下式内插计算，内插系数如表 2.3 所示。

$$p(\phi,t) = p_{\text{avg}}(\phi_i) + [p_{\text{avg}}(\phi_{i+1}) - p_{\text{avg}}(\phi_i)] \times \frac{\phi - \phi_i}{\phi_{i+1} - \phi_i} + \left\{ p_{\text{amp}}(\phi_i) + [p_{\text{amp}}(\phi_{i+1}) - p_{\text{amp}}(\phi_i)] \times \frac{\phi - \phi_i}{\phi_{i+1} - \phi_i} \right\} \times \cos\left(2\pi \frac{t - T_0}{365.05}\right) \tag{2.44}$$

式中：ϕ_i 表示表中与 ϕ 最接近的纬度；t 是年积日；p 表示系数 a_{Hydro}、b_{Hydro} 或 c_{Hydro}；T_0 为参考年积日。取 $T_0 = 28$，a_{Hydro}、b_{Hydro}、c_{Hydro} 的平均值及其波动值如表 2.3 所示。

表 2.3 干分量投影函数内插系数

纬度 /(°)	a_{Hydro} (average) /$\times 10^{-3}$	b_{Hydro} (average) /$\times 10^{-3}$	c_{Hydro} (average) /$\times 10^{-3}$	a_{Hydro} (amp) /$\times 10^{-5}$	b_{Hydro} (amp) /$\times 10^{-5}$	c_{Hydro} (amp) /$\times 10^{-5}$
15	1.276 993 4	2.915 369 5	62.610 505	0.0	0.0	0.0
30	1.268 323 0	2.915 229 9	62.837 393	1.270 962 6	2.141 497 9	9.012 840 0
45	1.246 539 7	2.928 844 5	63.721 774	2.652 366 2	3.016 077 9	4.349 703 7
60	1.219 604 9	2.902 256 5	63.824 265	3.400 045 2	7.256 272 2	84.795 348
75	1.204 599 6	2.902 491 2	64.258 455	4.120 219 1	11.723 375	170.372 06

当 $|\phi| \leqslant 15°$ 时

$$p(\phi,t) = p_{\text{avg}}(15°) + p_{\text{avg}}(15°) \times \cos\left(2\pi \frac{t - T_0}{365.25}\right)$$

当 $|\phi| \geqslant 75°$ 时

$$p(\phi,t) = p_{\text{avg}}(75°) + p_{\text{avg}}(75°) \times \cos\left(2\pi \frac{t - T_0}{365.25}\right)$$

其湿分量投影函数

$$m_{\text{wet}}(\varepsilon) = \frac{\dfrac{1}{1 + \dfrac{a_{\text{wet}}}{1 + \dfrac{b_{\text{wet}}}{1 + c_{\text{wet}}}}}}{\dfrac{1}{\sin\varepsilon + \dfrac{a_{\text{wet}}}{\sin\varepsilon + \dfrac{b_{\text{wet}}}{\sin\varepsilon + c_{\text{wet}}}}}} \tag{2.45}$$

式中，a_{wet}、b_{wet}、c_{wet}，对于 $15° \leqslant |\phi| \leqslant 75°$ 利用下式内插计算

$$p(\phi,t) = p_{\text{avg}}(\phi_i) + [p_{\text{avg}}(\phi_{i+1}) - p_{\text{avg}}(\phi_i)] \times \frac{\phi - \phi_i}{\phi_{i+1} - \phi_i}$$

得到内插系数如表 2.4 所示。

表 2.4　湿分量投影函数内插系数

纬度/(°)	a_{wet}(average) /×10^{-4}	b_{wet}(average) /×10^{-3}	c_{wet}(average) /×10^{-2}
15	5.802 187 9	1.427 526 8	4.347 296 1
30	5.679 484 7	1.513 862 5	4.672 951 0
45	5.811 801 9	1.457 257 2	4.390 893 1
60	5.972 754 2	1.500 742 8	4.462 698 2
75	6.164 169 3	1.759 908 2	5.473 603 9

当 $|\phi| \leqslant 15°$ 时

$$p(\phi,t) = p_{avg}(15°)$$

当 $|\phi| \geqslant 75°$ 时

$$p(\phi,t) = p_{avg}(75°)$$

利用模型改正后的对流层还存在一些残余误差，由于对流层延迟干分量模型改正精度较高，所以一般将它归结为残余湿分量，在计算过程中附加一个残余对流层湿分量延迟参数，采用随机游走等随机过程模拟它的变化。

3. 多路径效应

多路径效应是 GNSS 测量中一种重要的误差源，会使定位结果产生偏差甚至导致信号失锁。消除多路径效应可以采用软件和硬件两种方法。硬件方法是采用抑制天线、相控阵列天线等技术，而软件方法方面主要采用半参数法、小波分析法(夏林元，2005)等方法来发现、估计多路径效应。目前，在精密单点定位数据处理中一般不对多路径效应进行特别的模型改正，将其视为随机噪声。

2.3.3　与接收机和测站有关的误差

1. 接收机钟差

接收机钟差为 GPS 接收机钟面时与 GPS 标准时之间的差值，主要由接收机内晶体振荡器的频率漂移引起。GPS 接收机一般采用石英钟，稳定度约为 10^{-9}。在精度单点定位数据处理中，接收机钟差对定位的影响包括两个方面：

(1)接收机钟差对计算卫星坐标的影响。如果要求卫星坐标精度达到 4 mm，则接收机钟的精度要求达到 1 μs。利用标准单点定位计算确定的接收机钟差，精度一般都优于 100 ns。因此，可以先利用标准单点定位求出接收机钟差的概略值，以消除此项影响。

(2)由接收机钟差引起的站星距离观测值误差。用单点定位解算得到的钟差误差所对应的等效距离误差可达数米甚至数十米，远不能满足精密单点定位的要求。因此，在精密单点定位中，要将残余的接收机钟差作为待估参数参与解算。

2. 接收机天线相位中心偏差

接收机天线相位中心偏差为数毫米，甚至数厘米，主要包括两部分：一部分是接收机天线理论设计相位中心与测站标志中心间的偏差；另一部分是接收机天线理论设计相位中心与相位观测时参考相位中心间的偏差。第一部分偏差较大，可以通过简单的几何改正方法进行改正，而第二部分偏差的量级较小。如果要实现厘米级甚至更高的定位精度，就需要考虑第二部分偏差的影响，其处理方法是利用事先确定的改正模型消除其影响。

在 GPS 静态定位中，所要求给出的测站坐标是标石中心坐标，对于动态定位，主要关注天线某一频率(如 L1)的相位中心坐标(一般而言，L1 和 L2 的相位中心不重合)，然后通过其他几何关系，将得到的定位结果进行换算，得到所需要的参考点的坐标。所以，对于接收机天线相位中心偏差，可以首先将 L2 观测值利用两个频率相位中心的偏差，换算到 L1 相位中心，然后进行定位计算。计算完成后，再将定位结果改正到标石中心或所需要的参考点上。

接收机天线相位中心也存在天线相位中心变化(PCV)。天线检定文件中一般会给出天线相位中心随卫星信号的高度角和方位角变化的参数。在实际应用中，通常有基于高度角的模型和基于高度角-天顶角模型两种。

令 $\boldsymbol{r}_{\text{ant}}$ 和 $\boldsymbol{r}_E$ 分别表示地固系中接收机相位中心和标石中心的位置向量，则相位中心偏差向量定义为

$$\Delta\boldsymbol{r}_{\text{ant}} = \boldsymbol{r}_{\text{ant}} - \boldsymbol{r}_E \tag{2.46}$$

实际计算过程中，接收机相位中心偏差常用局部坐标表示，即天线相位中心相对于标石中心的垂直方向偏差 ΔH 、北向偏差 ΔN 和东向偏差 ΔE，如图 2.1 所示。

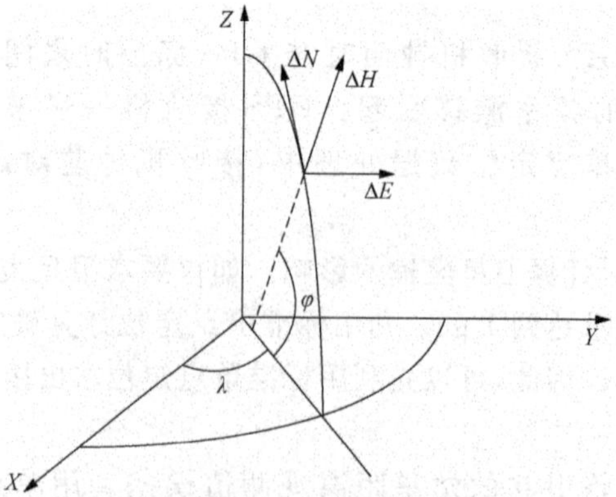

图 2.1　固系和天线局部坐标系的关系

通过两次旋转可以将局部坐标系中的偏差向量转换至地固系，即

$$\Delta \boldsymbol{r}_{\text{ant}} = \begin{bmatrix} \Delta x \\ \Delta y \\ \Delta z \end{bmatrix} = \boldsymbol{R}_H(270° - \lambda)\boldsymbol{R}_E(\phi - 90°) \begin{bmatrix} \Delta E \\ \Delta N \\ \Delta H \end{bmatrix}$$

式中

$$\boldsymbol{R}_H(270° - \lambda)\boldsymbol{R}_E(\varphi - 90°) = \begin{bmatrix} -\sin\lambda & -\cos\lambda\sin\varphi & \cos\lambda\cos\varphi \\ \cos\lambda & -\sin\lambda\sin\varphi & \sin\lambda\cos\varphi \\ 0 & \cos\varphi & \sin\varphi \end{bmatrix}$$

另外，天线相位中心偏差也可以按照下式直接对观测值（这里为相位）进行改正

$$\Delta\varphi = \frac{1}{\lambda} \frac{(\boldsymbol{r}_R - \boldsymbol{r}_s)}{|\boldsymbol{r}_R - \boldsymbol{r}_s|} \cdot \Delta \boldsymbol{r}_{\text{ant}} \tag{2.47}$$

式中，$\boldsymbol{r}_s$ 和 $\boldsymbol{r}_R$ 分别为卫星和测站在地固坐标系中的位置矢量，λ 为相位波长。

由于接收机天线相位中心偏差本身并不影响单点定位钟差解（影响坐标解），所以，相对相位中心模式到绝对相位中心模式的转变所引起的接收机天线相位中心偏差的变化并不影响精密单点定位的钟差变化与解算（张小红 等，2010b）。

3. 测站位置变化

极移导致地球自转轴在空间不断变换，从而导致 GPS 测站在协议地球坐标系中的位置发生变化。因此，在精密单点定位中，必须顾及极移的影响。由于 SP3 精密星历是相对于协议地球坐标系中的星历，没有考虑地球极移的影响，理论上讲，既可以对测站坐标进行极移改正，也可以对卫星坐标进行改正。但由于在精密单点定位中，很多误差一般都改正到协议地球坐标系中，所以一般对测站坐标进行极移改正。旋转矩阵为

$$\boldsymbol{R} = \boldsymbol{R}_2(-x_p)\boldsymbol{R}_1(y_p) \approx \begin{bmatrix} 1 & 0 & x_p \\ 0 & 1 & -y_p \\ -x_p & y_p & 1 \end{bmatrix} \tag{2.48}$$

则

$$\begin{bmatrix} \Delta x \\ \Delta y \\ \Delta z \end{bmatrix} = \begin{bmatrix} xpZ_2 \\ -ypZ_2 \\ -xpX_2 + ypY_2 \end{bmatrix}$$

式中，极移参数单位为弧秒。

4. 地球自转

地心地固系是非惯性坐标系，随地球的自转而旋转变化，信号的卫星发射时刻和接收机接收时刻所对应的地固系是不同的。因此，在地心地固系中计算卫星到接收机的几何距离时，必须考虑地球自转的影响。在地固系中，假设测站坐标为

(X_R, Y_R, Z_R)，卫星坐标为 (X_S, Y_S, Z_S)，地球自转角速度为 $\bar{\omega}$，真空中光的速度为 c，传播时间为 τ，则地球自转引起的距离改正为

$$\Delta\rho = \left(\frac{\bar{\omega}}{c}\right)[Y_S(X_R - X_S) - X_S(Y_R - Y_S)] \tag{2.49}$$

由于地球自转，接收到信号时，改正后的卫星的坐标为 (X'_S, Y'_S, Z'_S)，表达式为

$$\begin{bmatrix} X'_S \\ Y'_S \\ Z'_S \end{bmatrix} = \begin{bmatrix} \cos\bar{\omega}\tau & \sin\bar{\omega}\tau & 0 \\ -\sin\bar{\omega}\tau & \cos\bar{\omega}\tau & 0 \\ 0 & 0 & 1 \end{bmatrix} \begin{bmatrix} X_S \\ Y_S \\ Z_S \end{bmatrix} \tag{2.50}$$

5. 海潮改正

海洋潮汐主要由日周期和半日周期部分组成，但与固体潮不同的是它没有长期偏移项，对测站的影响比固体潮小一个量级，对单历元解的影响仅为 5 cm 左右。尽管如此，在精密单点定位中，如果要实现厘米级甚至更高的定位精度，必须对其加以考虑，当测站离海岸大于 1 000 km 可以不考虑该影响。海潮改正公式如下

$$\Delta\bar{C}_{nm} - i\Delta\bar{S}_{nm} = F_{nm}\sum_{s(n,m)}\sum_{+}^{-}(C^{\pm}_{snm} \mp iS^{\pm}_{snm})\mathrm{e}^{\pm i\theta f} \tag{2.51}$$

式中：$F_{nm} = \dfrac{4\pi G\rho_w}{g_e}\sqrt{\dfrac{(n+m)!}{(n-m)!(2n+1)(2-\delta_{om})}}\left(\dfrac{1+k'_n}{2n+1}\right)$，$g_e = 9.780\ 327\ 8\ \mathrm{ms^{-2}}$；$G = 6.673\times10^{-11}\ \mathrm{m^3kg^{-1}s^{-2}}$，$\rho_w = 1\ 025\ \mathrm{kg\cdot m^{-3}}$，为海水密度，$k'_n$ 为负荷变形系数（$k'_2 = -0.307\ 5$，$k'_3 = -0.195$，$k'_4 = -0.132$，$k'_5 = -0.103\ 2$，$k'_6 = -0.089\ 2$）；$C^{\pm}_{snm}$、$S^{\pm}_{snm}$ 为潮汐元素 s 的海潮系数。

6. 极潮改正

由地球自转产生地球离心力可使地球发生形变现象，称为极潮。极潮与固体潮一样也可导致地球测站位移，通过地球自转参数（earth rotation parameter，ERP），借助极轴运动值进行预报，表达式为

$$\left.\begin{aligned} \delta H^{\mathrm{sta}}_P &= -0.032\sin2\theta(x_P\cos\lambda - y_P\sin\lambda) \\ \delta N^{\mathrm{sta}}_P &= 0.009\cos2\theta(x_P\cos\lambda - y_P\sin\lambda) \\ \delta E^{\mathrm{sta}}_P &= 0.009\cos\theta(x_P\sin\lambda + y_P\cos\lambda) \end{aligned}\right\} \tag{2.52}$$

式中，x_p、y_p 为极移，θ、λ 为测站余纬和经度。

7. 地球固体潮改正

固体潮现象是由摄动天体对弹性地球的引力作用使地球表面产生周期性的涨落而引起的。固体潮汐使地球在地心与摄动天体的连线方向拉长，与连线垂线方向上趋于扁平，固体潮改正在径向可达 30 cm，水平方向可达 5 cm。固体潮对测站

的影响包含与纬度有关的长期偏移项和主要由日周期和半日周期组成的周期项。通过长期静态观测，可消除大部分的周期项影响，但是对于长期项部分，在中纬度地区该项改正在径向达到 12 cm，即使通过长期观测，该长期项仍然包含在测站坐标中。在短基线（小于 100 km）GPS 相对定位中，两个测站的固体潮的影响几乎是相同的，在差分过程中可以抵消，然而在长基线解算中，需要考虑该项改正。在精密单点定位中，如果不进行完整的固体潮改正，其长期项部分会引起径向 12.5 cm 和北向 5 cm 的测站坐标系统误差（kouba et al，2001）。固体潮对测站位置影响的近似公式为（IERS，1989）

$$\Delta r = \sum_{j=1}^{2} \frac{GM_j}{\mu} \frac{R^4}{|R_j|^3} \left\{ [3l_2(\hat{\boldsymbol{R}}_j \cdot \hat{\boldsymbol{r}})]\hat{\boldsymbol{R}}_j + \left[3\left(\frac{h_2}{2} - l_2\right)(\hat{\boldsymbol{R}}_j \cdot \hat{\boldsymbol{r}}) - \frac{h_2}{2}\right]\hat{\boldsymbol{r}} \right\} + [-0.025m \cdot \sin\varphi \cos\varphi \sin(\theta + \lambda)] \cdot \hat{\boldsymbol{r}} \tag{2.53}$$

式中：GM_j 为摄动天体（$j=1$ 为月球，$j=2$ 为太阳）的引力常数；μ 为地球引力常数；R 为测站到地心的矢径；$\hat{\boldsymbol{r}}$ 为测站在地心参考框架下的单位矢量；R_j 为摄动天体到地心的矢径；$\hat{\boldsymbol{R}}_j$ 为天体在地心参考框架下的单位矢量；l_2、h_2 为二阶 love 数和 shida 数（$l_2 = 0.6090$，$h_2 = 0.0852$）；φ、λ 为测站维度和经度；θ 为格林尼治平恒星时。

8. 海洋负荷潮汐改正

海洋负荷潮是由海洋潮汐的周期性涨落引起的，与固体潮类似，主要由日周期和半日周期部分组成，比固体潮小一个量级，且没有长期项部分。对于单历元，定位精度要求亚米级或 24 h 观测时间的厘米级静态定位可以不予考虑（0.5 cm），对于亚米级动态定位或小于 24 h 观测时间的厘米级静态定位必须考虑，否则，海洋负荷潮汐的影响将会使对流层天顶延迟量或钟差估计出现偏差。海洋负荷潮汐改正模型如下（金文敬 等，2003）

$$\Delta c = \sum_j a_{cj} \cos(\omega_j t + \chi_j - \phi_{cj}) \tag{2.54}$$

式中

$$a_{cj}\cos\phi_{cj} = H_j\left[\frac{A_{ck}\cos\phi_{ck}}{\overline{H}_{ck}}(1-p) + \frac{A_{c,k+1}\cos\phi_{c,k+1}}{\overline{H}_{k+1}}p\right]$$

$$a_{cj}\sin\phi_{cj} = H_j\left[\frac{A_{ck}\sin\phi_{ck}}{\overline{H}_{ck}}(1-p) + \frac{A_{c,k+1}\sin\phi_{c,k+1}}{\overline{H}_{k+1}}p\right]$$

具体变量含义见《IERS 规范》（72 页）或见（Xu，2011）。

海洋负荷绝大部分的影响是由于海潮引起的，还有一小部分是由于洋流引起的（该项一般不考虑），目前非潮汐负荷还不能很好地模型化。

对于沿海测站，每个方向上的海洋负荷改正可以由下面模型计算

$$\Delta c = \sum_j f_j A_{cj} \cos(\omega_j t + u_j - \phi_{cj}) \tag{2.55}$$

式中，f_j 和 u_j 依赖于月球交点的经度，当 $f_j=1$ 和 $u_j=0$ 时，精度为1～3 mm；$\sum_j$ 表示11种潮汐波，分别为 M_2、S_2、N_2、K_2、K_l、O_l、P_l、Q_l、M_f、M_m、S_{sa} 、ω_j 和 χ_j，表示当 $t=0$ 时的角速度和天文角，其中 χ_j 可以由IERS中的arg.f文件计算实现。

振幅 A_{cj} 和相位 ϕ_{cj} 可以利用全球最新的海洋潮汐模型、海岸数据与格林函数，通过大部分ITRF测站计算。对于沿海测站，M_2 振幅在径向上最大不超过5 cm，水平方向为2 cm。

计算时，可以取 $f_j=1$ 和 $u_j=0$ ，ω_j 计算 x_j 需要用到海潮文件。

固体潮、极潮和海洋潮汐引起的测距改正为

$$\Delta\rho_{TD}=\left\{\Delta \boldsymbol{r}^{sta}+\boldsymbol{MLT}^{\mathrm{T}}\begin{bmatrix}\delta E_P^{sta}+\delta E_{OT}^{sta}\\ \delta N^{sta}+\delta N_P^{sta}+\delta N_{OT}^{sta}\\ \delta h_1^{sta}+\delta h_2^{sta}+\delta h_P^{sta}+\delta h_{OT}^{sta}\end{bmatrix}\right\}\times\frac{\boldsymbol{r}-\boldsymbol{r}^{sta}}{|\boldsymbol{r}-\boldsymbol{r}^{sta}|}\tag{2.56}$$

式中，$\boldsymbol{MLT}^{\mathrm{T}}$ 是站心坐标转换到地固坐标的旋转矩阵，即

$$\boldsymbol{MLT}=\begin{bmatrix}-\sin\lambda & \cos\lambda & 0\\ -\cos\theta\cos\lambda & -\cos\theta\sin\lambda & \sin\theta\\ \sin\theta\cos\lambda & \sin\theta\sin\lambda & \cos\theta\end{bmatrix}$$

参考黄珹编著的《SLR数据处理及其软件实现》(26-28页)或《IERS规范》(57-86页)。

9. 大气负荷

地球是作为一个弹性体对外部力量进行整体反应的，由不同压强下的大气层质量变化导致地壳的变形，称之为大气负荷。变形量在水平方向约0.6 mm，垂直方向约2.6 mm，但是最大变形量在水平方向达7 mm，垂直方向最大达40 mm。在天文观测或空间大地测量中，当精度要求优于2 nrad或1 cm时，需要考虑该项影响。

$$\Delta r=-0.35p-0.55\bar{p}\tag{2.57}$$

式中：p 为测站压强与标准压强差；$\bar{p}$ 离测站2 000 km范围内的压强变化。

GAMIT V10.2及以后版本均可处理这一误差，采用的是全球大气负荷所造成的NEU三维变形，2.5°×2.5°网格，时间分辨率为6 h，采用双线性内插计算。在精密单点定位中，暂时不考虑该项误差。

10. 极移和日长变化

像潮汐影响改正一样，极移和日长变化(ERP)的影响可以模型化，一天的改正量可以表达为

$$\left.\begin{aligned}\Delta x&=+y\cdot\delta UT1+z\cdot\delta Y_p\\ \Delta y&=-x\cdot\delta UT1-z\cdot\delta X_p\\ \Delta z&=-x\cdot\delta Y_p+y\cdot\delta X_p\end{aligned}\right\}\tag{2.58}$$

式中，(x,y,z) 为ITRF下的测站坐标。每天的ERP改正量 $(\delta X_p,\delta Y_p,\delta UT1)$ 可

以由下面公式计算，以 X_p 为例

$$\delta X_p = \sum_{j=1}^{8} (F_j \sin\xi_j + G_j \cos\xi_j) \tag{2.59}$$

式中：ξ_j 是天文时角；F_j 和 G_j 分别为潮汐波系数。

11. 仪器偏差

仪器偏差(instrument bias，IB)是由于观测信号在 GPS 卫星和接收机硬件内传播时延迟所致。由于接收机和卫星的硬件延迟不可分离，一般将其作为一个延迟量来处理。

目前，CODE 可以提供 DCB(differential code bias)文件，只是对于不同类型的伪距(P_1、C_1、P_2、C_2)之间的相对延迟，而不是绝对延迟。由于 DCB 变化比较缓慢，CODE 一般一个月发布一次 DCB 参数。对于精密单点定位而言，如果采用浮点模糊度解，这一偏差可以被浮点模糊度参数所吸收而不用考虑，但无法进行整周模糊度的固定。

2.3.4　其他误差

1. 处理模型差异

处理模型差异是指数据处理方法、模型改正不同而引起的差异。

2. 组合后的噪声

组合后的噪声一般采用高斯滤波、卡尔曼滤波、Vondrak 平滑滤波，(modified hatch type smoothing，MHTS)等滤波平滑，MHTS 算法被认为是目前比较常用有效的方法。

3. 振荡器初始相位差

振荡器初始相位差表示初始相位计时不准确或者非整数相位的误差。对于精密单点定位而言，如果采用浮点模糊度解，这一误差可以被浮点模糊度参数所吸收而不用考虑。

4. 永久变形

实际上，潮汐模型中包括一个与时间无关的部分，由这部分得到的坐标影响为常规潮汐无关值，也称为永久变形(permanent deformation)，永久变形量的模型改正如下。

径向永久变形量和横向永久变形量分别为 $(-0.1206 + 0.0001 P_2(\sin\phi)) P_2(\sin\phi) m$、$(-0.0252 - 0.0001 P_2(\sin\phi))(\sin 2\phi) m$，$P_2(\sin\phi) = \dfrac{3\sin^2\phi - 1}{2}$。

2.3.5　误差源汇总及其量级分析

通过对上面四类误差源的分析，下面对各种误差源的量级、对定位的影响及处理方法等进行汇总，如表2.5所示。

表2.5 GPS精密单点定位中需要考虑的误差及其处理措施

序号	名称	本身量级	对定位影响	处理方法
1	轨道误差	m	5～20 cm	事后利用精密轨道，实时利用预报轨道模型
2	卫星钟差	0.1～10 ns	0.1～5 ns	高采样频率卫星钟差估计(模型)
3	电离层影响	2～3 m	30～160 cm	Ionosphere-free组合
4	对流层影响	2～3 m	dm	模型改正可达到毫米级－厘米级，或参数解算
5	天线相位中心	dm	mm	模型改正
6	多路径效应	—	3～4 cm	软硬件方法改正
7	相对论效应	15～20 m	dm	模型改正
8	测站位置变化	mm～cm	＜1 mm	一般不予考虑
9	地球自转	30 m		模型改正
10	海潮	单历元解达5 cm	一天解，mm	模型改正
11	极潮	—	—	模型改正
12	固体潮	径向30 cm	5～12 cm	模型改正
13	海洋负荷	10 cm	内地1 cm	模型改正
14	Wide-up	可达半周	1～2 cm	模型改正
15	处理模型差异	—	—	一般不考虑，或引入因子
16	噪声	mm～dm	—	滤波平滑
17	振荡器初始相位	小于半波长	—	由模糊度参数吸收
18	大气负荷	—	3～20 mm	模型改正
19	ERP	—	—	模型改正
20	永久变形	—	cm～mm	模型改正
21	卫星更替	—	10 cm	尚未解决
22	仪器偏差	—	—	由模糊度参数吸收

第3章　系统误差与随机误差处理

3.1　概　述

GPS观测值中包含三类误差：系统误差、偶然误差和粗差。系统误差的影响可以通过在平差模型中增加附加参数或通过站间、星间及历元间求差消除或削弱。偶然误差则通过选择合理的随机模型模拟。粗差的处理目前主要有两条途径：一是将粗差归入函数模型处理；二是将其归入随机模型处理。

在GNSS数据处理领域，小波分析理论主要用于GPS误差的建模与预报、信息提取、相位观测周跳探测、数据压缩、动态监测数据处理等。Collin等(1995)最先将小波分析理论引入周跳探测与修复研究中。在国内，黄丁发等(1997)运用小波分析对周跳探测中检验量的选择进行了研究，对比分析了非差、单差、双差等情况下周跳探测的能力；黄兵杰等(2006)研究了小波变换在GPS精密单点定位周跳探测中的应用。

不少学者利用小波分析进行GPS数据消噪，做了大量研究。Fu等(1997)研究了小波在GPS数据预处理中的应用；夏林元(2005)提出了基于小波分析方法提取基线解算中多路径效应的方法，研究认为通过该方法不但能提高基线解算的精度，而且还可以缩小整周模糊度的搜索空间；朱习军(2005,2006)也对相位双差观测值的残差信号做小波分解，以分解得到的低频信号来改正GPS测量结果，最后进行基线解算处理，得到了良好的效果；石杏喜等(2004)应用小波分析对相位差分数据进行处理；伊延华等(2006)提出了基于自适应噪声抵消与小波滤波相结合的消除多路径影响的方法。

目前比较常用的粗差探测方法是抗差估计(robust estimation，RE)。在国内，杨元喜院士等对抗差性进行了深入的研究(周江文 等，1997)。在抗差估计中，崩溃污染率(breakdown point)是衡量抗差性的整体度量测度。虽然目前M估计、L估计和R估计在对线性模型和尺度参数或未知单位权方差的参数抗差估计中得到普遍应用，但这些方法也只能容许30%的粗差。徐培亮提出了一种新的抗差估计方法——符号约束抗差估计(sign-constrained robust estimation，SRE)，该方法既可以提高抗差估计的崩溃污染率，同时又保证了抗差估计的高效率(Xu，2005)。

针对粗差的检测，周江文等(1984)提出了拟稳平差的思想，拟稳平差突出了选群拟合。借鉴这种思想，欧吉坤(1999)提出了粗差的拟准检定法(QUAD法)。欧吉坤等(2003)将拟稳平差的思想应用到了GPS精密测量系统误差分离中,提出了选群拟合的解算方法,对消除和削弱系统误差的影响,提高基线的解算精度有较大的改善。

在GPS精密定位中都以载波相位观测值为主要观测量,本质上都是采用最小二乘估计方法,通常采用两种模型:函数模型和随机模型。

函数模型用来描述观测值自身之间的联系以及观测值和模型未知参数之间的关系,并用确定性模型表达这些联系或关系。随机模型则用来描述那些不确定因素以及经验数据的微小变化(Teunissen et al,1998)。

3.2 GPS观测量系统误差分离方法研究

3.2.1 符号约束最小二乘估计原理

假设线性模型为

$$\underset{n,1}{\boldsymbol{y}} = \underset{n,t}{\boldsymbol{A}}\,\underset{t,1}{\boldsymbol{\beta}} + \underset{n,1}{\boldsymbol{\varepsilon}}\ ,\ \boldsymbol{D}(\boldsymbol{y}) = \boldsymbol{\Sigma}_0\sigma^2 \tag{3.1}$$

式中:$\boldsymbol{y}$是一个n维的观测向量;$\boldsymbol{A}$是满秩的设计矩阵;$\boldsymbol{\beta}$为待估参数;$\boldsymbol{\varepsilon}$是观测偶然误差;$\boldsymbol{\Sigma}_0$是给定的正定矩阵。$\boldsymbol{\Sigma}_0$的逆矩阵$(\boldsymbol{\Sigma}_0)^{-1}$就是平差理论中的权阵,一般用$\boldsymbol{P}$来表示,在下面的讨论中假设$\boldsymbol{P}$为对角阵,即假设各次观测为独立观测。

符号约束最小二乘估计方法的定义如下,估计量为

$$\text{Min}:\ \frac{(\boldsymbol{y}-\boldsymbol{A\beta})^{\mathrm{T}}\boldsymbol{P}_R(\boldsymbol{y}-\boldsymbol{A\beta})}{r_{P_R}} \tag{3.2}$$

约束条件为

$$\sum_{i=1}^{n}\text{sign}(\boldsymbol{y}_i - \boldsymbol{a}_i\boldsymbol{\beta}) = 0 \tag{3.3}$$

式中,权阵$\boldsymbol{P}_R$的第i个对角元素由下式确定

$$\boldsymbol{p}_i^R = \begin{cases} p_i & \text{当} \left| y_i - a_i\beta \right| \leqslant \dfrac{c\hat{\sigma}}{\sqrt{p_i}} \\ 0 & \text{其他} \end{cases} \tag{3.4}$$

式中:$c\,(c>0)$为一常数,c的值也可以设为Xu(1993)提出的对应于每个观测值的可变参数;$\hat{\sigma}$为单位权方差的估值,一般情况下$\hat{\sigma}$设为$1.483med(\sqrt{p_i}\left|y_i - a_i\beta\right|)$,其中$med(\sqrt{p_i}\left|y_i - a_i\beta\right|)$为残差$\sqrt{p_i}(y_i - a_i\beta)$绝对值的中位数,此外,还可以用观测值的最小绝对残差的一半作为$\hat{\sigma}$;$\boldsymbol{a}_i$为矩阵$\boldsymbol{A}$的行向量。r_{P_R}是$\boldsymbol{P}_R$的行数或其对角线上非零元素的个数,其中的sign()为符号函数,符号函数的定义如下

$$\operatorname{sign}(x)=\begin{cases}1 & \text{当 } x>0\\ 0 & \text{当 } x=0\\ -1 & \text{当 } x<0\end{cases} \tag{3.5}$$

当上述最小化问题解决后，得到同时满足式(3.2)和式(3.4)观测值的一个子集，然后就可以对求出的这个子集应用无约束的最小二乘(least squares，LS)估计来求得参数 $\boldsymbol{\beta}$ 的最终估值。

从符号约束抗差估计的定义可以看出，该方法有如下特点：

(1)将抗差估计方法直接作为约束条件。

(2)该方法是稳健的，并且崩溃污染率能达到 50%。这可以直观地从方法本身看出来。例如，在极端情况下，一半数据被认为是离群的，限制条件式(3.3)按照正残差和负残差数目相等的标准，把数据强制分为两部分。最小化问题式(3.2)和约束条件式(3.4)，将强制分离正常数据和异常数据。

(3)该方法的抗差性不会受到权阵 $\boldsymbol{P}$ 的影响，这是因为权阵 $\boldsymbol{P}$ 与约束条件式(3.3)没有任何关系。

(4)与其他的稳健估计量不同，该方法具有自适应性，通过约束条件式(3.3)和式(3.4)，它能自动调节以适应可利用的数据。例如，数据的污染率是 10%，稳健方法在消除 10%的污染数据对估计参数影响的同时，它几乎能够保留剩余的 90%数据，或者保留尽可能多的正常数据，而这正是式(3.4)的直接结果。

(5)该方法是基于最小二乘原理的，所以也称为符号约束稳健最小二乘估计(sign-constrained robust least squares estimation，SRLSE)。该方法还证明了 Rousseeuw(1984)的论述，即并不是平方的原因使得经典最小二乘没有抗差性。从另一方面来说，最小二乘中的求和运算也不是经典最小二乘无抗差性的根源。

因为最小均方算法(LMS)、单调速率算法(RM)和其他的基于中位数的抗差估计仅仅利用尽可能少的正常数据去求得抗差解，所以这些方法的抗差性很容易受到部分近似多重共线性的影响。但是，SRLSE 能够调节自身以利用所有的正常数据去求解估计量 $\boldsymbol{\beta}$，不受部分近似多重共线性的影响。所以说，SRLSE 同时达到了高崩溃污染率和高效率的目标，该方法是高崩溃污染率和高效抗差估计。

由以上讨论可以看出，SRLSE 主要有两点创新：第一是间断函数加权；第二是符号约束条件。

从上面的分析还可以看出，SRLSE 的定义中存在以下几个问题：

(1)如果观测量的数目是奇数，那么约束条件式(3.3)很难实现，这与计算机的舍入误差有一定的联系。

(2)即使观测量的数目是偶数，舍入误差也会导致约束条件式(3.3)的失效。

针对以上问题，对约束条件重新定义如下：

设函数 $F(\boldsymbol{\beta})=[f_1(\boldsymbol{\beta}),f_2(\boldsymbol{\beta})]$，约束条件重新定义为

$$\text{Min}:\begin{cases} f_1(\boldsymbol{\beta}) = \sum_{i=1}^{n}(y_i - A_i\boldsymbol{\beta})^2 \\ f_2(\boldsymbol{\beta}) = \left[\sum_{i=1}^{n}\text{sign}(y_i - A_i\boldsymbol{\beta})\right]^2 \end{cases} \tag{3.6}$$

从式(3.6)可以看出,只是将约束条件进行了修改,既可以避免观测量的奇偶数问题和计算机舍入误差的影响,又可以尽可能多地剔除粗差。

3.2.2 SRLSE系统误差分离方法

考虑到观测方程可能秩亏,结合欧吉坤等提出的选群拟合分离方法,借鉴拟稳平差思想,提出了SRLSE系统误差分离方法。首先进行初步的模型修正,以此作为初值,根据方差大小,采用符号约束稳健估计方法进行逐个系统误差分离。

1. 基于优化的SRLSE粗差剔除有效性分析

通过使用SRLSE对模拟数据处理的结果显示,SRLSE具有很好的抗粗差能力,它对50%的污染数据具有很好的处理能力。结果显示,它在剔除绝大部分污染数据的同时,能够有效地利用剩余的数据进行计算。在效率方面,与其他抗粗差方法相比有一定的提高。但是其中存在一个问题有待解决,即单位权矩阵$\boldsymbol{P}$确定时比例常数c值的选取问题。另外,通过对模拟数据的计算,发现了样本数据的崩溃污染率与方差之间的线性关系。

下面通过实例来说明SRLSE方法,模拟一条回归线$y_i = \beta_1 + x_i\beta_2 + v_i$,其中参数的真实值是$\beta_1 = -0.4244$和$\beta_2 = 1.9983$。模拟生成了区间[0,100]上的2 000个均匀分布的x_i和2 000个均值为0、标准差为1的高斯噪声v_i,同时模拟了2 000个离散的异常值,均匀地分布在$x \in [0,100]$、$y \in [0,200]$的范围内。针对50%的数据污染率进行了实验,数据处理结果如图3.1和图3.2所示。

从图中可以看出,优化的SRLSE可以很好地剔除粗差,假如有10%的崩溃污染率,它能够在几乎全部剔除污染数据的同时,保留90%的数据进行计算,这充分证明了SRLSE的可靠性,并且对崩溃污染率达到50%的数据和异常点集中的情况同样适用。

2. 选群拟合的解算方法

欧吉坤研究员将拟稳平差思想引入GPS系统误差分离中,并提出了粗差的拟准检定法。当观测中含有粗差时,如果拟准观测选择正确,真误差的拟准解明显呈现分群特征,从而同时检测出多个粗差。在处理过程中,选群拟合将系统误差作为待估参数纳入观测方程,虽然增加了待估参数个数,但通过降维、选群拟合等处理后,既可消除或削弱系统误差的影响,又能用于分析系统误差的特性。该方法附加了拟准参数的改正数范数极小条件,需要事先知道拟准参数如基线分量较准确的初值。

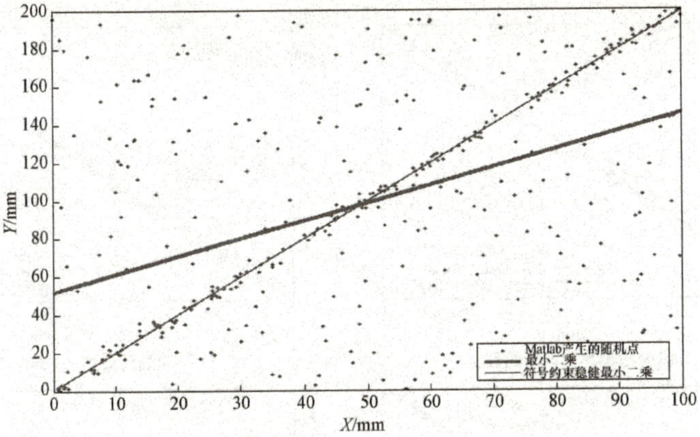

图 3.1 符号约束稳健估计与最小二乘拟合直线比较

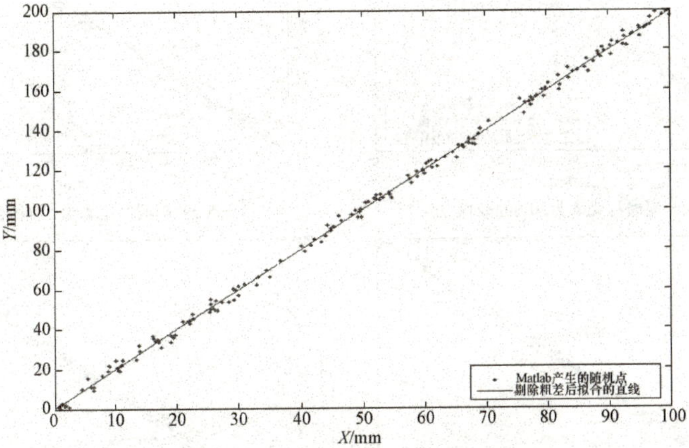

图 3.2 符号约束稳健估计剔除粗差的效果

3. 基于不同崩溃污染率的优化 SRLSE 方法

利用上述同样的算例，对不同崩溃污染率的数据进行了模拟，模拟生成了 $x\in[0,100]$上的 1 500 个均匀分布的 x_i 和500 个均值为0 标准差为1 的高斯噪声 v_i 。然后模拟了1 000 个离散的异常值，均匀地分布在 $x\in[0,100]$和 $y\in[0,200]$的范围内。将随机产生的数据记录下来，以作为固定的点以后使用。

(1)针对不同崩溃污染率的数据处理结果。

首先选择崩溃污染率为 50%的数据，即选取 1 000 个有用数据和 1 000 个均匀分布的异常值，分别用最小二乘和优化 SRLSE 进行数据处理，数据处理结果如图 3.3(a)所示；然后选取崩溃污染率为 40%的数据，即把 1 000 个均匀分布的异常值中的 200 个数据用正常值代替，并进行数据处理；用同样的方法依次选取崩溃污染率为 30%、20%、10%和 5%的数据，数据处理结果如图 3.3 和表 3.1 所示。

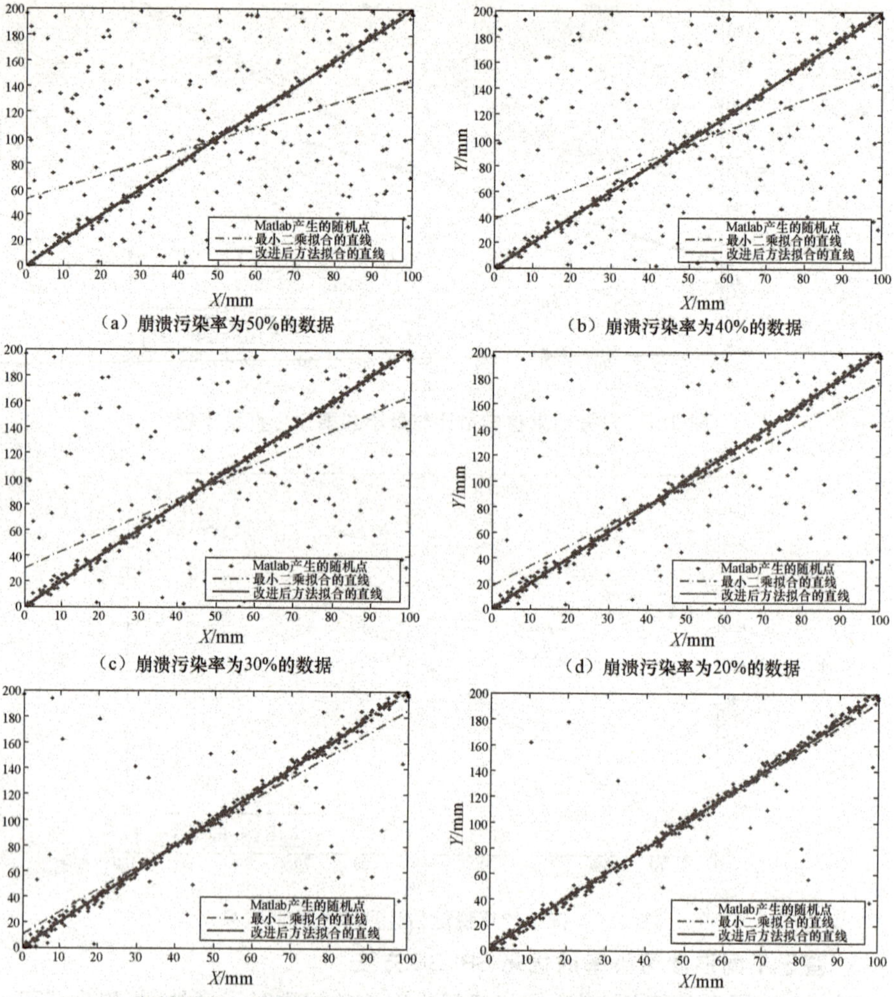

（a）崩溃污染率为50%的数据　（b）崩溃污染率为40%的数据
（c）崩溃污染率为30%的数据　（d）崩溃污染率为20%的数据
（e）崩溃污染率为10%的数据　（f）崩溃污染率为5%的数据

图 3.3　不同崩溃污染率的数据处理结果

表 3.1　不同崩溃污染率的数据参数解算的结果分析

崩溃污染率/(%)	参数 β	计算值	真实值	差值
50	β_1	−0.002 2	−0.424 4	0.422 2
	β_2	1.995 6	1.998 3	−0.002 7
40	β_1	0.262 9	−0.424 4	0.687 3
	β_2	1.992 1	1.998 3	−0.006 2
30	β_1	−0.210 3	−0.424 4	0.214 1
	β_2	2.003 4	1.998 3	0.005 1

续表

崩溃污染率/(%)	参数 β	计算值	真实值	差值
20	β_1	−0.156 9	−0.424 4	0.267 5
	β_2	2.004 3	1.998 3	0.006 0
10	β_1	0.452 3	−0.424 4	0.876 7
	β_2	1.982 8	1.998 3	−0.015 5
5	β_1	1.563 1	−0.424 4	1.987 5
	β_2	1.957 1	1.998 3	−0.041 2

从图 3.3 可以看出，当数据的崩溃污染率不断降低时，优化 SRLSE 拟合的直线与最小二乘拟合直线逐渐靠近，说明随着异常点数量所占比例的不断减少，优化 SRLSE 处理的结果与经典最小二乘处理的结果基本相当，这证实了 SRLSE 其实就是一种自适应最小二乘。从表 3.1 可以看出，优化 SRLSE 处理的结果基本与真实的回归线符合。

(2)精度分析。

对上述处理的结果，通过计算其单位权中误差对其结果进行评定精度，计算公式为

$$\hat{\sigma}=\sqrt{\frac{\sum_{i=1}^{n}\Delta_i^2}{n}} \tag{3.7}$$

式中，Δ_i 为第 i 个观测量对应的观测误差，$\hat{\sigma}$ 为 n 个观测量的单位权中误差。

如图 3.4 所示为在不同崩溃污染物率下，数据处理结果精度的比较。当数据

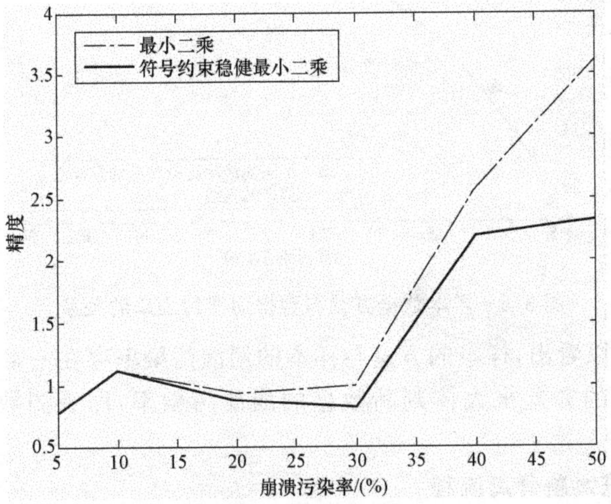

图 3.4　不同崩溃污染率的数据处理结果的精度比较

的崩溃污染率小于10%时,最小二乘与SRLSE数据处理结果精度基本相当;当数据的崩溃污染率大于10%时,SRLSE结果精度明显高于最小二乘,而且随着崩溃污染率的增大,最小二乘处理结果的精度降低相对较快。

(3)效率分析。

随着数据量的增大,数据处理效率也是不容忽视的一个关键问题,SRLSE不仅具有50%的抗差性,而且其效率也比其他抗差估计要高。通过对模拟数据的处理,对其效率做出了以下统计,结果如表3.2所示。

表3.2 SRLSE与最小二乘的效率比较

崩溃污染率/(%)	5	10	20	30	40	50
符号约束稳健估计迭代次数	3	4	6	9	12	15
最小二乘迭代次数	1	1	1	1	1	1

从表3.2可以看出,随着样本数据崩溃污染率的增加,SRLSE处理数据时迭代次数不断增加,而在崩溃污染率较小时,其迭代次数相对来说较少。

(4)样本数据方差大小与崩溃污染率的关系。

通过对样本数据的整体方差大小的统计,发现数据的崩溃污染率与方差存在一定的关系,结果如图3.5所示。

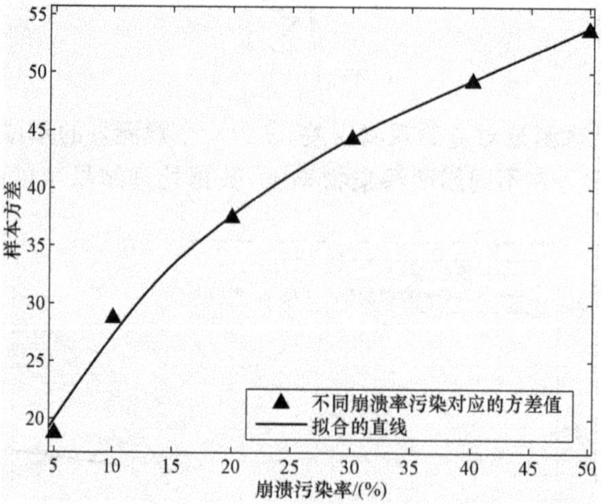

图3.5 样本数据方差与数据崩溃污染率的关系

从图3.5可以看出,样本的方差与样本的崩溃污染率存在一定的线性关系,由此可以通过样本的方差来大体判断数据的崩溃污染率,即观测数据的整体质量情况。

4. GPS系统误差分离流程

GPS系统误差分离流程如图3.6所示。

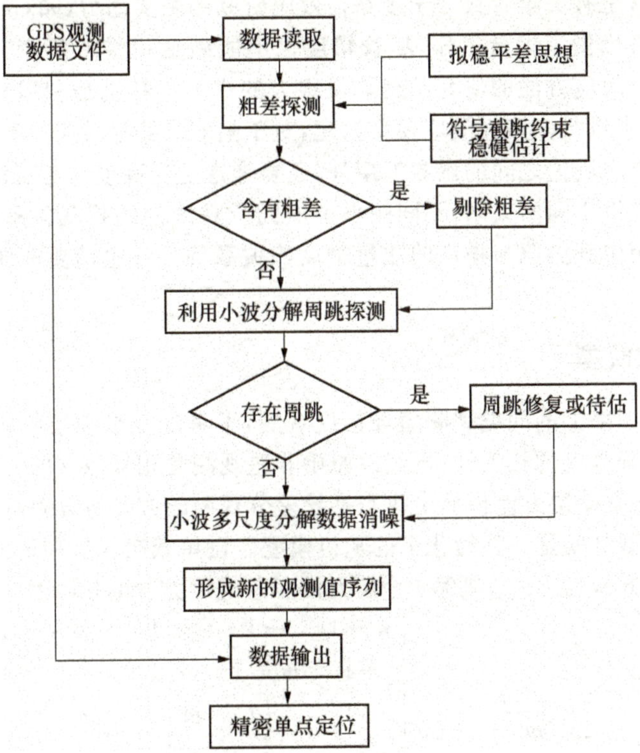

图 3.6　精密单点定位系统误差分离流程

3.3　GPS 差分处理中的随机模型

虽然函数模型可以消除大部分系统误差影响，但这些系统误差的残余误差、高阶项误差以及随机误差（如多路经效应、电路延迟、噪声影响）仍难以削弱或削除。

提高单点定位精度的方法之一就是在某历元获取尽可能多的观测资料，但这样往往会引入低高度角观测量。研究表明，在处理中加入低高度角观测值（会导致卫星的几何关系得到改善，因而提高了高程方向的精度，但由于多路径效应和对流层延迟的影响，高程数据的精度比水平数据低 2～3 倍。

近年来，低高度角观测值是 GPS 领域的一个重要研究内容，由此发展了解算对流层延迟的映射函数（Saastamoinen、Hopfield、Herring 和 Niell 函数模型等）。在 GPS 中长基线测量中有效的对流层模型和映射函数尤为重要，对于小区域 CORS 网来说，一般的大气层模型都能满足要求。另一个重要的影响因素是多路径效应，这导致了电磁波信号传播的弯曲和时延。导致多路径现象的原因还没有完全确定，但一些研究表明：长时间连续观测，多路径效应对观测值的影响呈现一定的规律性，这是有关学者致力于多路径效应研究的主要动力，如 Ge M、Han S 和 Rizos 等在这方面做了大量工作，尽管精度仍不能满足一些高精度工程测量的要求，但在多路径效应方面的研究已经取得很大的进步。特别是利用长期形变监测的基准站数据来进行多路径效应模型构建，对于削弱多路径效应具有重要的作用。因此，除了考虑观测值之间的函数模型外，还要考虑卫星高度角与观测值质量的关系、卫星与接收机之间的关系、不同频率上的同类观测值的相互关系、信噪比和载噪比的大小、相位观测值与噪声的能量密度比关系等。这里简要介绍几种常用随机模型。

3.3.1 简化模型

假设两个频率上的同类观测值等精度观测，不考虑卫星和接收机之间的物理相关性和两个频率上的相关性，再假设原始非差观测是相互独立的，则差分观测值是相关的，依据方差协方差传播定律来推导差分观测的方差协方差阵，由这种方式得出的随机模型其实是一种简化了的随机模型。设星载接收机和地面基准站的载波相位观测值方差均为 σ_0^2 ，则第 i 个历元的双差观测方程的权阵 $\boldsymbol{P}(t_i)$ 为

$$\boldsymbol{P}(t_i)=\frac{1}{2\sigma_0^2(m-1+1)}\begin{bmatrix} m-1 & -1 & -1 & \cdots & -1 \\ -1 & m-1 & -1 & \cdots & -1 \\ -1 & -1 & m-1 & \cdots & -1 \\ \vdots & \vdots & \vdots & & \vdots \\ -1 & -1 & -1 & \cdots & m-1 \end{bmatrix} \tag{3.8}$$

如果认为各个历元双差观测值之间是相互独立的，则这 n 个历元的观测值权 P 为

$$\boldsymbol{P}=\begin{bmatrix} P(t_1) & 0 & 0 & \cdots & 0 \\ 0 & P(t_2) & 0 & \cdots & 0 \\ 0 & 0 & P(t_3) & \cdots & 0 \\ \vdots & \vdots & \vdots & & \vdots \\ 0 & 0 & 0 & \cdots & P(t_n) \end{bmatrix} \tag{3.9}$$

3.3.2 基于卫星高度角的随机模型

在简化的随机模型中，一般认为每个历元的标准差 σ 是不变的。但是，随着卫星高度角的不同，信号穿过大气层的路径是变化的，由于大气层中时延和折射的影响，观测量的质量是随卫星高度角的变化而变化的，高度角越小，观测值质量越低，因为低高度角的观测值受到电离层和多路经等的影响较大，且这种影响也很复杂，难以用现有模型精确表达。电离层和对流层影响随高度变化是目前比较热点的研究课题。因此，为了得到高精度的定位结果，应该考虑每个历元的方差与卫星高度角因素的关系，对于地面站而言，每一个历元与卫星高度角有关先验标准差可表

示为

$$\sigma = \sigma_0 \psi(z) = \sigma_0 \cos^2 z \tag{3.10}$$

式中，z 为卫星高度角，σ_0 为单位权中误差。

由于在星载 GPS 观测值中，经常会出现负高度角（即大于 90°）的情况，为了考虑这些大于 90°的观测值对定轨精度的影响，在式(3.10)的基础上引入了一个伸缩因子 α，此时，先验标准差为

$$\sigma = \sigma_0 \psi(z) = \sigma_0 \cos^2 (\alpha \cdot z) \tag{3.11}$$

伸缩因子 α 对于不同高度、不同形状的低轨卫星，其取值也不同。

假设先验标准差与卫星高度角满足一种指数关系，则有

$$\sigma = \sigma_0 \left(1 + \alpha \cdot e^{\frac{z(t)}{\varepsilon_0}} \right) \tag{3.12}$$

式中：σ、σ_0 分别为观测值在 t 时刻的标准差和在天顶方向的标准差，以米为单位；$z(t)$、ε_0 分别为 t 时刻的卫星高度角和参考高度角。

3.3.3　信噪比

观测值精度除了与卫星高度角变化有关外，还与信噪比(signal-to-noise ratio，SNR)的变化有关(Brunner，1991)。因此，在先验标准差中还应考虑卫星高度角和 SNR 之间的关系

$$\sigma = \sigma_0 \left(1 + \alpha \cdot e^{\frac{z(t)}{\varepsilon_0}} \right) \cdot \alpha^{|\Delta|} \tag{3.13}$$

式中，Δ 为期望的 SNR 值与实测的 SNR 值之间的差值。

3.3.4　信号载噪比

信号载噪比(carrier-to-noise ratio，C/N_0 或 CNR)是指接收机中的 C/N_0 在 1 Hz的带宽上，载波信号和噪声信号的能量密度比率，也称为能量密度比。名义上，接收机 C/N_0 值通常在 40～50 Db/Hz。与 SNR 相比，C/N_0 描述了影响 C/N_0 值的信号载波的能量水平和噪声水平的比率，在分析 GPS 接收机接收能力时，它是一个关键指标，并直接影响接收机伪距和载波相位测量值的精度。C/N_0 是反映接收到的信号质量情况的函数，如果一个天线安置在一个强多路径效应的环境中，C/N_0 通常会在期望 C/N_0 值上下波动。以相位方差作为 C/N_0 值的一个函数形式，导出如下

$$\sigma_{\phi_i}(m) = \sqrt{\frac{B \cdot n_0}{c}} \cdot \frac{\lambda}{2\pi} \tag{3.14}$$

式中，i 表示 $L_i (i=1,2)$，B 为噪声带宽，λ 为载波相位波长，$c/n_0 = 10^{\frac{C/N_0}{10}}$ 为能量密度比的表达式。如果噪声带宽 $B = 2$ Hz，$C/N_0 = 45$，则 L_1 的相位噪声为

0.2 mm。

C/N_0值可以从GPS接收机接收资料中获取，信号质量观测值可以由GPS观测值加权得到。Ward提出了用相位方差来表示C/N_0的函数形式，以平方毫米为单位

$$\sigma^2_{\Phi_{ei}} = C_i \cdot 10^{-(C/N_{0\,\mathrm{measured}})/10} \tag{3.15}$$

3.3.5 信噪比与载噪比的关系

载噪比和信噪比是衡量信号质量的两个主要指标，在GPS接收机中，C/N是接收机输入端的载波功率与噪声功率之比，而S/N是接收机输出端的信号功率与噪声功率之比。它们之间的关系为

$$S/N = C/N + G_p \tag{3.16}$$

式中，G_p为处理增益。

可见，S/N不仅与输入信号的C/N有关，还与接收机内部处理信号的方法有关，由于C/N与带宽有关。因此，通常将1 Hz带宽上的载噪比C/N_0作为信号质量指标，C/N与C/N_0的关系为

$$C/N_0 = C/N + B_N \tag{3.17}$$

式中，B_N为等效噪声带宽。若所接收卫星未受干扰，则其C/N_0为

$$C/N_0 = S_R + G_A - 10\lg(kT_0) - N_F - L \tag{3.18}$$

式中，S_R为所接收到信号的功率，G_A为卫星方向上接收机天线的增益，$10\lg(kT_0)$为热噪声密度，k为玻耳兹曼常数，T_0为热噪声的参考温度，N_F为包括天线和电缆损耗在内的接收机噪声指数，L为实现损耗加上模拟/数字信号转换器（A/D）损耗。

3.4 降低观测量噪声的组合模型分析

对于降低观测量噪声的方法有很多，滤波法、递推法等，本节提出一种UofC组合观测模型降低观测量噪声。

根据GPS基本观测方程，码相位和载波相位消电离层组合基本观测方程为

$$\left.\begin{aligned} P_{\mathrm{IF}} &= \frac{f_1^2 P_1 - f_2^2 P_2}{f_1^2 - f_2^2} = \rho - c\,\mathrm{d}T + d_{\mathrm{trop}} + \varepsilon(P_{\mathrm{IF}}) \\ \Phi_{\mathrm{IF}} &= \frac{f_1^2 \Phi_1 - f_2^2 \Phi_2}{f_1^2 - f_2^2} = \rho - c\,\mathrm{d}T + d_{\mathrm{trop}} + N + \varepsilon(\Phi_{\mathrm{IF}}) \end{aligned}\right\} \tag{3.19}$$

式中：假设卫星轨道和钟差改正为已知量，P_{IF}、Φ_{IF}分别为消电离层组合后的码相位观测和载波相位观测距离；ρ、$c\mathrm{d}T$、d_{trop}分别为站星几何距离、站钟差改正和对

流层影响，它们在码相位观测和载波相位观测上的影响相同；$B=\dfrac{cf_1N_1-cf_2N_2}{f_1^2-f_2^2}$为组合后的模糊度项；ε() 表示噪声影响部分，包括精密星历和钟差误差、多路径影响和噪声影响(均以米为单位)，组合后 P_{IF}、Φ_{IF} 的噪声影响分别为(令码相位观测噪声为 σ_{P_i}，由于载波相位观测噪声 σ_{Φ_i} 相对于码相位观测小1～2 个量级，暂予忽略)

$$\sigma(P_{\mathrm{IF}})=\sqrt{\frac{f_1^4\sigma_{P_1}^2+f_2^4\sigma_{P_2}^2}{(f_1^2-f_2^2)^2}}\approx 3\sigma \tag{3.20}$$

$$\sigma(\Phi_{\mathrm{IF}})=\sqrt{\frac{f_1^4\sigma_{\Phi_1}^2+f_2^4\sigma_{\Phi_2}^2}{(f_1^2-f_2^2)^2}} \tag{3.21}$$

为了减少观测量噪声的影响，而且考虑到码相位观测 P 和载波相位观测 Φ 中，电离层影响数值相同，符号相反。因此，将它们进行 LP 组合为

$$\left.\begin{aligned}
P_{\mathrm{IF,L1}}&=\frac{1}{2}(P_1+L_1)=\rho-c\mathrm{d}T+d_{\mathrm{trop}}+\frac{1}{2}N_1+\frac{1}{2}(\varepsilon(P_1)+\varepsilon(L_1))\\
P_{\mathrm{IF,L2}}&=\frac{1}{2}(P_2+L_2)=\rho-c\mathrm{d}T+d_{\mathrm{trop}}+\frac{1}{2}N_2+\frac{1}{2}(\varepsilon(P_2)+\varepsilon(L_2))\\
\Phi_{\mathrm{IF}}&=\frac{f_1^2\Phi_1-f_2^2\Phi_2}{f_1^2-f_2^2}=\rho-c\mathrm{d}T+d_{\mathrm{trop}}+N+\varepsilon(\Phi_{\mathrm{IF}})
\end{aligned}\right\} \tag{3.22}$$

式中，ρ、$c\mathrm{d}T$、d_{trop} 分别为站星几何距离、站钟差改正和对流层影响，与式(3.21)相同，LP 组合后的噪声影响分别为

$$\sigma(P_{\mathrm{IF,L1}})\approx\sigma(P_{\mathrm{IF,L2}})\approx\frac{1}{2}\sigma\text{，}\sigma(\Phi_{\mathrm{IF}})=\sqrt{\frac{f_1^4\sigma_{\Phi_1}^2+f_2^4\sigma_{\Phi_2}^2}{(f_1^2-f_2^2)^2}}\ \text{(可忽略)} \tag{3.23}$$

从式(3.21)和式(3.23)可以看出，LP 组合有如下优点：

(1)有效降低观测噪声，有助于减少点位计算和模糊度解算的收敛时间。

(2)可以分别计算两个频率上的模糊度，减少了模糊度的搜索和固定时间。

(3)每个历元每颗卫星可构成三个观测方程，增加方程个数，降低方程秩亏性。

因此，为了降低观测量噪声影响，提高模糊度收敛效率和降低方程秩亏性，可以在消电离层组合的基础上进行 LP 组合。

3.5 基于 CORS 网的随机模型

近几年来，随着各国、各区域 CORS 系统的纷纷建立，CORS 技术得到了突飞猛进的发展。数据结果表明，在双差载波相位和伪距测量中，与距离相关的影响因

素会得到有效消除或减弱。事实上，CORS网中可以生成所谓“虚拟观测值”，利用CORS网络中多个基准站数据的同步计算产生虚拟测量即网络改正数。

在构造了合理的函数模型和随机模型情况下，将最小二乘估计应用到虚拟观测值的计算中，为说明估计精度，通过某一方差协方差（VCV）矩阵来定义随机模型。通常的做法是假设所有观测量具有相同的方差，通过误差传播定律构建VCV矩阵。

尽管虚拟观测来源于自由网络的估计，但是一般很少在虚拟观测中顾及CORS环境下的随机模型的作用。估计虚拟观测值的随机模型可以改善模糊度解算成功率，有效提高网络环境下模糊度解算的可靠性和速度。本节将讨论虚拟观测值中的随机模型问题。在虚拟观测值的方差分量估计中，一种简化了的最小范数二次无偏估计（MINQUE）已经得到广泛应用。

3.5.1 双差观测方程和最小二乘估计

对于历元 i，两个接收机跟踪 m 颗卫星，双差观测方程可以采用如下形式

$$DD_{(i)} = \boldsymbol{C} \cdot SD_{(i)} \tag{3.24}$$

式中，SD 为单差观测值，DD 为双差观测值，$\boldsymbol{C}$ 为差分因子

$$\underset{m-1,m}{\boldsymbol{C}} = \begin{bmatrix} -1 & 1 & 0 & \cdots & 0 \\ -1 & 0 & 1 & \cdots & 0 \\ \vdots & \vdots & \vdots & & \vdots \\ -1 & 0 & 0 & \cdots & 1 \end{bmatrix}$$

根据误差传播定律，双差方差协方差矩阵 $\boldsymbol{VCV}$ 可以写为

$$\boldsymbol{VCV}(DD)_{(i)} = \boldsymbol{C} \cdot \boldsymbol{VCV}(SD)_{(i)} \cdot \boldsymbol{C}^{\mathrm{T}} = \sigma^2 \boldsymbol{C}\boldsymbol{C}^{\mathrm{T}} \tag{3.25}$$

式中

$$\boldsymbol{VCV}(SD) = 2\sigma^2 \boldsymbol{I} \tag{3.26}$$

为单差的方差协方差矩阵，σ^2 是在相位误差表现为随机特性和正态分布的假设下，期望值为零时的载波相位观测方差。$\boldsymbol{I}$ 是单位矩阵。式（3.25）可以进一步表示为

$$\boldsymbol{VCV}(DD)_{(i)} = \sigma^2 \begin{bmatrix} 4 & 2 & \cdots & 2 \\ 2 & 4 & \cdots & 2 \\ \vdots & \vdots & & \vdots \\ 2 & 2 & \cdots & 4 \end{bmatrix} \tag{3.27}$$

式（3.27）中双差的方差协方差矩阵，表明它们之间存在相关性。在最小二乘法中，双差观测方程线性化可以写成

$$\boldsymbol{z} = \boldsymbol{A}\boldsymbol{x} + \boldsymbol{v} \tag{3.28}$$

式中，$\boldsymbol{z}$ 是观测值向量，$\boldsymbol{A}$ 是设计矩阵，$\boldsymbol{x}$ 是未知参数向量，$\boldsymbol{v}$ 是误差向量。在

式(3.25)和式(3.27)中 **VCV** 矩阵可以写为

$$E(\boldsymbol{v}\boldsymbol{v}^{\mathrm{T}}) = \boldsymbol{VCV}_X = \boldsymbol{W}^{-1} \tag{3.29}$$

式中,**W** 是权矩阵。未知参数 **x** 的最小二乘估计值是

$$\hat{\boldsymbol{x}} = (\boldsymbol{A}^{\mathrm{T}}\boldsymbol{W}\boldsymbol{A})^{-1}\boldsymbol{A}^{\mathrm{T}}\boldsymbol{W}\boldsymbol{z} \tag{3.30}$$

为了计算式(3.30),需要知道未知参数的近似值。式(3.30)依赖于设计矩阵 **A**、**VCV** 矩阵和观测向量 **z**,平差值和最小二乘残差由下面公式可得到

$$\hat{\boldsymbol{z}} = \boldsymbol{A}\hat{\boldsymbol{x}} \tag{3.31}$$

$$\hat{\boldsymbol{v}} = \boldsymbol{z} - \hat{\boldsymbol{z}} \tag{3.32}$$

通常计算得到最小二乘残差后再计算 $\hat{\sigma}^2$,方差因子

$$\hat{\boldsymbol{\sigma}}^2 = \frac{\hat{\boldsymbol{v}}^{\mathrm{T}}\boldsymbol{W}\hat{\boldsymbol{v}}}{f} \tag{3.33}$$

式中, f 是自由度。式(3.30)有统计特性

$$E(\hat{\boldsymbol{x}}) = E(\boldsymbol{x}) = \boldsymbol{x} \tag{3.34}$$

$$E(\hat{\boldsymbol{x}}\hat{\boldsymbol{x}}^{\mathrm{T}}) = \hat{\sigma}^2(\boldsymbol{A}^{\mathrm{T}}\boldsymbol{W}\boldsymbol{A})^{-1} = \boldsymbol{VCV}_{\hat{x}} \tag{3.35}$$

因此,从式(3.35)可以看出 $\boldsymbol{VCV}_{\hat{x}}$ 只与 **A** 和 **VCV** 有关,一旦确定了函数模型和随机模型,精度也就确定了。同时也表明,如果对精度不满意,可以通过改变 **A** 或 **VCV** 来改变精度(Teunissen,1998)。

3.5.2　方差分量估计

在 GPS 数据处理时,观测值的精度与卫星高度角相关,卫星高度角和信噪比在 GPS 观测中已经作为质量因子被广泛应用,但是质量因子还不能完全反映真实性。

有学者研究发展了方差协方差分量估计的严密统计方法即最小范数二次无偏估计(MINQUE)。MINQUE 方法直接估计双差测量中的 VCV 矩阵元素,它不需要任何假设条件或复杂的函数因子。此外,通过使用 MINQUE 方法,模糊度解算的可靠性和基线估计的相对效率也有了显著的改善。

对于历元 i,r 个双差观测值,**VCV** 矩阵方程可以写为

$$\boldsymbol{VCV} = \sum_{j=1}^{k}\boldsymbol{\theta}_j\boldsymbol{T}_{ji} = \begin{bmatrix} \sigma_{11}^2 & \sigma_{12} & \cdots & \sigma_{1r} \\ \sigma_{12} & \sigma_{22}^2 & \cdots & \sigma_{2r} \\ \vdots & \vdots & & \vdots \\ \sigma_{r1} & \sigma_{r2} & \cdots & \sigma_{rr}^2 \end{bmatrix} \tag{3.36}$$

式中, $\boldsymbol{\theta}$ 是未知方差分量, $\boldsymbol{T}$ 是伴随矩阵, $k = r(r+1)/2$ 是未知 **VCV** 分量的个数, **VCV** 分量可由下式进行估计

$$\boldsymbol{\theta} = \boldsymbol{S}^{-1}\boldsymbol{q} \tag{3.37}$$

式中:矩阵 $\boldsymbol{S} = \{\boldsymbol{S}_{ij}\}$, $\boldsymbol{S}_{ij} = Trace\{\boldsymbol{R}\boldsymbol{T}_i\boldsymbol{R}\boldsymbol{T}_j\}$;向量 $\boldsymbol{q} = \{\boldsymbol{q}_i\}$, $\boldsymbol{q}_i = \boldsymbol{z}^{\mathrm{T}}\boldsymbol{R}\boldsymbol{T}_i\boldsymbol{R}\boldsymbol{z}$, $\boldsymbol{R} =$

$\boldsymbol{VCV}^{-1}(\boldsymbol{I}-\boldsymbol{A}(\boldsymbol{A}^{\mathrm{T}}\boldsymbol{VCV}^{-1}\boldsymbol{A})^{-1}\boldsymbol{A}^{\mathrm{T}}\boldsymbol{VCV}^{-1})$。

此外，MINQUE 计算方法中的缺点是：计算矩阵 $\boldsymbol{R}$ 时要求计算机具有很大的计算内存。简化的 MINQUE 方法不需考虑矩阵 $\boldsymbol{R}$ 中的对角元素。这种简化方法计算出来的结果很接近采用严格 MINQUE 计算出来的结果，而且计算量比 MINQUE方法减少很多。

3.5.3 生成虚拟观测量

基于多基准站的网络定位可以消除大部分或全部的轨道偏差、电离层延迟和对流层延迟。如果部分基准站的坐标已知，则单差观测值的线性组合模型可以表示为

$$\sum_{i=1}^{n}\alpha_i\Delta\phi_i=\sum_{i=1}^{n}\alpha_i\Delta\rho_i+\sum_{i=1}^{n}\alpha_i\Delta \mathrm{d}\rho_i-c\sum_{i=1}^{n}\alpha_i\Delta \mathrm{d}T_i+\lambda\sum_{i=1}^{n}\alpha_i\Delta N_i-\sum_{i=1}^{n}\alpha_i\Delta d_{\mathrm{ion},i}+\sum_{i=1}^{n}\alpha_i\Delta d_{\mathrm{trop},i}+\sum_{i=1}^{n}\alpha_i\Delta d_{\mathrm{mp},i}+\varepsilon_{\sum_{i=1}^{n}\alpha_i\Delta\phi_i} \tag{3.38}$$

式中，n 是参考站的个数，i 表示第 i 个参考站，Δ 表示单差，ϕ 是载波相位观测值，ρ 是卫星位置向量减去测站位置向量，$\mathrm{d}\rho$ 是轨道偏差，$\mathrm{d}T$ 是相对 GPS 时的接收机钟差，d_{ion} 是电离层延迟，d_{trop} 是模型改正后的对流层延迟，d_{mp} 载波相位测量中的多路径影响，ε 是载波相位观测噪声，λ 是载波波长，N 是整周模糊度。

只需采用待测坐标的概略值，与基准站到待测点距离成反比的权值就可以确定，需满足下面的条件

$$\left.\begin{aligned}\sum_{i=1}^{n}\alpha_i(X_u-X_i)&=0\\ \sum_{i=1}^{n}\alpha_i&=1\end{aligned}\right\} \tag{3.39}$$

图 3.7(a)是网络法生成虚拟观测值的示意图。由 Wu (1994)提出并得到进一步完善。假设有三个或更多的参考站，为满足式(3.39)的条件，需增加一个约束

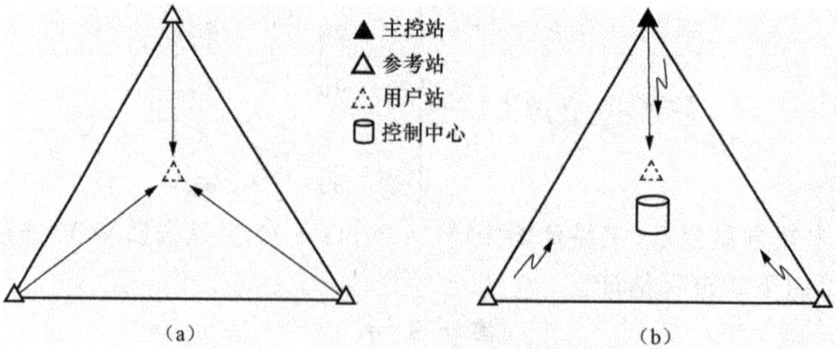

图 3.7 网络法生成虚拟观测值

条件即当参考站增加时能够给出权值的唯一解，约束条件是

$$\sum_{i=1}^{n}\alpha_i^{\,2} = \min \tag{3.40}$$

从 n 个备选参考站选取一个参考站作为主控站(m)，式(3.39)可进一步表示为

$$\sum_{i=1}^{n}\alpha_i\sum_{i=1}^{n-1}\Delta X_{i,m} = \Delta X_{u,m} \tag{3.41}$$

选择离用户最近的参考站作为主控站，这样可以进一步减少残余的电离层影响(尽管该误差已经通过网络估计大大削弱)。为进行网络数据处理，在参考站和控制中心之间实现通信和传输。如图 3.7(b)所示为带有主控站和控制中心的网络法，该方法很好地解释了式(3.41)。通过最小二乘参数估计，满足式(3.40)，方程解为

$$\bar{\alpha} = (BB^{\mathrm{T}})^{-1}B^{\mathrm{T}}L \tag{3.42}$$

式中，$\boldsymbol{B}$ 是设计矩阵，$\boldsymbol{L} = (1\quad \Delta X_{u,m}\quad \Delta Y_{u,m})^{\mathrm{T}}$。通过式(3.41)和式(3.42)可得双差函数模型为

$$\Delta\nabla\phi_{u,m} - (\alpha_1 V_{1,m} + \cdots + \alpha_{n-1}V_{n-1,m}) = \Delta\nabla p_{u,m} + \lambda\Delta\nabla N_{u,m} + \varepsilon_{\sum_{i=1}^{n}\alpha_i\Delta\nabla\phi_i} \tag{3.43}$$

式中，V 是网络综合项，为模糊度(N)确定后从主控站到其他参考站的双差残差向量。式(3.43)可以认为是网络综合改正后的虚拟观测值。

3.5.4 随机模型

虽然利用 CORS 网估计方法，虚拟观测量的函数模型可以消除或减少系统误差的影响，但是残余误差仍然存在并掩埋于噪声项中。利用函数模型方法处理完全消除这些残余偏差是难以实现的。Han(1997)针对虚拟观测量提出了一个基于卫星高度角指数函数的实时随机模型估计方法。卫星 j 的 L_1 观测值标准方差为

$$\sigma^j = s\left[a_0 + a_1\exp\left(\frac{-E^j}{E_0}\right)\right] \tag{3.44}$$

式中，E^j 是卫星高度角，a_0、a_1 是从不同型号的 GPS 接收机实验得到的估值，s 是一个用来衡量载波相位测量贡献的比例因子。该方法验证了基于该模型估计结果更加可靠，而且还是个时间函数模型。

如前所述，即使卫星高度角能作为一个质量指标，但它不能完全客观反映真实性。虚拟观测量合理标准差的确定会使估计结果更具真实性，有必要去理解随机网络估计怎样传播到用户参数估计。从根本上说，也就是如何将网络综合改正的随机值传播到网络参数改正值的不确定部分，即利用 **VCV** 矩阵。

如果从式(3.38)的线性组合模型的几何关系中给出，卫星 k 的载波相位的标

准方差为σ_k，首先假设每一个单差观测具有相同标准差并且是独立的，则线性组合后的 **VCV** 矩阵是

$$\boldsymbol{VCV}_{\sum_{i=1}^{n}\alpha_i\Delta\phi_i} = \left(1+\sum_{i=1}^{n}{\alpha_i}^2\right)\cdot\sigma_k^2 \tag{3.45}$$

可以看出，网络的几何关系在 **VCV** 矩阵中体现出来。采用式(3.24)中的双差因子 **C**，根据式(3.25)可以构成双差观测的方差协方差矩阵

$$\boldsymbol{VCV}_{\sum_{t=1}^{n}\partial_i\Delta\nabla\phi_i} = \boldsymbol{C}_k\cdot\boldsymbol{VCV}_{\sum_{t=1}^{n}\partial_i\Delta\phi_i}\cdot\boldsymbol{C}_k^{\mathrm{T}} \tag{3.46}$$

如果主控站-用户站的 **VCV** 矩阵记为$\boldsymbol{VCV}_{\Delta\nabla_{u,m}}$，则式(3.45)中虚拟观测站的 **VCV** 矩阵为

$$\boldsymbol{VCV}_{\sum_{t=1}^{n}\partial_i\Delta\nabla\phi_i} = \frac{\left(1+\sum_{i=1}^{n}\partial_i^2\right)}{2}\cdot\boldsymbol{VCV}_{\Delta\nabla_{u,m}} \tag{3.47}$$

从式(3.47)中可以明显看出，$\boldsymbol{VCV}_{\Delta\nabla_{u,m}}$依赖于网络综合改正项中分量不确定性的随机量，如$\boldsymbol{VCV}_{\partial_1\Delta\nabla\phi_{1,M}}+\cdots+\boldsymbol{VCV}_{\partial_{1n}\Delta\nabla\phi_{n-1,m}}$。通过严密的统计方法(MINQUE 或者简化 MINQUE)，估计式(3.47)中的$\boldsymbol{VCV}_{\Delta\nabla_{n,m}}$部分，估计效果将更接近于实际情况。

为了提高 CORS 系统定位精度，许多函数模型被广泛应用基于 CORS 网络定位中，本节讨论了将网络随机模型传播到利用网络改正项生成的虚拟观测量。通过虚拟观测站的多余观测值，用简化的 MINQUE 估计 VCV 矩阵。这些实验表明，在整周模糊度解算和基线分量估计上，通过简化 MINQUE 估计的 VCV 矩阵使得虚拟观测值更加可靠。但是，使用的随机模型时没有考虑时间相关性的影响，这将成为今后研究的一个重要课题，因为带有时间相关性的随机模型对于 CORS 网数据处理更有实际意义。

第4章　非差相位定位卫星钟差内插与预报

4.1　概　述

精密单点定位的首要条件是精密确定卫星轨道和卫星钟差。由于卫星轨道较高，变化较为平缓，故用内插法求得观测瞬间的卫星位置，可以满足精度需求，但是GPS原子钟频率高且非常敏感，极易受到外界及其本身因素的影响。为了得到高精度的定位结果，一般均采用IGS卫星钟差产品，如表4.1所示。张小红(2010a)等对IGS提供的卫星钟差产品进行了深入研究，分析了卫星钟差产品采样间隔对PPP精度的影响。在GPS定位应用中，当卫星钟差达到1 ms时，产生的等效距离误差可达300 km，所以获得精确的卫星钟差值在GPS应用中至关重要。除JPL提供30 s间隔的钟差外，IGS及其他数据分析中心仅提供15 min、5 min采样间隔的精密卫星钟差，而在实际定位中，接收机的采样率一般为30 s、15 s，甚至1 s以内。因此，需对卫星钟差进行加密或预报等处理，以便与用户的采样间隔保持一致。SA政策*取消后，加在卫星钟差上的随机抖动部分也随之被取消，卫星钟差变化趋于平缓，使钟差内插成为可能。

表4.1　GPS卫星星历和卫星钟差产品

产品名称		精度	时延	更新率	采样率
超快星历产品（外推部分）	轨道	约10 cm	实时	6 h	15 min
	卫星钟差	约5 ns			
超快星历产品（实测部分）	轨道	<5 cm	3 h	6 h	15 min
	卫星钟差	约0.2 ns			
快速产品	轨道	<5 cm	17 h	每天	15 min
	卫星钟差	0.1 ns			5 min
最终产品	轨道	<5 cm	13 d	每周	15 min
	卫星钟差	<0.1 ns			5 min

* SA政策：SA(selective availability)政策为美国采取的限制GPS定位精度的政策。

4.2 IGS超快星历中钟差资料相关性

下面以相邻两天的卫星钟差及其差值为例，探讨IGS超快星历中相邻两天的卫星钟差观测值与预报值、最终值之间的相关性问题。

4.2.1 相邻两天卫星钟差比较分析

以2004年12月7日和8日的PRN-1卫星钟差资料为例，采样间隔为5min，分析卫星钟差观测值(ultra-rapid observed half)、预报值(ultra-rapid predicted half)与最终值(final)之间的差异。其中，SCB表示卫星钟差，O-F表示观测值与最终值之间的差异，P-F表示预报值与最终值之间的差异，P-O表示预报值与观测值之间的差异，均以纳秒(ns)为单位，对应图中自上而下依次为1、2、3、4，下同。如图4.1所示为PRN-1卫星超快星历中钟差7日和8日的预报值、观测值和最终值的比较结果。

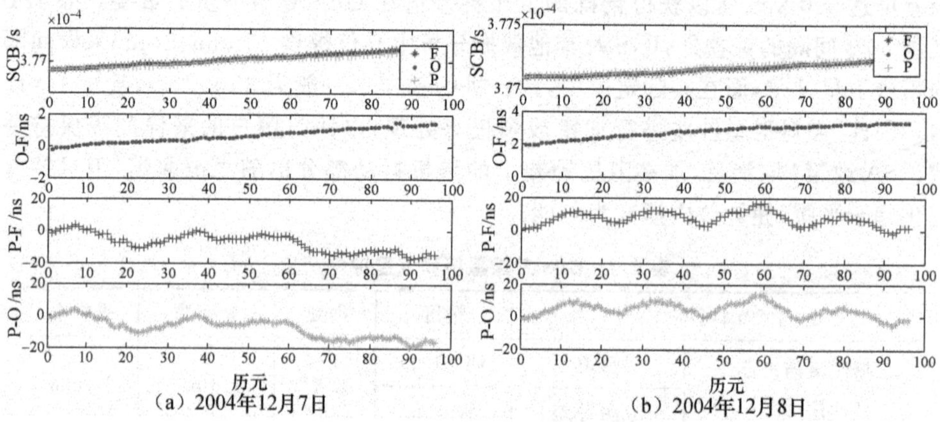

图4.1 PRN-1卫星超快星历中钟差的预报值、观测值和最终值的比较

从图4.1中可以看出，卫星钟差观测值与最终值之间差异较小，一般在2 ns以内，以卫星钟差最终值为基准，P-F、P-O精度相对较低，达到20 ns，说明预报值精度较低，难以满足高精度实时单点定位要求。因此，IGS超快星历中卫星钟差预报值是制约实时精密单点定位的主要因素之一。

4.2.2 相邻两天卫星钟差相关性分析

为利用前一天卫星钟差观测值预报后一天卫星钟差，首先分析相邻两天的卫星钟差的相关性。如图4.2所示为PRN-8卫星相邻两天卫星钟差的最终值、观测值和预报值的比较。

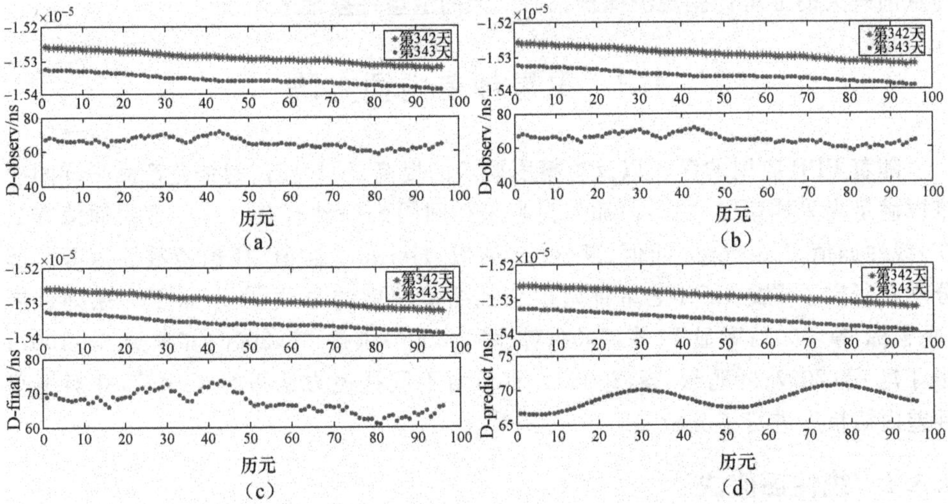

图 4.2　PRN-8 卫星相邻两天钟差之差的相关性

如图 4.2(a)为相邻两天的卫星钟差观测值的差异，图 4.2(c)为相邻两天的卫星钟差最终值的差异，图 4.2(b)为相邻两天的卫星钟差观测值的差异，图 4.2(d)为相邻两天的卫星钟差预报值的差异。如表 4.2 所示为 7 日和 8 日部分卫星的钟差资料相关性统计。

相关性函数表达式为

$$\rho_{xy} = \frac{xy}{\sqrt{|x| \cdot |y|}} \tag{4.1}$$

表 4.2　相邻两天部分卫星钟差残差相关性统计

卫星	(O-F)[7]～(O-F)[8]	(P-O)[7]～(P-O)[8]	O[7—8]～F[7—8]	P[7—8]～O[7—8]
PRN01	0.962 2	0.523 7	0.999 6	0.648 4
PRN03	0.991 2	0.586 7	0.999 5	0.528 2
PRN08	0.994 4	0.178 5	0.999 7	0.296 1
PRN16	0.994 5	0.605 4	0.926 0	0.018 4
PRN30	0.992 0	0.920 6	0.999 5	0.959 4

从图 4.2 和表 4.2 中可以看出，相邻两天卫星钟差观测值与最终值之差之间有很强的相关性，但相邻两天卫星钟差观测值与预报值之差之间的相关性很弱，而相邻两天的观测值残差与最终值残差之间具有很强相关性，但相邻两天的预报值之间相关性较差。所有这些信息说明，IGS 的超快预报值与观测值之间不存在明显的相关性，难以充分利用前一天的观测值与最终值的相关信息进行钟差预报，这

为从前一天的卫星钟差观测值预报后一天的卫星钟差带来困难。

4.3 卫星钟差内插方法

随着PPP应用的深入以及对精度要求的提高，IGS提供的钟差产品采样间隔难以满足高采样率的要求，内插是提高采样间隔的一种有效方法。常用插值方法有：线性插值、Lagrange插值、Newton插值、Hermite插值、样条函数插值等。部分学者研究了提高GPS卫星钟差拟合和插值精度的方法，并取得了一系列进展(季善标 等，2001；秦显平 等，2004；韩保民，2006；洪樱 等，2006；郭东美 等，2007；张守建 等，2007；叶聪云 等，2008)。本节对不同插值方法进行了比较，并对卫星钟差内插精度进行了分析。

4.3.1 线性插值法

线性插值是最简单的插值方法，其解决方案是已知两点 $(x_0, f(x_0))$ 和 $(x_1, f(x_1))$，通过已知两点的插值多项式是一条直线，其插值形式为

$$L_1(x) = l_0(x)f(x_0) + l_1(x)f(x_1) \tag{4.2}$$

式中，$l_0(x) = \dfrac{x - x_1}{x_0 - x_1}$，$l_1(x) = \dfrac{x - x_0}{x_1 - x_0}$。

显然 $L_1(x_0) = f(x_0)$，$L_1(x_1) = f(x_1)$，满足插值条件，所以 $L_1(x)$ 就是线性插值，则称 $l_0(x)$、$l_1(x)$ 为 x_0 与 x_1 的线性插值基函数(李庆扬，2001)。线性插值计算简便，在精度要求不高的情况下可代替多项式插值，降低算法的复杂性，提高运算效率。

4.3.2 Lagrange插值法

Lagrange插值法即考虑通过 $(n+1)$ 个点，$(x_i, f(x_i))$ $(i=0,1,\cdots,n)$ 的插值多项式 $L_n(x)$，使

$$L_n(x_i) = f(x_i) \quad (i = 0,1,\cdots,n) \tag{4.3}$$

用插值基函数方法可得

$$L_n = \sum_{i=0}^{n} l_i(x)f(x_i) \tag{4.4}$$

式中，$l_i(x) = \prod_{j=0}^{n} \dfrac{x - x_j}{x_i - x_j}$，$j \neq i$，是 n 次插值基函数，它满足条件

$$l_i(x_j) = \begin{cases} 1, j = i \\ 0, j \neq i \end{cases} \quad (i = 0,1,\cdots,n; j = 0,1,\cdots,n)$$

显然式(4.4)得到的插值多项式 $L_n(x)$ 满足条件式(4.3)，称 $L_n(x)$ 为

Lagrange插值多项式(李庆扬,2001)。Lagrange 内插公式对于 n 阶插值,即有 $n+1$个已知点,内插位于这 $n+1$ 个点之间的任意位置的函数值。当精度不够需要增加插值节点时,基函数发生变化,必须重新建立插值函数,重新进行全部计算(洪樱 等,2006)。

4.3.3 Newton 插值法

利用 Lagrange 插值多项式 $L_n(x)$ 计算 $f(x)$ 近似值,特别当精度不够时,不大方便,为此给出另一种便于计算的插值多项式 $N_n(x)$,其表达式为

$$N_n(x) = a_0 + a_1(x-x_0) + a_2(x-x_0)(x-x_1) + \cdots + a_n(x-x_0)\cdots(x-x_{n-1}) \tag{4.5}$$

为了给出 $N_n(x)$ 的系数表达式,先引进以下定义:记 $f[x_m] = f(x_m)$ 为 f 的零阶均差,零阶均差的差商记为

$$f[x_0, x_m] = \frac{f[x_m] - f[x_0]}{x_m - x_0} \tag{4.6}$$

称为函数关于点 x_0、x_m 的一阶均差。一般地,记($k-1$)阶均差的差商为

$$f[x_0, \cdots, x_{k-1}, x_m] = \frac{f[x_0, \cdots, x_{k-2}, x_m] - f[x_0, x_1, \cdots x_{k-1}]}{x_m - x_{k-1}} \tag{4.7}$$

称为 f 关于点 x_0、x_1、$\cdots$、x_{k-1}、x_m 的 k 阶均差。

根据均差定义,可得 Newton 均差插值多项式为

$$N_n(x) = f(x_0) + f[x_0, x_1](x-x_0) + f[x_0, x_1, x_2](x-x_0)(x-x_1) + \cdots + f[x_0, \cdots, x_n](x-x_0)\cdots(x-x_{n-1}) \tag{4.8}$$

Newton 内插函数能够灵活地增加插值节点,且可以采用差分表将所用到的差分数据事先存储起来,所以它比 Lagrange 插值的计算量少,便于程序设计。但是 Newton 内插同 Lagrange 内插一样不能保证在节点上的导数值相等(洪樱 等,2006)。

4.3.4 Hermite 插值法

若给出的插值条件有($m-1$)个,则可构造出 m 次插值多项式。建立Hermite插值多项式的方法仍可采用插值基函数和均差插值的方法。

设函数 $f(x)$ 在节点 $a = x_0 < x_1 < \cdots < x_n = b$ 上函数值为 f_0、f_1、$\cdots$、f_n,一阶导数值为 f'_0、f'_1、$\cdots$、f'_n,则 $f(x)$ 的三次 Hermite 插值函数 I_h 用插值基函数表示为

$$I_h(x) = \sum_{i=0}^{n} [\alpha_i(x) f_i + \beta_i(x) f'_i] \tag{4.9}$$

式中

$$\alpha_i(x)=\begin{cases}\left(1+2\dfrac{x-x_i}{x_{i-1}-x_i}\right)\left(\dfrac{x-x_{i-1}}{x_i-x_{i-1}}\right)^2 & 当\ x\in[x_{i-1},x_i],i\neq 0\\ \left(1+2\dfrac{x-x_i}{x_{i+1}-x_i}\right)\left(\dfrac{x-x_{i+1}}{x_i-x_{i+1}}\right)^2 & 当\ x\in[x_i,x_{i+1}],i\neq n\\ 0 & 当\ x\notin[x_{i-1},x_{i+1}]\end{cases}$$

$$\beta_i(x)=\begin{cases}(x-x_i)\left(\dfrac{x-x_{i-1}}{x_i-x_{i-1}}\right)^2 & 当\ x\in[x_{i-1},x_i],i\neq 0\\ (x-x_i)\left(\dfrac{x-x_{i+1}}{x_i-x_{i+1}}\right)^2 & 当\ x\in[x_i,x_{i+1}],i\neq n\\ 0 & 当\ x\notin[x_{i-1},x_{i+1}]\end{cases}$$

Hermite 内插虽然既能保证在节点上函数值相等，也能保证节点上的导数值相等，但缺点是光滑性差，不能满足实际需要。

4.3.5 三次样条插值法

从数学角度讲，Hermite 插值具有一阶光滑性，但所需插值条件太多。相比之下，三次样条插值函数是分段三次多项式，在每个节点处有二阶连续导数，而且插值条件仅比 Lagrange 插值多两个，所以在实际中被广泛应用。

设$[a,b]$上给出一组节点 $a\leqslant x_0<x_1<\cdots<x_n\leqslant b$，若函数 $s(x)$ 满足条件：

(1) $s(x)\in C^2[a,b]$。

(2) $s(x)$ 在每个小区间 $[x_i,x_{i+1}]$ $(i=0,1,\cdots,n-1)$上是三次多项式，则称 $s(x)$ 是节点 x_0、x_1、…、x_n 上的三次样条函数。

(3)若 $s(x)$ 在节点上还满足插值条件 $s(x_i)=f_i$ $(i=0,1,\cdots,n)$，则称 $s(x)$ 为$[a,b]$上的三次样条插值函数(李庆扬，2001)。

求三次样条插值函数，还需要满足以下两个条件：

$$(1)\begin{cases}s(x_i-0)=s(x_i+0)\\ s'(x_i-0)=s'(x_i+0) & i=1,2,\cdots,n-1\\ s''(x_i-0)=s''(x_i+0)\end{cases}$$

$$(2)\begin{cases}s'(x_0)=f'_0,s'(x_n)=f'_n\\ s''(x_0)=f''_0,s''(x_n)=f''_n\end{cases}$$

三次样条函数具有计算稳定性、最佳逼近性、一致收敛性等特点。

4.3.6 最小二乘拟合法

最小二乘曲线拟合不同于插值，它不要求 $y=s(x)=s(x;a_0,\cdots,a_n)$ (其中 x 是自变量，a_i 是待定参数)通过点$(x_i,y_i)$$(i=0,1,\cdots,m;n<m)$，而只要求在给定点 x_i 上的误差 $\delta_i=s(x_i)-y_i$ $(i=0,1,\cdots,m)$的平方和 $\sum\limits_{i=0}^{m}\delta^2 i$ 最小(李庆扬，2001)。

当 $s(x)\in span\{\varphi_0,\varphi_1,\cdots,\varphi_n\}$ 时，即

$$s(x) = a_0\varphi_0(x) + a_1\varphi_1(x) + \cdots + a_n\varphi_n(x) \tag{4.10}$$

式中，$\varphi_0(x)$、$\varphi_1(x)$、…、$\varphi_n(x) \in C[a,b]$ 是线性无关的函数族，假定在$[a,b]$上给出一组数据 $\{(x_i,y_i), i=0,1,\cdots,m\}$ 且 $a \leqslant x_i \leqslant b$，以及对应的一组权 $\{\rho_i\}_0^m$，这里 $\rho_i > 0$ 为权系数，要求 $s(x) = span\{\varphi_0,\varphi_1,\cdots,\varphi_n\}$，使 $I(a_0,a_1,\cdots,a_n)$ 最小，其中

$$I(a_0,a_1,\cdots,a_n) = \sum_{i=0}^{m}\rho_i[s(x_i) - y_i]^2 \tag{4.11}$$

这就是最小二乘逼近，得到的拟合曲线为 $y = s(x)$，这种方法称为最小二乘曲线拟合法。

4.4 卫星钟差内插精度分析

GPS卫星原子钟有铷钟和铯钟两种。如表4.3所示为每一颗GPS卫星原子钟对应的类型，其中Cs钟表示铯钟，Rb钟表示铷钟。

为了验证不同类型原子钟在不同内插方法情况下的精度，以GPS 1085周第1天5 min间隔的卫星钟差和GPS 1406周第1天30 s间隔的卫星钟差为例进行内插分析。内插时分别使用线性插值、Lagrange插值、Newton插值、Hermite插值、三次样条函数插值以及最小二乘曲线拟合，对内插结果进行比较分析。

表4.3 GPS卫星原子钟的类型

序列号	钟类型	序列号	钟类型	序列号	钟类型
01	Cs	11	Rb	23	Cs
02	Cs	13	Rb	24	Cs
03	Cs	14	Rb	25	Cs
04	Rb	15	Cs	26	Rb
05	Cs	16	Rb	27	Rb
06	Cs	17	Cs	28	Rb
07	Rb	18	Rb	29	Rb
08	Rb	20	Rb	30	Rb
09	Cs	21	Rb	31	Rb
10	Cs	22	Cs		

4.4.1 15～5 min的内插精度分析

以GPS 1085周第1天的5 min间隔的卫星钟差为例，根据卫星钟类型和钟差变化特性，选取具有代表性的6颗卫星（其中PRN06、PRN09和PRN22为铯钟卫星，PRN04、PRN11和PRN30为铷钟卫星）。从选取的6颗卫星的5 min间隔钟差数据中提取

15 min间隔的卫星钟差，然后将提取的15 min间隔的钟差采用上述六种不同的内插方法内插到5 min间隔中。最后将内插得到的5 min间隔钟差与IGS提供的5 min间隔的精密钟差进行比较分析，比较结果如图4.3～图4.8和表4.4～表4.6所示。

根据卫星钟差变化呈递增、递减和不规则波动变化的几种情形，分为如下三种情况：① 第一组比较数据为PRN22和PRN04，其卫星钟差都呈直线上升趋势，分属不同卫星钟类型，且在钟差变化上几乎没有波动，计算结果如图4.3、图4.4和表4.4所示；② 第二组比较数据为PRN09和PRN30，其卫星钟差都呈下降趋势，卫星钟类型不同，且在钟差变化上存在局部小波动，比较结果如图4.5、图4.6和表4.5所示；③ 第三组比较数据选取的钟差变化较大且不呈单调变化的PRN06和PRN11，卫星钟类型不同，且在钟差变化上存在很大波动，比较结果如图4.7、图4.8和表4.6所示。

1. 第一组内插数据统计分析比较

PRN22(图4.3(a))和PRN04(图4.3(b))的钟差变化比较稳定。将PRN22和PRN04的插值与真值比较，差值的内插统计结果如图4.4和表4.4所示。

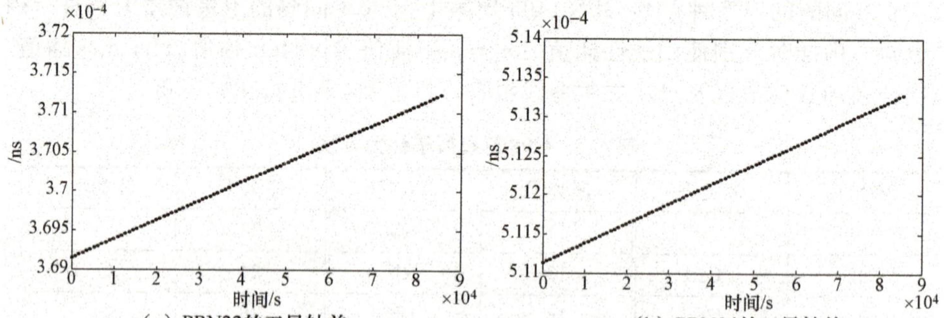

(a) PRN22的卫星钟差　　(b) PRN04的卫星钟差

图4.3　PRN22及PRN04的精密卫星钟差

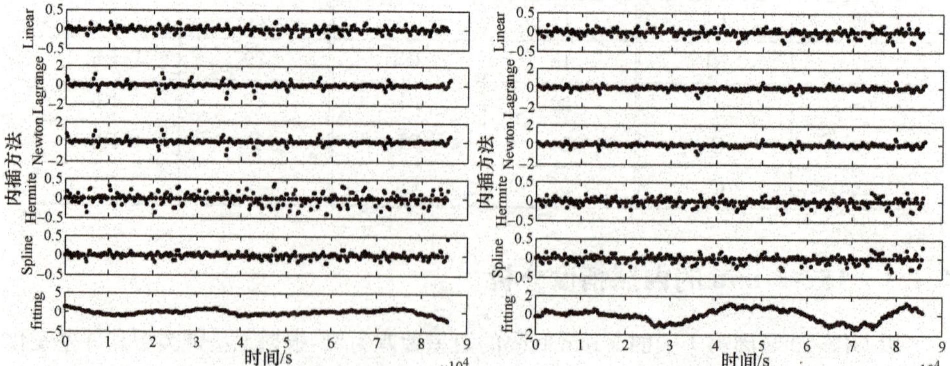

(a) PRN22卫星钟差的内插误差　　(b) PRN04卫星钟差的内插误差

图4.4　PRN22及PRN04卫星钟差的内插误差

表 4.4　15 min 钟差加密到 5 min 的结果与“真值”的比较　　单位：ns

钟类型	序列号	加密方法	最大值	最小值	平均值	标准差
铯钟	22	线性插值	0.163	−0.193	−0.002	0.059
		Lagrange 插值	1.161	−1.403	3.558×10^{-4}	0.241
		Newton 插值	1.161	−1.402	3.557×10^{-4}	0.242
		Hermite 插值	0.199	−0.205	−0.002	0.072
		三次样条插值	0.186	−0.194	−0.003	0.067
		曲线拟合	1.441	−1.979	1.598×10^{-4}	0.628
铷钟	04	线性插值	0.233	−0.287	−0.009	0.087
		Lagrange 插值	0.703	−1.009	−1.010	0.166
		Newton 插值	0.702	−0.010	−0.009	0.166
		Hermite 插值	0.245	−0.295	−0.008	0.089
		三次样条插值	0.243	−0.307	−0.009	0.091
		曲线拟合	1.242	−1.373	−0.010	0.666

从图表中可以看出，PRN22 和 PRN04 两种钟差数据的线性插值总体效果较好，最小二乘曲线拟合的精度最差，这与 PRN22 和 PRN04 的钟差变化特点在理论上是相符合的。Hermite 插值和三次样条函数插值与线性插值精度相当，但 Lagrange 插值和 Newton 插值因受插值节点影响效果不及线性插值。相比之下，PRN22 的线性插值、Hermite 插值和三次样条函数插值精度要稍高于 PRN04 的精度。

2. 第二组内插数据统计分析比较

PRN09（图 4.5(a)）和 PRN30（图 4.5(b)）钟差变化曲线都呈下降趋势，将 PRN09 和 PRN30 的插值与真值比较，统计结果如图 4.6 和表 4.5 所示。

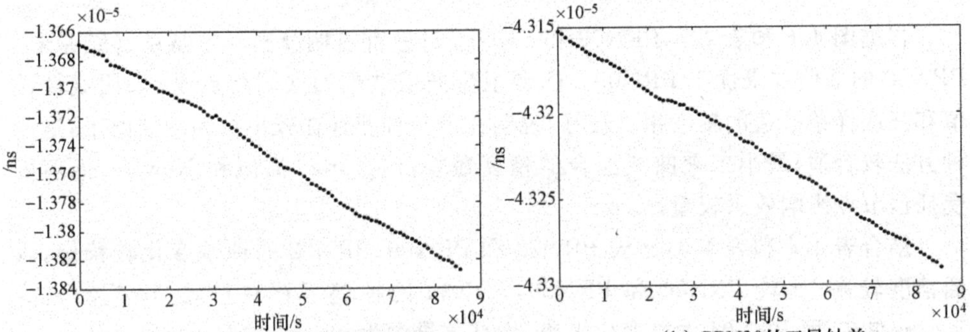

（a）PRN09的卫星钟差　　（b）PRN30的卫星钟差

图 4.5　PRN09 及 PRN30 的卫星钟差

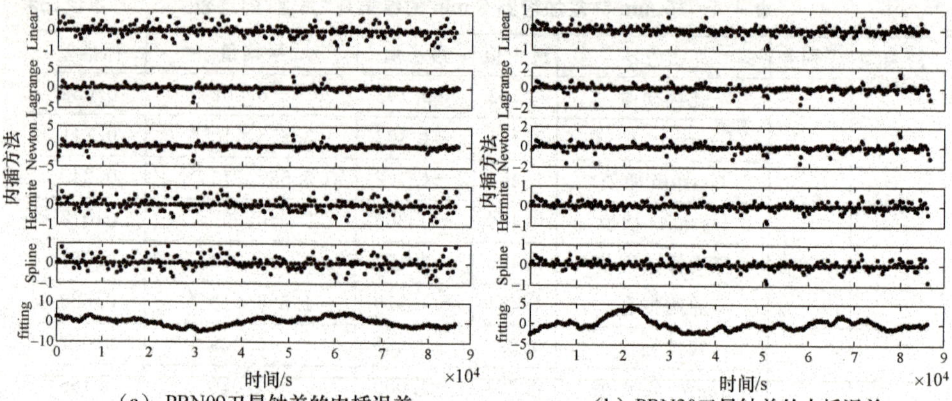

图 4.6 PRN09 及 PRN30 卫星钟差的内插误差

表 4.5 15 min 钟差加密到 5 min 的结果与"真值"的比较 单位:ns

钟类型	序列号	加密方法	最大值	最小值	平均值	标准差
铯钟	09	线性插值	0.706	−0.729	0.016	0.252
		Lagrange 插值	2.951	−3.675	−0.004	0.587
		Newton 插值	2.952	−3.674	−0.005	0.588
		Hermite 插值	0. 834	−0.779	0.016	0.259
		三次样条插值	0.816	−0.757	0.015	0.251
		曲线拟合	4.322	−5.072	0.013	2.130
铷钟	30	线性插值	0.632	−0.856	0.013	0.167
		Lagrange 插值	1.496	−1.662	−0.011	0.333
		Newton 插值	1.496	−1.662	−0.011	0.333
		Hermite 插值	0.668	−0.868	0.014	0.176
		三次样条插值	0.648	−0.846	0.014	0.173
		曲线拟合	4.142	−2.596	0.021	1.431

根据图 4.6 和表 4.5,PRN09 和 PRN30 钟差都有明显抖动。从统计结果看,PRN30 的插值效果优于 PRN09。两颗卫星插值结果的共同特点是,采用线性插值和三次样条插值的精度相对较好,说明在卫星钟差存在较小抖动的情况下,这两种方法较合适;最小二乘曲线拟合的精度最差,Lagrange 插值和 Newton 插值因受插值节点影响效果较差。

结合表 4.4 和表 4.5,比较 PRN22 和 PRN09,PRN22 的钟差变化较稳定,内插精度较高;比较 PRN04 和 PRN30,PRN30 的钟差因存在抖动,误差最大为 1.4 ns左右,而 PRN04 钟差变化平稳,标准差最大为 0.6 ns 左右。

3. 第三组内插数据统计分析比较

PRN06(图 4.7(a))和 PRN11(图 4.7(b))的钟差都有非常大的抖动且不规则。将

PRN06 和 PRN11 的插值与真值比较，差值的内插统计结果如图 4.8 和表 4.6 所示。

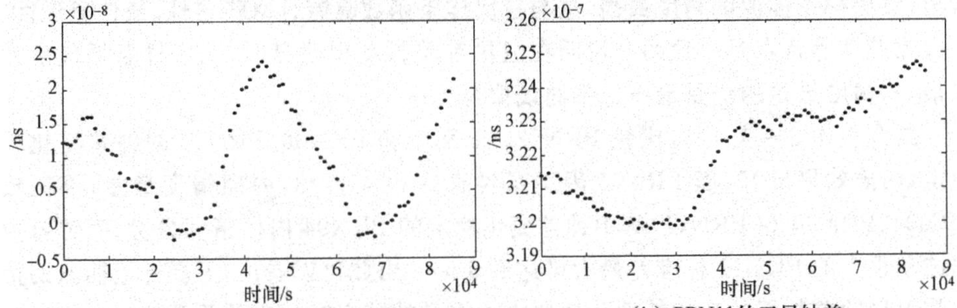

（a）PRN06的卫星钟差　　（b）PRN11的卫星钟差

图 4.7　PRN06 及 PRN11 的精密卫星钟差

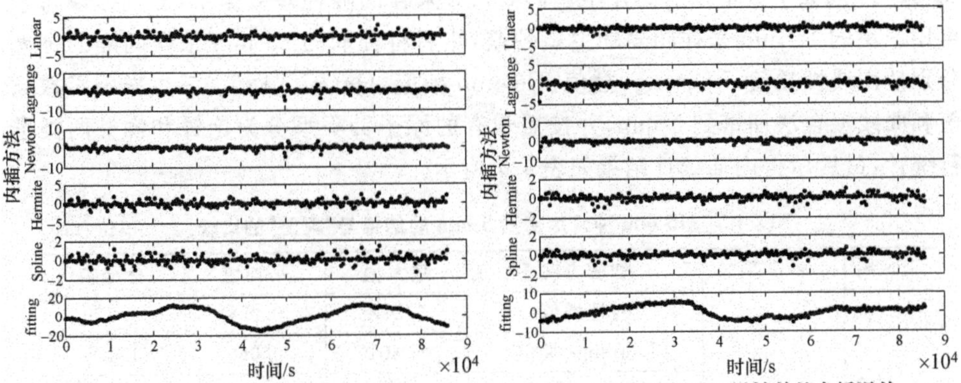

（a）PRN06卫星钟差的内插误差　　（b）PRN11卫星钟差的内插误差

图 4.8　PRN06 及 PRN11 卫星钟差的内插误差

表 4.6　15 min 钟差加密到 5 min 的结果与“真值”的比较　　单位：ns

钟类型	序列号	加密方法	最大值	最小值	平均值	标准差
铯钟	06	线性插值	2.633	−2.356	0.036	0.685
		Lagrange 插值	2.913	−5.092	−0.038	0.840
		Newton 插值	2.912	−5.092	−0.037	0.840
		Hermite 插值	2.423	−2.381	0.039	0.700
		三次样条插值	1.328	−1.330	0.020	0.368
		曲线拟合	11.397	−15.415	0.026	5.666
铷钟	11	线性插值	1.306	−2.335	−0.027	0.464
		Lagrange 插值	1.568	−4.308	−0.118	0.611
		Newton 插值	1.826	−5.020	−0.138	0.712
		Hermite 插值	0.868	−1.441	−0.017	0.299
		三次样条插值	0.736	−1.177	−0.015	0.250
		曲线拟合	5.551	−5.288	−0.025	2.916

从统计结果看，PRN11的插值效果优于PRN06。从两颗卫星插值结果可以看出，三次样条插值的精度最高，这与三次样条函数具有计算稳定性、最佳逼近性、一致收敛性等特点是一致的。说明在卫星钟差抖动很明显时，三次样条插值的效果最好，精度最差的仍是最小二乘曲线拟合。

结合表4.3～表4.5，比较PRN22、PRN09和PRN06，PRN22的钟差变化更稳定，内插效果最好，而PRN06因卫星钟存在很大抖动，内插精度最差；再比较PRN04、PRN30和PRN11，其中钟差变化稳定的PRN04内插精度最优，而钟差数据波动很大的PRN11标准差最大可达到3 ns。由此可以看出，卫星钟差插值的精度与卫星钟差数据的变化特性及插值方法本身的特点有一定的关系。

为了更好地统计分析各种内插方法对于不同卫星钟差的内插精度，从GPS1085周共7天的所有可用卫星的5 min采样间隔钟差数据中，分别提取每颗可用卫星的15 min采样间隔的卫星钟差，然后将提取的15 min采样间隔的钟差分别使用线性插值、Lagrange插值、Newton插值、Hermite插值、三次样条函数插值和曲线拟合法加密到5 min，并按照载有的原子钟类型分为铯钟和铷钟两类进行统计，最后所得内插统计结果如表4.7所示。

表4.7 15 min钟差加密到5 min的结果与“真值”的比较 单位：ns

GPS周	钟类型	加密方法	最大值	平均值	标准差
1085	铯钟	线性插值	3.998	0.028	0.529
		Lagrange插值	6.301	0.068	1.185
		Newton插值	6.301	0.067	1.185
		Hermite插值	2.934	0.028	0.520
		三次样条插值	2.383	0.028	0.511
		曲线拟合	11.211	0.206	5.719
	铷钟	线性插值	3.976	0.025	0.533
		Lagrange插值	5.934	0.042	1.171
		Newton插值	5.934	0.042	1.171
		Hermite插值	2.618	0.024	0.514
		三次样条插值	2.110	0.023	0.503
		曲线拟合	8.055	0.027	3.567

从表4.7可以看出，比较各种内插方法，三次样条函数插值的总体效果是最好的，而曲线拟合法效果最差，线性插值对两种卫星钟的插值精度相当，而Lagrange插值和Newton插值因受插值节点影响效果较差。比较两种卫星钟类型，铷钟的总体插值效果稍优于铯钟。从总体看，插值效果与卫星钟的钟差变化特性、插值方法本身的特点基本一致。

4.4.2　15 min 到 30 s 和 5 min 到 30 s 的内插精度分析

以 1406 周第 1 天 30 s 采样间隔的卫星钟差为例，根据卫星钟类型和钟差变化特性，选取具有代表性的 6 颗卫星（其中 PRN02、PRN10 和 PRN17 号为铯钟卫星，PRN13、PRN20 和 PRN26 号为铷钟卫星），从选取的 6 颗卫星的 30 s 采样间隔钟差数据中，提取 15 min 采样间隔和 5 min 采样间隔的卫星钟差，然后将提取的 15 min、5 min 采样间隔的钟差采用上述六种不同的内插方法内插到 30 s 采样间隔中。最后将内插得到的 30 s 采样间隔的钟差与 IGS 提供的 30 s 采样间隔的精密钟差进行比较分析，比较结果如图 4.9～图 4.17 和表 4.8～表 4.10 所示。图表中 max 为最大值，min 为最小值，mean 为平均值，std 为标准差。

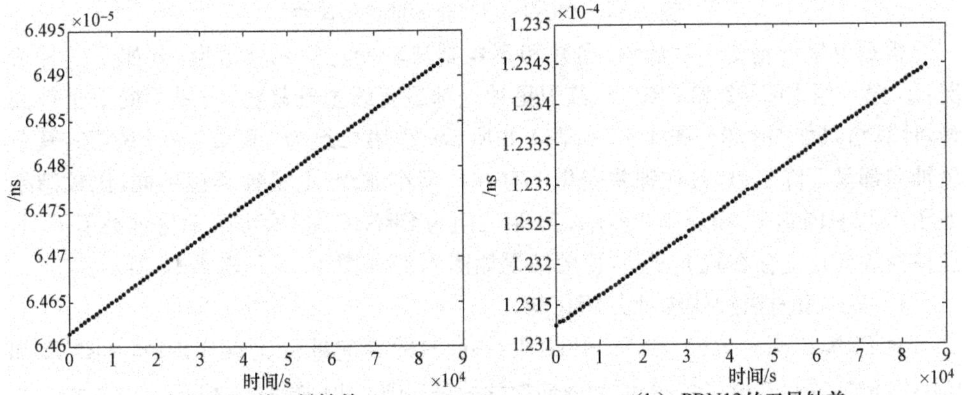

（a） PRN02的卫星钟差　　（b） PRN13的卫星钟差

图 4.9　PRN02 及 PRN13 的精密卫星钟差

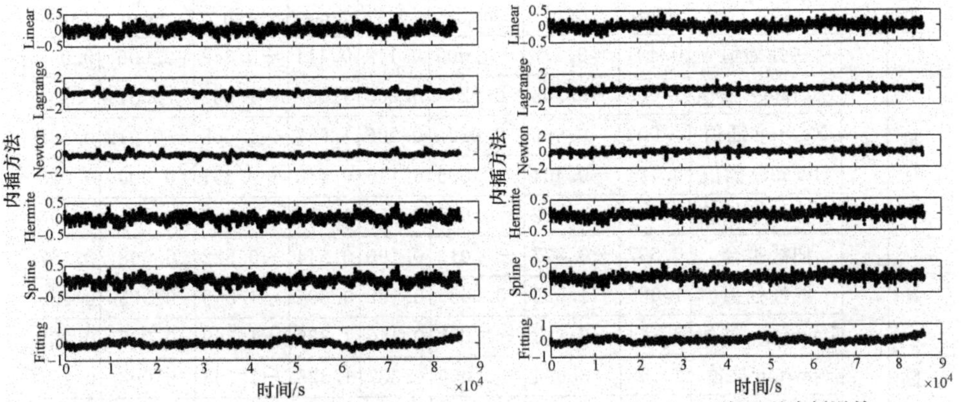

(a) 15 min到30 s的内插误差　　(b) 5 min到30 s的内插误差

图 4.10　PRN02 卫星钟差的内插误差

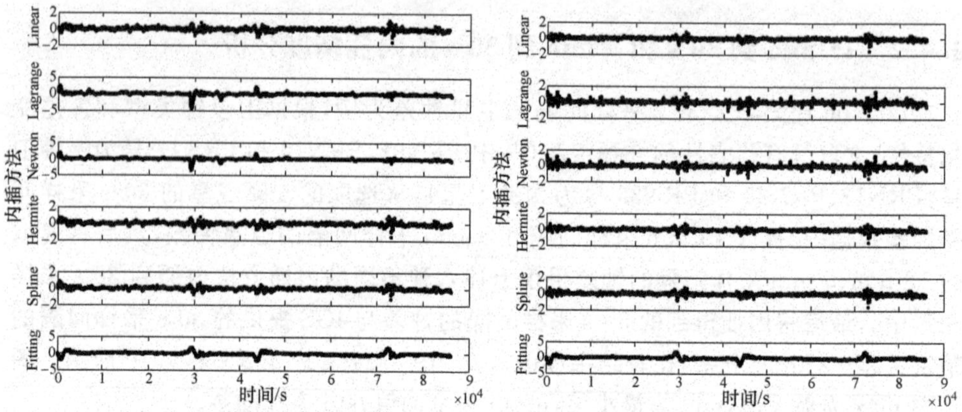

(a) 15 min到30 s的内插误差　　(b) 5 min到30 s的内插误差

图 4.11　PRN13 卫星钟差的内插误差

根据卫星钟差变化呈递增、递减和不规则波动变化的几种情形，分如下三种情况：① 第一组 PRN02 和 PRN13，其卫星钟差都呈直线上升趋势，分属不同卫星钟类型，计算结果如图 4.9～图 4.11 和表 4.8 所示；② 第二组为 PRN17 和 PRN26，其卫星钟差都呈下降趋势，且在钟差变化上存在局部小波动，卫星钟类型不同，比较结果如图 4.12～图 4.14 和表 4.9 所示；③ 第三组为 PRN10 和 PRN20，卫星钟类型不同，且在钟差变化上存在较大波动，比较结果如图 4.15～图 4.17 和表 4.10 所示。

1. 第一组内插数据统计分析比较

对 PRN02(图 4.9(a))和 PRN13(图 4.9(b))的钟差进行比较分析，将 PRN02 和 PRN13 的插值与真值比较，差值的内插统计结果如图 4.10、图 4.11 和表 4.8 所示。

表 4.8　15 min、5 min 钟差加密到 30 s 的结果与“真值”的比较　单位：ns

钟类型	序列号	加密方法	15 min 到 30 s				5 min 到 30 s			
			max	min	mean	std	max	min	mean	std
铯钟	02	线性插值	0.401	−0.376	−0.006	0.112	0.411	−0.343	0.006	0.092
		Lagrange 插值	1.002	−0.985	0.021	0.205	1.057	−1.562	−0.011	0.191
		Newton 插值	1.002	−0.992	0.022	0.206	1.057	−1.568	−0.012	0.192
		Hermite 插值	0.424	−0.404	−0.005	0.116	0.440	−0.351	0.006	0.098
		三次样条插值	0.428	−0.422	−0.005	0.118	0.419	−0.345	0.006	0.096
		曲线拟合	0.597	−0.577	−0.012	0.196	0.544	−0.522	0.008	0.157
铷钟	13	线性插值	1.086	−1.526	0.003	0.182	0.801	−1.565	0.005	0.136
		Lagrange 插值	2.344	−3.983	−0.008	0.446	1.325	−1.569	0.007	0.225
		Newton 插值	2.155	−3.634	−0.006	0.387	1.325	−1.568	0.008	0.225
		Hermite 插值	0.933	−1.567	0.006	0.180	0.776	−1.570	0.005	0.137
		三次样条插值	0.861	−1.230	0.005	0.150	0.760	−1.579	0.004	0.133
		曲线拟合	2.031	−2.191	0.007	0.403	2.031	−2.193	0.005	0.402

从图和表可以看出，对于 PRN02，15 min 间隔钟差数据内插到 30 s 和5 min间隔钟差数据内插到 30 s，线性插值的效果较好，但前者内插精度较后者低。Lagrange插值和 Newton 插值因受插值节点影响，这两种方法的插值精度最差。从 PRN13 的两种数据的插值结果看，三次样条函数插值精度最高，同样也是前者内插精度较后者低。从总体看，PRN02 的插值精度优于 PRN13。

2. 第二组内插数据统计分析比较

PRN17（图 4.12(a)）和 PRN26（图 4.12(b)）的钟差抖动不明显，均呈递减趋势。将 PRN17 和 PRN26 的插值与真值比较，统计结果如图 4.13、图 4.14 和表 4.9 所示。

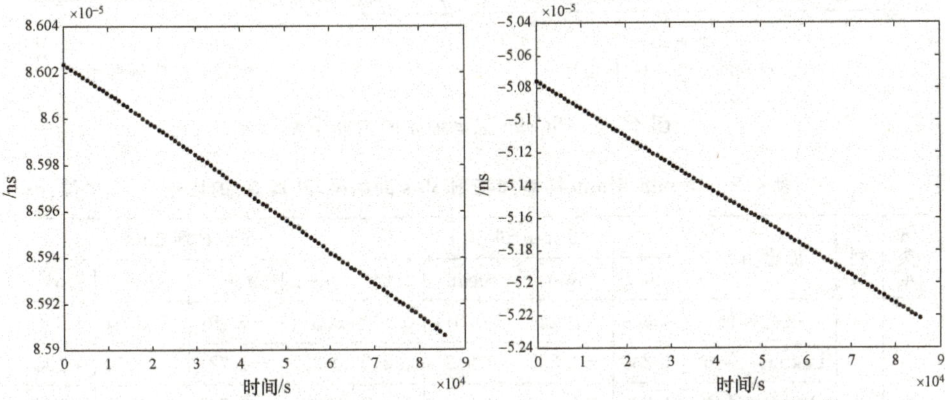

(a) PRN17的卫星钟差　　(b) PRN26的卫星钟差

图 4.12 PRN17 及 PRN26 的精密卫星钟差

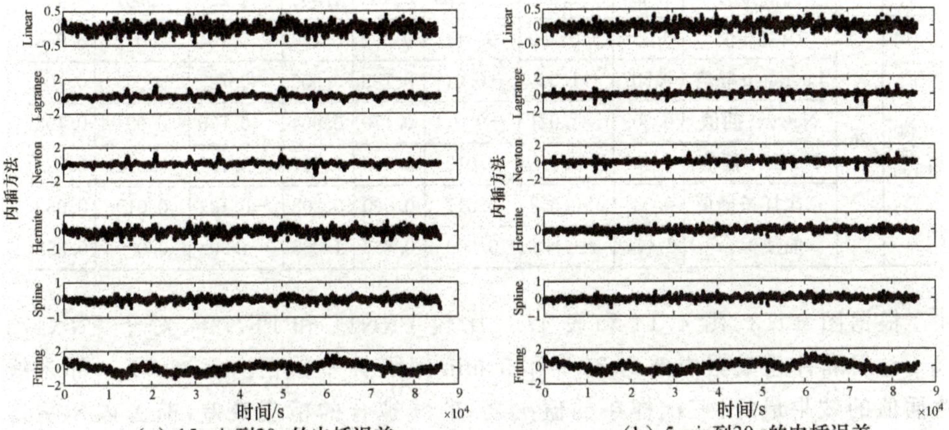

(a) 15 min到30 s的内插误差　　(b) 5 min到30 s的内插误差

图 4.13 PRN17 卫星钟差的内插误差

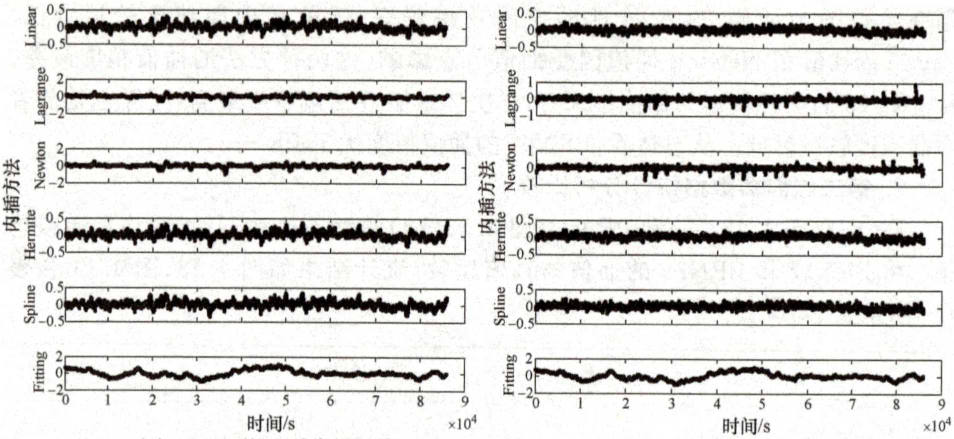

（a）15 min到30 s的内插误差　　（b）5 min到30 s的内插误差

图 4.14　PRN26 卫星钟差的内插误差

表 4.9　15 min、5 min 钟差加密到 30 s 的结果与“真值”的比较　　单位：ns

钟类型	序列号	加密方法	15 min 到 30 s				5 min 到 30 s			
			max	min	mean	std	max	min	mean	std
铯钟	17	线性插值	0.368	−0.444	−0.011	0.119	0.334	−0.491	−0.004	0.094
		Lagrange 插值	1.235	−1.283	0.012	0.245	0.931	−1.721	−0.010	0.198
		Newton 插值	1.236	−1.286	0.013	0.248	0.931	−1.727	−0.011	0.198
		Hermite 插值	0.593	−0.700	−0.017	0.188	0.360	−0.526	−0.004	0.101
		三次样条插值	0.392	−0.596	−0.012	0.130	0.355	−0.511	−0.004	0.099
		曲线拟合	1.329	−1.257	−0.025	0.458	1.355	−1.240	−0.010	0.457
铷钟	26	线性插值	0.358	−0.289	0.011	0.091	0.220	−0.184	0.011	0.065
		Lagrange 插值	0.507	−1.020	−0.011	0.169	0.905	−0.727	0.005	0.107
		Newton 插值	0.509	−1.021	−0.011	0.170	0.904	−0.726	0.004	0.108
		Hermite 插值	0.408	−0.318	0.012	0.093	0.217	−0.199	0.011	0.065
		三次样条插值	0.338	−0.342	0.011	0.090	0.208	−0.193	0.010	0.063
		曲线拟合	1.052	−1.001	0.009	0.397	1.036	−1.008	0.009	0.388

根据图 4.13、图 4.14 和表 4.9，比较 PRN17 和 PRN26，对于 PRN17，15 min间隔钟差数据内插到 30 s 和 5 min 间隔钟差数据内插到 30 s，都是线性插值的效果最好，三次样条插值次之，曲线拟合的精度最差，前者内插精度较后者低。从 PRN26 的两种数据插值的结果来看，三次样条函数插值精度最高，线性插值次之，精度最差的也是曲线拟合法，同样也是前者内插精度较后

者低。从总体计算结果看，PRN26 各种插值方法的插值精度都优于 PRN17 的精度。

结合表 4.8 和表 4.9，比较 PRN02 和 PRN17，两者的钟差变化都比较稳定，PRN02 的标准差稍优于 PRN17；比较 PRN13 和 PRN26，PRN13 的钟差数据比 PRN26 大一个数量级，标准差比 PRN26 的标准差稍大，整体内插精度低于 PRN26。

3. 第三组内插数据统计分析比较

PRN10（图 4.15(a)）和 PRN20（图 4.15(b)）的钟差均有非常大的抖动，其中 PRN10 的卫星钟差变化呈近似某一周期变化递增趋势，而 PRN20 的卫星钟差呈近似某一周期规则波动的递减趋势。将 PRN10 和 PRN20 的插值与真值比较，统计结果如图 4.16、图 4.17 和表 4.10 所示。

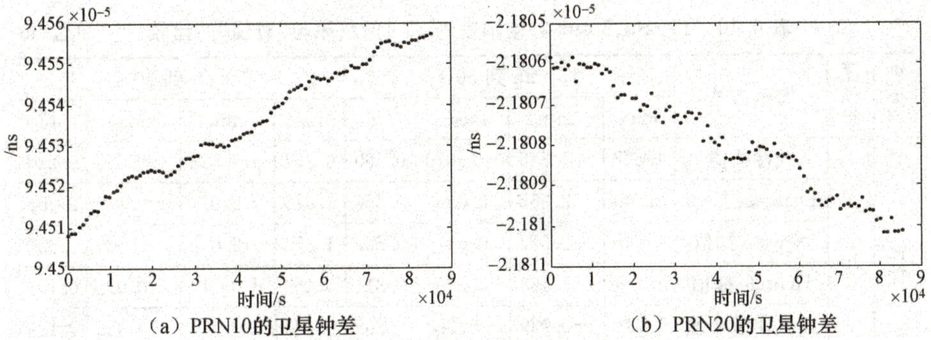

图 4.15　PRN10 及 PRN20 的精密卫星钟差

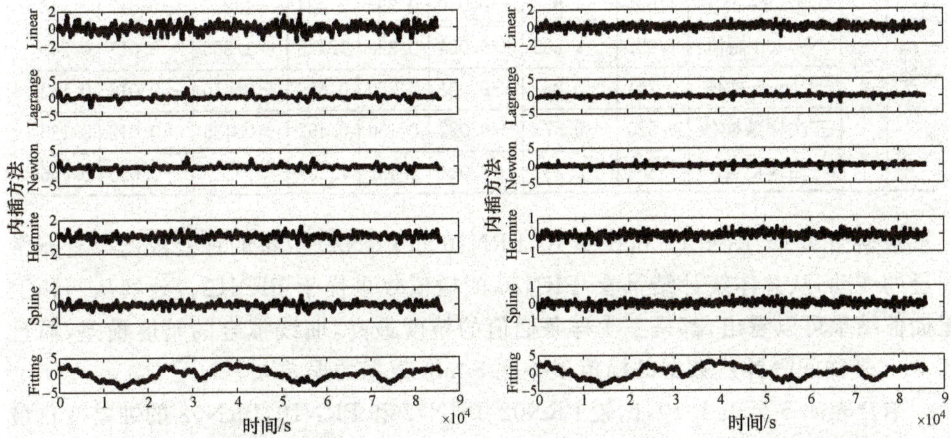

图 4.16　PRN10 卫星钟差的内插误差

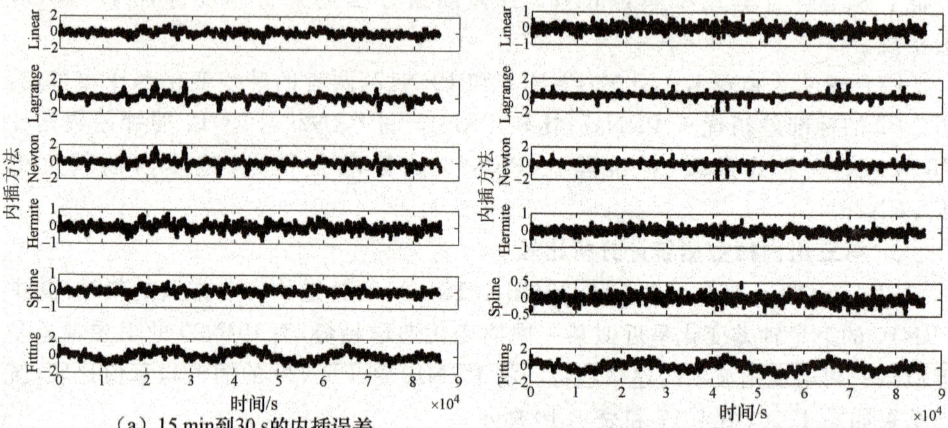

（a）15 min到30 s的内插误差

（b）5 min到30 s的内插误差

图 4.17　PRN20 卫星钟差的内插误差

表 4.10　15 min、5 min 钟差加密到 30 s 的结果与“真值”的比较　　单位：ns

钟类型	序列号	加密方法	15 min 到 30 s				5 min 到 30 s			
			max	min	mean	std	max	min	mean	std
铯钟	10	线性插值	1.572	−1.546	−0.010	0.469	0.737	−1.123	−0.042	0.220
		Lagrange 插值	2.740	−2.552	0.035	0.557	1.370	−2.011	−0.019	0.302
		Newton 插值	2.740	−2.552	0.034	0.557	1.370	−2.010	−0.020	0.306
		Hermite 插值	1.107	−1.163	−0.005	0.311	0.469	−0.710	−0.028	0.154
		三次样条插值	1.019	−0.989	−0.003	0.265	0.420	−0.551	−0.023	0.129
		曲线拟合	3.158	−3.930	−0.012	1.634	3.136	−3.921	−0.028	1.633
铷钟	20	线性插值	0.953	−1.127	−0.041	0.286	0.833	−0.772	−0.020	0.199
		Lagrange 插值	1.695	−1.633	−0.050	0.397	1.424	−1.887	−0.017	0.248
		Newton 插值	1.692	−1.636	−0.054	0.398	1.425	−1.885	−0.017	0.249
		Hermite 插值	0.761	−0.851	−0.031	0.220	0.679	−0.615	−0.016	0.153
		三次样条插值	0.520	−0.571	−0.022	0.156	0.492	−0.435	−0.012	0.135
		曲线拟合	1.352	−1.231	−0.044	0.457	1.367	−1.207	−0.020	0.456

根据图 4.16、图 4.17 和表 4.10，PRN10 和 PRN20 卫星的钟差数据都有非常明显的波动，从总体统计结果看，PRN20 的插值效果优于 PRN10。分别从两颗卫星插值结果可以看出，都是三次样条插值的精度最高，曲线拟合的精度最差，而且 15 min 采样间隔钟差数据的插值误差比 5 min 数据的误差大。

结合表 4.8 至表 4.10，比较 PRN02、PRN17 和 PRN10，PRN02 的钟差变化最为稳定，内插效果最好，而 PRN10 的内插精度最差；PRN02 和 PRN17 都是线性插值的精度最高，样条函数插值次之，而 PRN10 则是样条函数插值效果最好。再比较 PRN13、PRN26 和 PRN20，PRN26 内插精度最优，而 PRN20 内插精度最低，三者都是样条函数插值的精度最高。由此可以看出，变化稳定的卫星钟差的内插精度明显优于抖动较大的卫星钟差内插，而三次样条函数插值比较适合用于存在明显抖动的卫星钟差内插。

为了更好地统计分析各种内插方法对于不同卫星钟的卫星钟差的内插精度，对 GPS 1406 周共 7 天的所有可用卫星的 30 s 间隔钟差数据进行分析，分别提取每颗可用卫星的 15 min 间隔和 5 min 间隔的卫星钟差，然后将提取的 15 min、5 min 间隔的钟差数据采用上述六种不同的内插方法内插到 30 s 间隔，并按照载有的原子钟类型分为铯钟和铷钟两类进行数据统计，最后所得内插统计结果如表 4.11 所示。

表 4.11　15 min、5 min 钟差加密到 30 s 的结果与“真值”的比较　单位：ns

GPS 周	钟类型	加密方法	15 min 到 30 s			5 min 到 30 s		
			max	mean	std	max	mean	std
1406	铯钟	线性插值	4.390	0.021	0.348	1.424	0.016	0.146
		Lagrange 插值	4.288	0.066	0.819	11.892	0.020	0.331
		Newton 插值	4.288	0.065	0.820	11.891	0.019	0.331
		Hermite 插值	1.715	0.021	0.341	1.023	0.017	0.161
		三次样条插值	1.379	0.020	0.339	0.799	0.016	0.158
		曲线拟合	8.394	0.033	3.660	8.377	0.017	4.306
	铷钟	线性插值	3.048	0.042	0.310	1.985	0.042	0.162
		Lagrange 插值	4.106	0.062	0.692	10.901	0.045	0.322
		Newton 插值	4.105	0.061	0.691	10.902	0.045	0.322
		Hermite 插值	1.390	0.041	0.303	0.843	0.039	0.146
		三次样条插值	1.169	0.040	0.298	0.598	0.039	0.144
		曲线拟合	6.505	0.044	2.662	6.515	0.043	2.662

根据表 4.11 统计，从六种不同内插方法的插值效果看，三次样条函数插值的总体效果最好，线性插值对两种卫星钟的插值精度相当，而 Lagrange 插值和 Newton 插值因受插值节点影响效果很差，尤其是在 5 min 间隔的钟差数据内插到 30 s 间隔的过程中，因插值节点成倍增加，插值效果受插值节点影响更明显，插值精度最差；再比较两种卫星钟的内插精度可以得到，铷钟的插值效果稍优于铯钟；比较 15 min 间隔的和 5 min 间隔的两大类钟差数据的内插精度，因后者用于插值的精确值增多，其内插精度优于前者。

4.5　卫星钟差预报常用方法

目前，IGS 及其分析中心能够提供 15 min 采样间隔的卫星精密星历和钟差，以及间隔为5 min和30 s的事后精密卫星钟差。2008年5月，欧洲定轨中心(CODE)又推出了5 s间隔的精密卫星钟差产品(张小红 等，2010a)，IGS于2000年3月5日(GPS 1052周)开始提供超快星历和卫星钟差，超快星历和超快卫星钟差的更新率为每6 h一次，历元间隔为15 min，共包括48 h的轨道信息，前24 h的轨道信息基于跟踪站的观测值计算而得，后24 h的轨道信息是外推预报的结果(殷海涛 等，2006)，但这些预报值的精度偏低(±5 ns)，不能满足实际应用的需求。许多学者针对如何提高卫星钟差预报精度、建立高精度的卫星钟差预报模型进行了深入研究，并取得了一定效果(崔先强 等，2005；郑作亚 等，2007，2008，2009，2010；路晓峰 等，2006；朱陵凤 等，2007)。目前，常用的卫星钟差预报模型是二次多项式模型。本章通过对二次多项式模型和线性模型的分析，提出了附有指数系数的灰色模型、基于周期项的二次多项式模型以及递推遗忘因子最小二乘算法等几种模型的钟差预报并进行了精度分析，得出一些初步结论。

4.5.1 二次多项式模型和线性模型

卫星钟频率漂移引起的卫星钟时间与GPS标准时之间的差值称为卫星钟差。信号发射时刻 t_S 的卫星钟差 δt_S，一般可以表示为

$$\delta t_S = \alpha_0 + \alpha_1(t_S - t_0) + \alpha_2(t_S - t_0)^2 \tag{4.12}$$

式中，α_0 为参考时刻 t_0 时的卫星钟差，α_1 为参考时刻 t_0 时的卫星钟漂，α_2 为参考时刻 t_0 时的卫星钟漂移率。

在对卫星钟差精度要求不高的情况下，也可以表示为

$$\delta t_S = \alpha_0 + \alpha_1(t_S - t_0) \tag{4.13}$$

4.5.2 算例分析

以2007年8月27日即GPS 1442周第2天的IGS精密星历中15 min间隔的卫星钟差为例，预报时间始于8月28日0 h 0 min 0 s，分别对三个时段进行预报，即第1天的24 h(8月28日)、第2天的24 h(8月29日)和第12天的24 h(9月8日)。选取了6颗钟差变化比较典型的卫星(铯钟卫星PRN02、PRN09、PRN17和铷钟卫星PRN14、PRN21、PRN31)，根据卫星钟类型和钟差变化特性，使用线性模型和二次多项式模型预报卫星钟差，以IGS精密星历钟差为基准，将其与IGS精密钟差进行比较。

根据卫星钟差变化呈递增、递减和不规则波动变化的几种情形，分如下三种情况：① 第一组为PRN02和PRN14，其卫星钟差均呈直线递增趋势，分属不同卫星钟类型，计算结果如图4.18、图4.19和表4.12所示；② 第二组为PRN17和PRN31，其卫星钟差均呈递减趋势，卫星钟类型不同，比较结果如图4.20、图4.21和表4.13所示；③ 第三组为钟差变化较大且不呈单调变化的PRN09和PRN21，

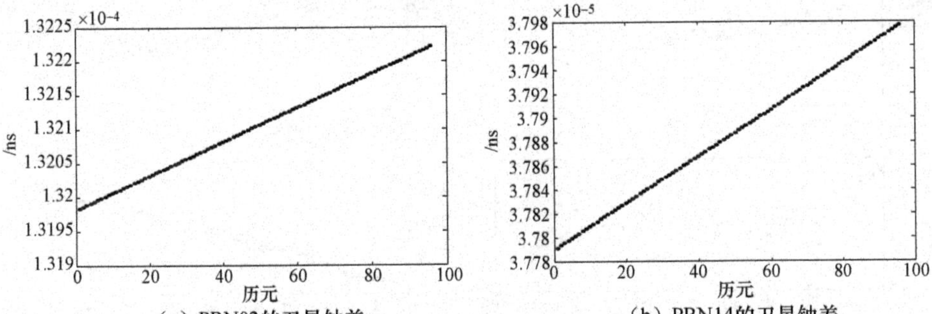

（a）PRN02的卫星钟差　　（b）PRN14的卫星钟差

图 4.18　PRN02 和 PRN14 卫星的精密卫星钟差

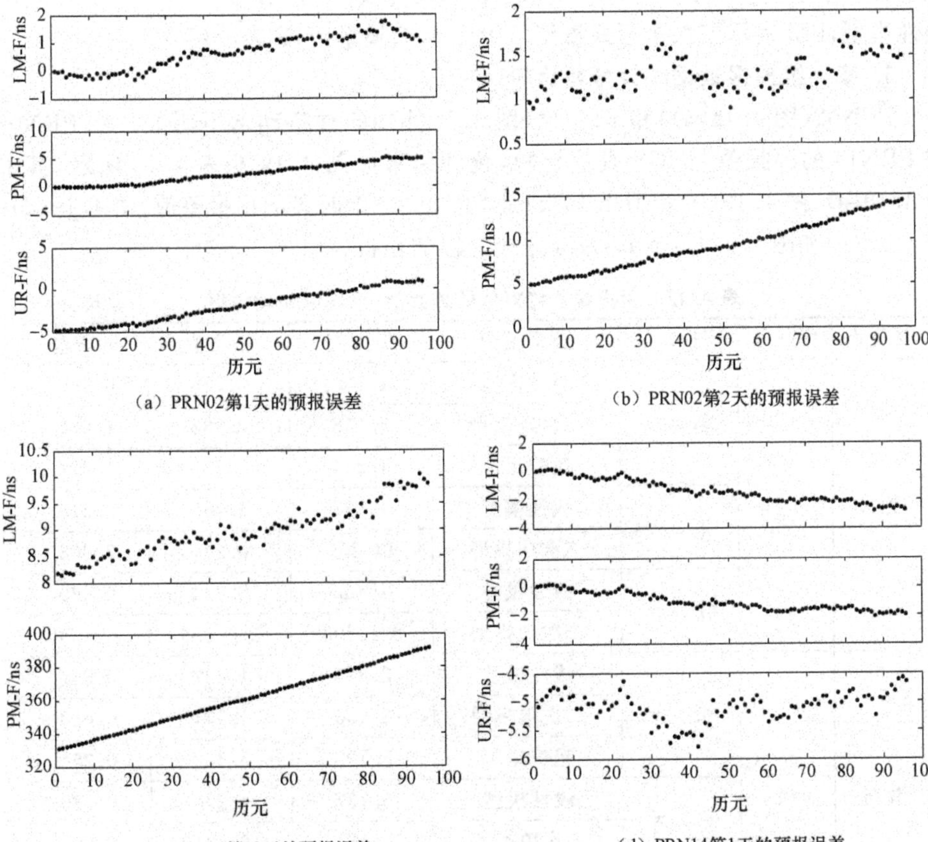

（a）PRN02第1天的预报误差　　（b）PRN02第2天的预报误差

（c）PRN02第12天的预报误差　　（d）PRN14第1天的预报误差

图 4.19　PRN02 和 PRN14 卫星的线性模型、二次多项式模型的预报误差

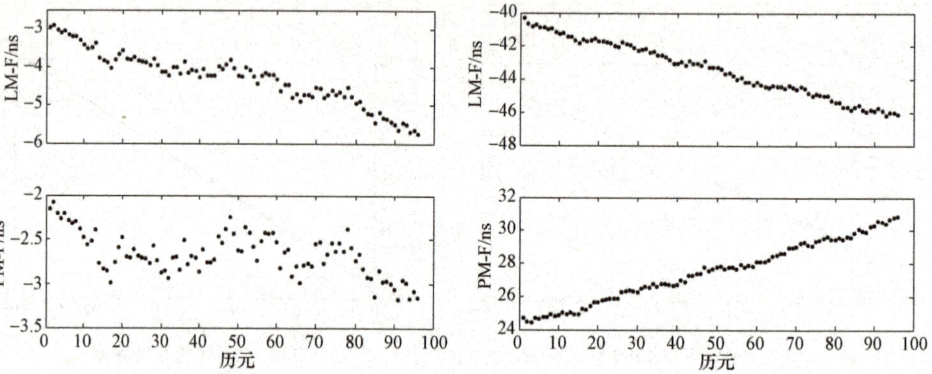

（e）PRN14第2天的预报误差　　（f）PRN14第12天的预报误差

图 4.19（续）　PRN02 和 PRN14 卫星的线性模型、二次多项式模型的预报误差

卫星钟类型不同，比较结果如图 4.22、图 4.23 和表 4.14 所示。图表中 LM 表示线性模型，PM 表示二次多项式模型，UR 表示超快星历，F 表示真值。

1. 第一组预报数据统计分析比较

PRN02（图 4.18(a)）和 PRN14（图 4.18(b)）的钟抖动均不明显。将 PRN02 和 PRN14 的预报值与 IGS 真值比较，统计结果如图 4.19 和表 4.12 所示，其中图 4.19(a)、图 4.19(b)和图 4.19(c)是 PRN02 三个时段的预报差值，图 4.19(d)、图 4.19(e)和图 4.19(f)是 PRN14 三个时段的预报差值。

表 4.12　预报误差绝对值的最大值、平均值和均方根　　单位：ns

钟类型	序列号	预报时间	预报模型	最大值	平均值	标准差
铯钟	02	第 1 天	线性模型	1.738	0.718	0.485
			二次项模型	5.058	2.238	1.670
			超快星历	4.844	2.287	1.607
		第 2 天	线性模型	1.867	1.286	0.213
			二次项模型	14.259	9.241	2.708
		第 12 天	线性模型	10.029	8.964	0.469
			二次项模型	391.503	360.599	17.808
铷钟	14	第 1 天	线性模型	2.835	1.437	0.847
			二次项模型	2.153	1.121	0.630
			超快星历	5.799	5.102	0.254
		第 2 天	线性模型	5.737	4.275	0.689
			二次项模型	3.184	2.671	0.242
		第 12 天	线性模型	46.161	43.404	1.670
			二次项模型	30.850	27.501	1.846

从图表中可以看出，对于 PRN02，在第 1 天(8 月 28 日)的预报结果中，线性预报精度优于 IGS 超快星历，且线性模型在三个预报时段的预报精度比较稳定，最大的预报误差为 10 ns；相比之下，二次多项式模型预报效果很差，且具有明显的误差累积效应，第 12 天(9 月 8 日)的钟差预报误差均值达到 360 ns。而对于 PRN14，第 1 天(8 月 28 日)的预报结果，线性模型和二次多项式模型的预报精度均优于 IGS 超快星历，比较三个预报时段的预报精度可以看出，二次多项式模型预报效果稍优于线性模型。

2. 第二组预报数据统计分析比较

PRN17(图 4.20(a))和 PRN31(图 4.20(b))的钟抖动均不明显，且都呈递减变化。将 PRN17 和 PRN31 的预报值与 IGS 真值比较，统计结果如图 4.21 和表 4.13 所示，其中图 4.21(a)、图 4.21(b)和图 4.21(c)是 PRN17 三个时段的预报差值，图 4.21(d)、图 4.21(e)和图 4.21(f)是 PRN31 三个时段的预报差值。

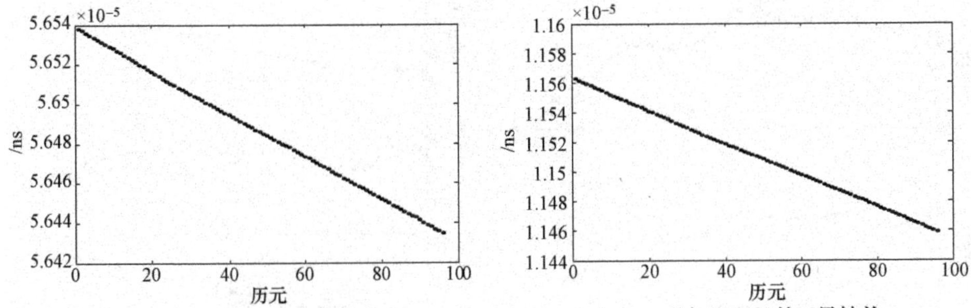

(a) PRN17的卫星钟差　　(b) PRN31的卫星钟差

图 4.20　PRN17 和 PRN31 卫星的精密卫星钟差

根据图 4.21 和表 4.13，对于 PRN17，第 1 天(8 月 28 日)的预报结果，线性模型和二次多项式模型的预报精度都优于 IGS 超快星历，比较三个预报时段的预报精度可以看出，线性模型略优于二次多项式模型；对于 PRN31，在第 1 天(8 月 28 日)的预报结果中，二次多项式模型优于 IGS 超快星历，且在前两个预报时段内的预报精度比较稳定，预报效果优于线性模型，但在第三个时段即第 12 天(9 月 8 日)的钟差预报中出现了很大的误差累积，预报偏差最大值在 393 ns 左右，误差在 17 ns 左右。

从 PRN17 和 PRN31 两颗卫星的总体预报结果来看，PRN17 线性模型的预报效果优于 PRN31；二次多项式模型的预报精度不是很稳定。

结合表 4.12 和表 4.13，比较 PRN02 和 PRN17，两者的钟差变化均比较稳定，均是线性模型的预报效果优于二次项模型，其中，PRN02 的线性模型预报精度高于 PRN17；比较 PRN14 和 PRN31，在前两个预报时段内，均是二次多项式模型的预报效果较好，但在对 PRN02 和 PRN31 钟差预报中，二次多项式模型均出现了明显的误差累积。

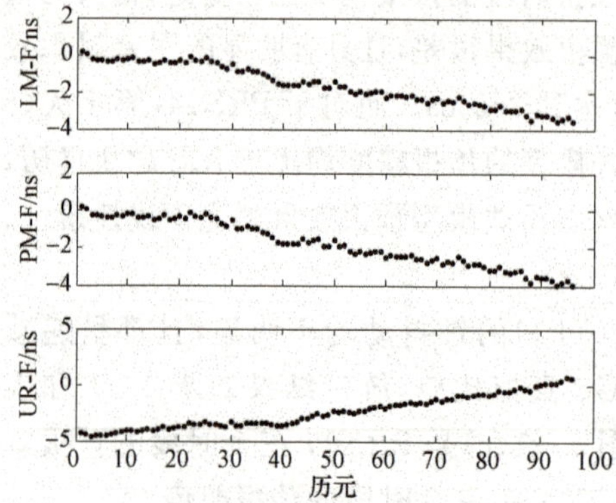

(a) PRN17第1天的预报误差

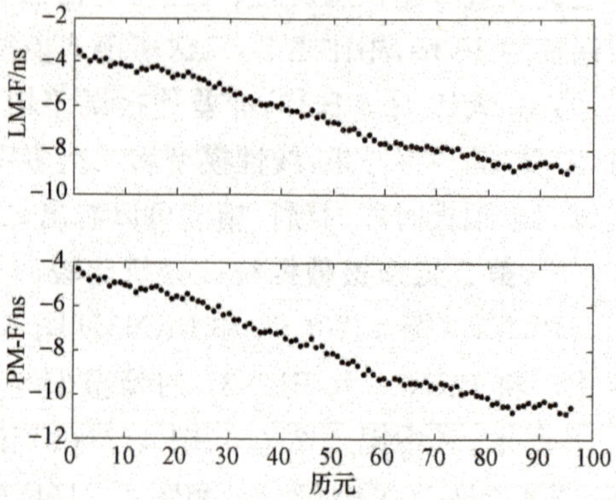

(b) PRN17第2天的预报误差

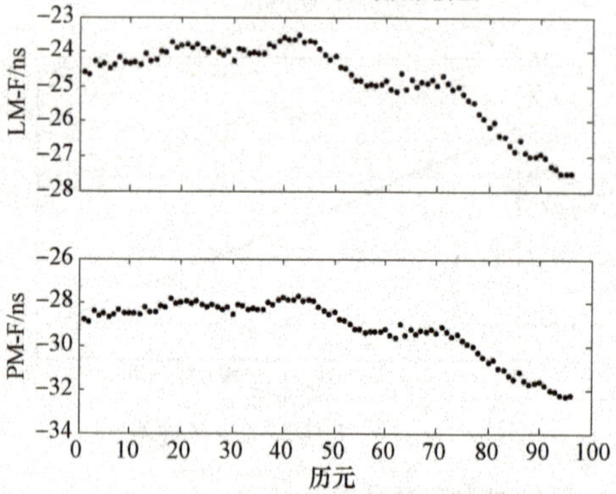

(c) PRN17第12天的预报误差

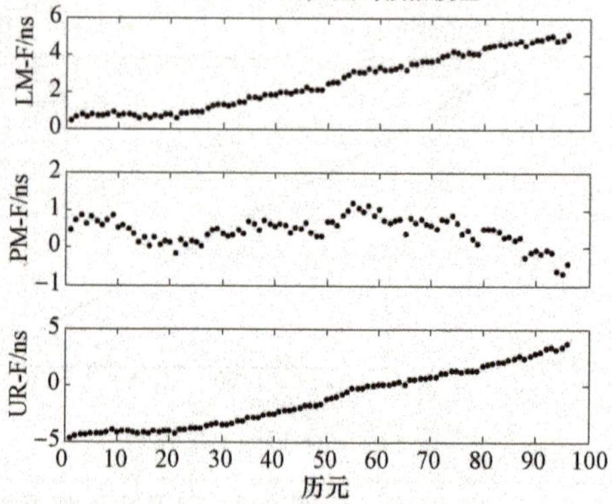

(d) PRN31第1天的预报误差

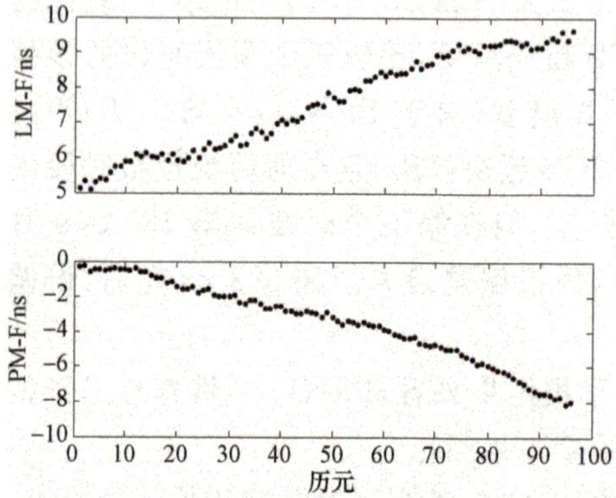

(e) PRN31第2天的预报误差

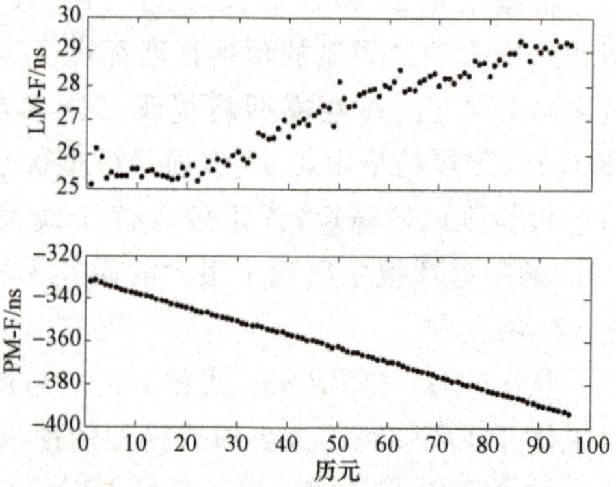

(f) PRN31第12天的预报误差

图 4.21　PRN17 和 PRN31 卫星的线性模型、二次项模型的预报误差

表 4.13　预报误差绝对值的最大值、平均值和均方根　单位:ns

钟类型	序列号	预报时间	预报模型	最大值	平均值	标准差
铯钟	17	第 1 天	线性模型	3.593	1.629	1.072
			二次项模型	3.971	1.801	1.185
			超快星历	4.605	2.474	1.400
		第 2 天	线性模型	8.998	6.521	1.690
			二次项模型	10.871	7.871	2.043
		第 12 天	线性模型	27.501	24.831	1.097
			二次项模型	32.273	29.179	1.282
铷钟	31	第 1 天	线性模型	5.087	2.498	1.497
			二次项模型	1.202	0.505	0.272
			超快星历	4.755	2.450	1.433
		第 2 天	线性模型	9.639	7.537	1.388
			二次项模型	8.135	3.459	2.237
		第 12 天	线性模型	29.342	27.181	1.360
			二次项模型	393.483	362.290	17.909

3. 第三组预报数据统计分析比较

PRN09(图 4.22(a))和 PRN21(图 4.22(b))的钟均存在明显抖动,其中 PRN09 呈波动递增趋势,PRN21 呈递减趋势且数据中有一个小跳变。将 PRN09 和 PRN21 的预报值与 IGS 真值比较,统计结果如图 4.23 和表 4.14 所示,其中图 4.23(a)、图 4.23(b)和图 4.23(c)是 PRN09 三个时段的预报差值,图 4.23(d)、图 4.23(e)和图 4.23(f)是 PRN21 三个时段的预报差值。

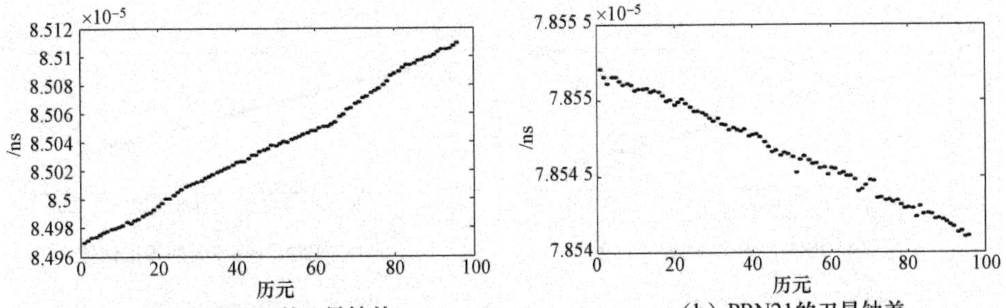

(a) PRN09的卫星钟差　(b) PRN21的卫星钟差

图 4.22　PRN09 和 PRN21 卫星的精密卫星钟差

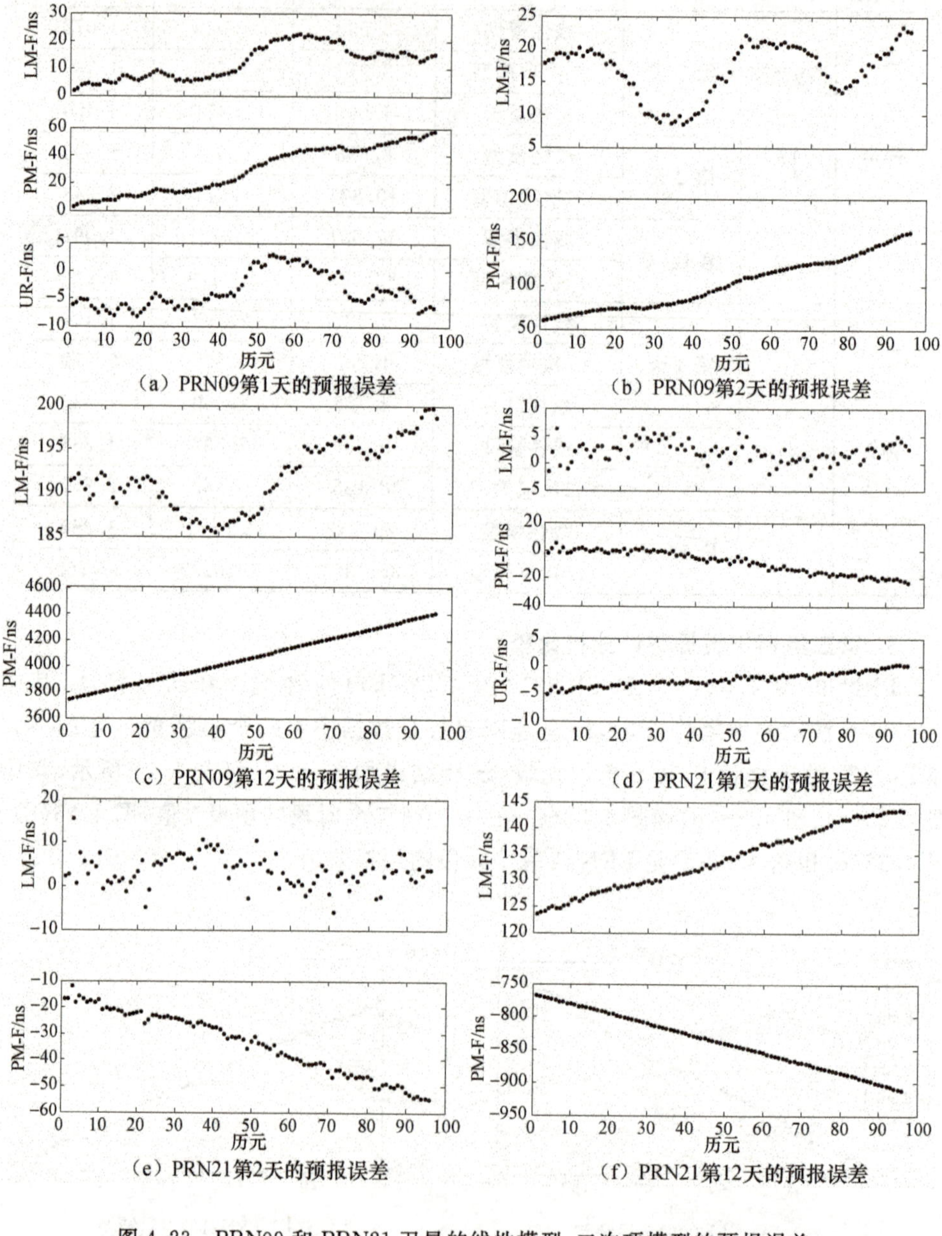

图 4.23 PRN09 和 PRN21 卫星的线性模型、二次项模型的预报误差

表 4.14　预报误差绝对值的最大值、平均值和均方根　　单位：ns

钟类型	序列号	预报时间	预报模型	最大值	平均值	标准差
铯钟	09	第 1 天	线性模型	22.407	12.120	6.187
			二次项模型	57.989	29.664	17.261
			超快星历	8.220	4.363	2.245
		第 2 天	线性模型	23.324	16.780	4.082
			二次项模型	161.442	102.976	29.854
		第 12 天	线性模型	199.757	191.822	3.911
			二次项模型	4 406.885	4 068.942	194.197
铷钟	21	第 1 天	线性模型	6.326	2.418	1.549
			二次项模型	23.337	8.806	7.433
			超快星历	5.159	2.349	1.275
		第 2 天	线性模型	15.577	4.179	2.845
			二次项模型	55.082	33.804	11.843
		第 12 天	线性模型	143.550	134.028	6.096
			二次项模型	911.668	838.075	41.919

根据图 4.23 和表 4.14，从第 1 天（8 月 28 日）的预报结果可以看出，PRN09 和 PRN21 的共同点是：线性模型和二次多项式模型的预报精度均低于 IGS 超快星历提供的预报钟差精度；从三个预报时段总体来看，线性模型的预报效果均优于二次多项式模型，而且二次多项式模型均出现了非常明显的误差累积效应。总体上，PRN21 的钟差预报精度优于 PRN09。

结合表 4.12～表 4.14，对于 PRN02、PRN17 和 PRN09，均是线性模型的预报效果优于二次多项式模型，因 PRN02 和 PRN17 的钟差变化均比较稳定，而 PRN09 的钟差数据有明显抖动，所以 PRN09 钟差预报的精度最差；比较 PRN14、PRN31 和 PRN21，因前两者的钟差变化均比较稳定，后者的钟差数据有一个小的跳变，所以后者钟差预报的精度最差。从上述分析可以看出，在对不同原子钟的卫星钟差进行预报时，二次多项式模型均出现了明显的误差累积效应。

为了更好地统计分析二次多项式模型和线性模型对不同卫星钟差的预报精度，从 2007 年 9 月至 2008 年 12 月期间选取了 1446 周、1454 周、1464 周、1475 周、1487 周、1499 周、1508 周共 49 天的所有可用卫星的钟差数据，分别使用线性模型和二次多项式模型，对所选用的可用卫星的钟差数据与算例中相似的三个时段的钟差预报，并按照原子钟类型进行预报误差统计，最后所得预报统计结果如表 4.15 所示。

表 4.15 预报误差绝对值的最大值、平均值和均方根 单位:ns

钟类型	预报模型	预报时间	最大值	平均值	标准差
铯钟	线性模型	第1天	40.441	4.576	2.415
		第2天	123.650	20.822	6.493
		第12天	2 281.932	484.808	32.214
	二次项模型	第1天	134.272	13.945	12.917
		第2天	438.571	70.663	29.995
		第12天	10 039.329	2 324.752	151.952
铷钟	线性模型	第1天	42.994	4.954	2.493
		第2天	146.811	28.573	9.552
		第12天	2 865.791	539.016	35.441
	二次项模型	第1天	157.686	14.519	14.379
		第2天	491.397	74.137	33.066
		第12天	9 861.705	2 325.097	145.379

从表4.15可以看出,线性模型的预报效果明显优于二次多项式模型,且后者的误差累积效应非常明显,不适宜用作较长时间的预报,尤其不适宜对钟差变化不稳定、出现较大波动或者钟差跳变的卫星钟差预报。对于两种卫星钟类型,从总体来看,线性模型和二次多项式模型的预报结果均是铯钟略优于铷钟。

4.6 附有指数的灰色模型

4.6.1 灰色模型

在灰色模型(GM)理论中,GM(1,1)是最常用的一种灰色模型,它是由一个只包含单变量的一阶微分方程构成的模型,适合于对本身数据的预测(邓聚龙,2005)。

设有变量 $X^{(0)}$ 的原始数据序列

$$X^{(0)} = \{x^{(0)}(1), x^{(0)}(2), \cdots, x^{(0)}(n)\} \tag{4.14}$$

式中,n 为原始数据个数,与之对应的时间为 $t_i(i = 1,2,\cdots,n)$。

用累加生成运算(accumulated generating operation,AGO)生成一阶累加模块 $X^{(1)}$,构成的微分方程为

$$\frac{\mathrm{d}x^{(1)}}{\mathrm{d}t} + ax^{(1)} = b \tag{4.15}$$

根据导数离散化形式,微分方程以矩阵形式可写成

$$\boldsymbol{Y}=\boldsymbol{A}\boldsymbol{U} \tag{4.16}$$

其中

$$\boldsymbol{Y}=\begin{bmatrix} x^{(0)}(2) \\ x^{(0)}(3) \\ \vdots \\ x^{(0)}(N) \end{bmatrix},\boldsymbol{A}=\begin{bmatrix} -\frac{1}{2}[x^{(1)}(1)+x^{(1)}(2)] & 1 \\ -\frac{1}{2}[x^{(1)}(2)+x^{(1)}(3)] & 1 \\ \vdots & \vdots \\ -\frac{1}{2}[x^{(1)}(N-1)+x^{(1)}(N)] & 1 \end{bmatrix},\boldsymbol{U}=\begin{bmatrix} a \\ b \end{bmatrix}$$

利用最小二乘原理，得解为

$$\hat{x}^{(1)}(t)=\left[x^{(1)}(0)-\frac{b}{a}\right]\mathrm{e}^{-at}+\frac{b}{a} \tag{4.17}$$

离散形式为

$$\hat{x}^{(1)}(k+1)=\left[x^{(0)}(1)-\frac{b}{a}\right]\mathrm{e}^{-ak}+\frac{b}{a} \tag{4.18}$$

式中，k 为参与预报的原始数据个数。

一般形式为

$$\hat{x}^{(1)}(k+p)=\left[x^{(0)}(1)-\frac{b}{a}\right]\mathrm{e}^{-a\cdot(k+p-1)}+\frac{b}{a} \tag{4.19}$$

式中，$p\geqslant 1$ 为预报点。则预报后的原始观测序列为

$$\hat{x}^{(0)}(k+p)=\left[x^{(0)}(1)-\frac{b}{a}\right]\mathrm{e}^{-a\cdot(k+p-1)}\cdot(1-\mathrm{e}^{a}) \tag{4.20}$$

整个灰色模型预报过程可以表达为

$$\hat{x}^{(0)}(k+p)=\mathrm{IAGO}\cdot\mathrm{GM}(1,1)\cdot\mathrm{AGO}\cdot x^{(0)} \tag{4.21}$$

式中，IAGO、AGO 分别为累减生成序列和累加生成序列。

因此，该预报算法的基本思路是，首先利用少量原始观测值计算得到微分方程系数和灰色模型，然后利用该模型得到在时刻 t_1 以后任何等间隔时间的参数预测值 $\hat{x}_t$。

4.6.2　灰色模型 GPS 短期预报的局限性

利用灰色模型进行卫星钟差预报，对于长期预报而言，能达到微秒（μs）的精度。这对导航型卫星钟差预报有较好的效果，能够满足一般导航的精度要求。对于 GPS 卫星钟差短期预报，指数系数* 为常量 1，钟差预报（P）在大部分情况下不是最佳的，与观测值（O）相比，甚至可能产生很大的误差，如图 4.24 所示。

---

* 指数系数的计算公式为：$-a\cdot(k+p-1)$。

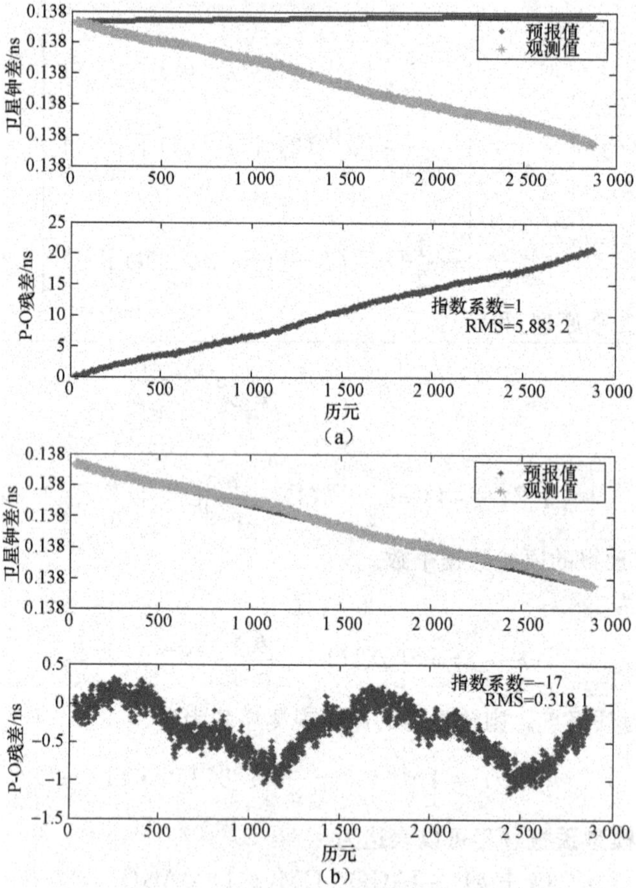

图 4.24 不同模型指数系数得到的预报结果

图 4.24 是 2006 年 7 月 30 日 PRN23 卫星钟差资料，采样间隔为 30 s，利用 30 个初始历元作为初始观测资料进行钟差预报。图 4.24(a)是指数系数为 1 的钟差预报情况，与 IGS 精密产品比较，误差达到 25 ns；而图 4.24(b)指数系数不为 1(为－17)的钟差预报情况，与 IGS 精密产品比较，误差仅为 1～2 ns。因此可见，不同的指数系数对预报精度有很大的影响，而且，把指数系数固定为一个常量将会带来很大的误差，甚至是错误的。

反过来利用 IGS 精密卫星钟差产品和式(4.22)预报产品反算指数系数，如图 4.25 所示。

从图 4.25 中可见，不同的卫星其钟差预报指数系数是不同的，不同的预报长度指数系数也不相同，而且指数系数并不为 1。因此，灰色模型指数系数为 1 并非最佳预报状态，即将灰色模型指数系数固定为常量 1 在 GPS 短期预报中是不合理的。

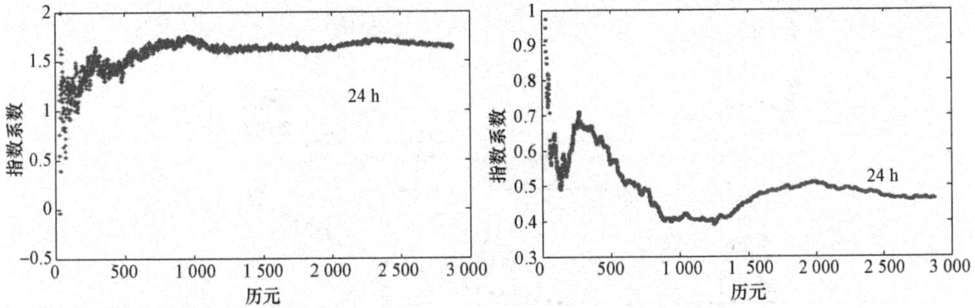

图 4.25　2006 年 7 月 30 日 PRN20 和 PRN01 的指数系数

4.6.3　附有指数的灰色模型

针对传统灰色模型在卫星钟差预报中的局限性，在式(4.22)中引入一个指数系数变量 λ，则式(4.22)可进一步改进为

$$\hat{x}^{(0)}(k+p) = \left[x^{(0)}(1) - \frac{b}{a}\right] e^{-a\cdot\lambda\cdot(k+p-1)} \cdot (1 - e^{a}) \tag{4.22}$$

为了研究不同卫星钟差类型情况下的指数系数，指数系数变量 λ 的表达式为

$$\lambda = -\frac{\log \dfrac{\hat{x}^{(0)}(k+p)}{\left[x^{(0)}(1) - \dfrac{b}{a}\right](1 - e^{a})}}{a \cdot (k+p-1)} \tag{4.23}$$

4.6.4　算例分析

为了分析灰色模型实时预报 GPS 卫星钟差的精度及其相关特性，分别利用 2001 年 7 月 16 日、2004 年 12 月 8 日和 2006 年 7 月 30 日的 GPS 卫星钟差资料进行不同采样间隔钟差预报精度分析、灰色模型指数系数与预报精度的关系分析、与二次多项式预报精度比较分析，总结不同卫星钟差类型与模型指数系数的一般关系。

1. 不同采样间隔钟差预报精度分析

下面分别以 10 s、30 s 和 5 min 等不同采样间隔的卫星钟差资料以及不同初始历元个数进行钟差预报精度分析。

(1)10 s 采样间隔卫星钟差预报。

如图 4.26 所示分别为利用灰色模型预报 8 min 和 30 min 的预报结果，采用 10 个初始观测历元，采样间隔为 10 s，由 30 s 的钟差资料内插而成，精度在 0.1 ns。从图中可见，在预报时间较短的情况下，可以得到较高精度的预报值。而

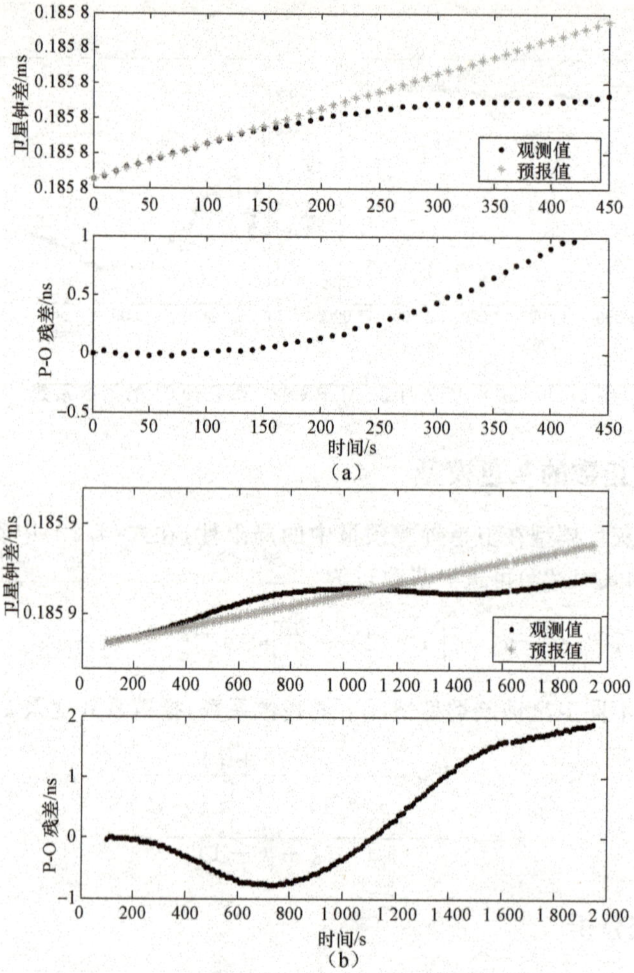

图 4.26 预报 8min(a)和 30min(b)的预报精度

且随着预报时间(预报历元个数)的增长,预报精度会进一步降低,但能满足 GPS 实时单点定位的要求。

如图 4.27 所示利用 2001 年 7 月 16 日的 PRN01 卫星钟差资料,分别采用 10 个初始值和 30 个初始值进行钟差预报,分析不同初始历元个数对预报精度的影响,预报长度为 30 min,采样间隔为 10 s。

在图 4.27 中,预报值 1(P1)表示采用 10 个初始值预报的钟差,预报值 2(P2)表示采用 30 个初始值预报的钟差。从图中可见,在预报时间较短的情况下,初始历元个数对预报精度影响不大,图中 10 个初始历元和 30 个初始历元钟差预报,它们之间误差仅为 10^{-11} 量级(毫米量级)。因此,可以得到初步结论:在卫星钟差预报时间不长、钟的变化比较小的情况下,用于预报的初始历元个数对预报精度影响不大。

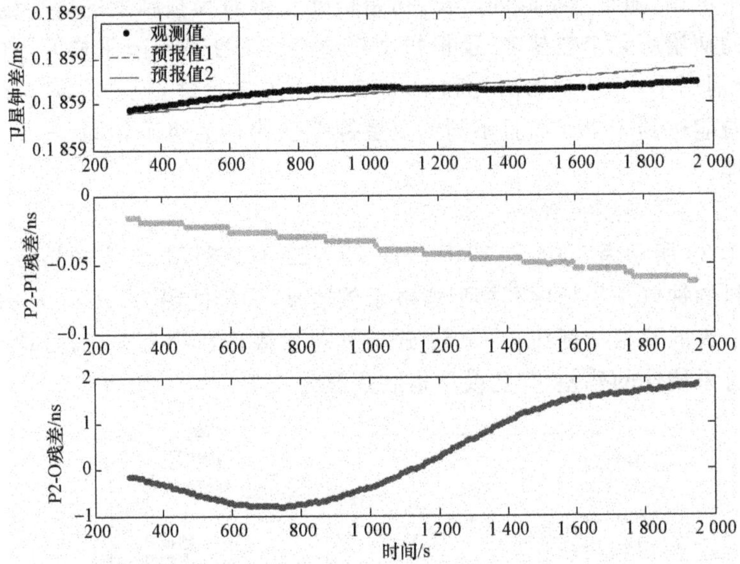

图 4.27　分别利用 10 个和 30 个初始历元的预报精度比较

(2)5 min 采样间隔卫星钟差预报。

如图 4.28 所示预报值 1(P1)表示用 10 个初始历元预报的卫星钟差；预报值 2(P2)表示用 30 个初始历元预报的卫星钟差；观测值(O)表示 IGS 观测钟差产品；P1-O 表示预报值 1 与观测值之间的残差；P2-O 表示预报值 2 与观测值之间的残

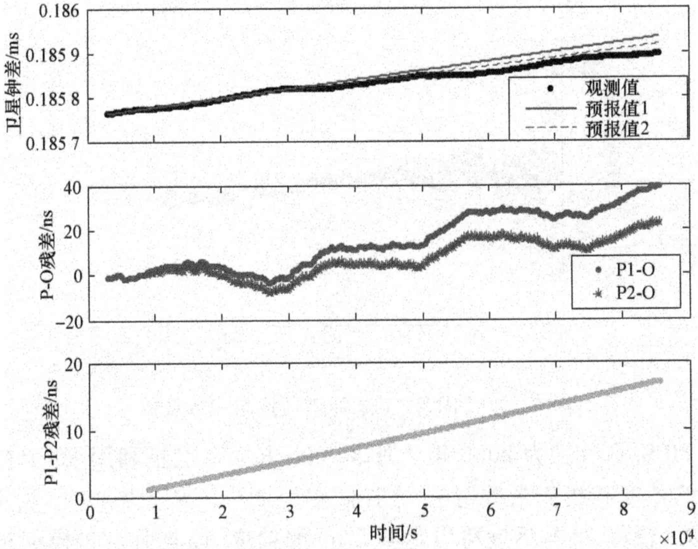

图 4.28　不同初始历元个数的卫星钟差预报

差。从图中可见，随着预报时间增长，初始历元个数对预报精度的影响越来越大，参与预报的初始历元个数越多，预报精度就越高。对于5 min采样间隔的卫星钟差资料，分别利用10个初始历元和30个初始历元进行钟差预报，预报24 h它们之间的残差能达到20 ns，而且不同的卫星钟差变化行为也不相同，其预报的结果也复杂多样。

(3)30 s采样间隔的情况。

如图4.29所示为2004年12月8日PRN22卫星利用30个初始历元作为初始观测资料的钟差预报精度和模型指数系数情况，采样间隔为30 s。从图中可见，卫星钟差一天的预报精度在3～5 ns，这与钟差量级比较小有关，而且预报残差中会发现带有系统性的残差，灰色模型指数系数为0.5～1.0。

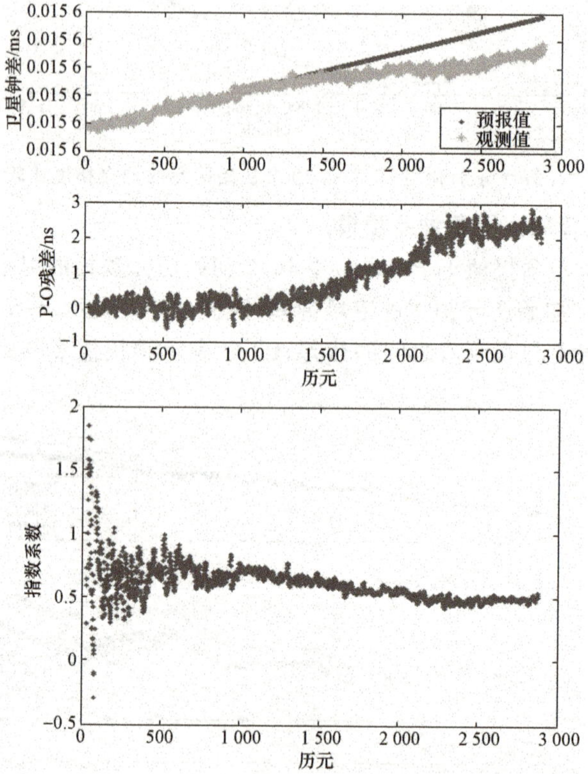

图4.29　PRN22卫星钟差预报与指数系数

如图4.30所示分别为2006年7月30日PRN08卫星利用30个初始历元进行钟差预报的精度和指数系数情况，采样间隔为30 s。从图中可见，利用灰色模型预报卫星钟差，预报24 h精度可以达到5 ns的精度，而且其灰色模型指数系数为0.6～0.7。

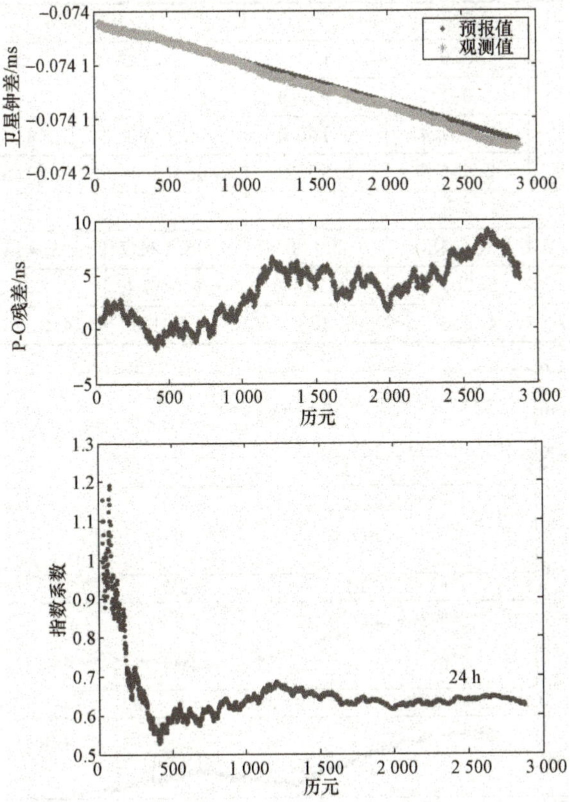

图 4.30 PRN08 卫星钟差预报与指数系数

2. 模型指数系数与预报精度的关系

为了说明灰色模型指数系数与预报精度的关系，利用 2001 年 7 月 16 日 PRN01 卫星的钟差资料预报 3 h、6 h、9 h 和 12 h，分析其预报精度，如图 4.31 和图 4.32 所示。

从图中可见，不同指数系数对预报精度有较大的影响，从表 4.16 中也可看出，以预报 12 h 为例：指数系数 0.5 时，预报精度为 9.5 ns；指数系数为 0.9 时，预报精度为 3.9 ns；指数系数为 1.0 时，预报精度为 5.6 ns。由此可见，当指数系数为 0.9 时预报精度最高。

但是，指数系数为何值时预报精度最佳，下面利用 IGS 钟差最终产品反算灰色预报模型的指数系数，讨论指数系数的取值问题。

如图 4.33 所示分别为预报 3 h、6 h、9 h、12 h 和 24 h 的指数系数情况，从图中可见，不同预报长度，其指数系数是一个随时间变化的量。

表 4.16 不同指数系数的预报精度统计 单位：ns

Arc	3 h			6 h		
EC	0.5	0.9	1.0	0.5	0.9	1.0
Min	−15.539 3	0.097 6	1.930 9	−31.326 2	−8.448 6	−2.808 6
Max	−6.908 4	3.431 4	6.766 6	−6.908 4	3.431 4	6.766 6
RMS	12.625 5	2.645 6	5.907 3	26.451 0	2.291 0	5.146 1
	9 h			12 h		
Min	−31.326 2	−8.448 6	−2.808 6	−38.524 7	−8.448 6	−2.808 6
Max	−6.908 4	5.901 2	13.774 6	−6.908 4	7.344 5	18.274 5
RMS	29.486 7	4.233 4	9.453 7	33.901 3	4.816 5	12.820 3

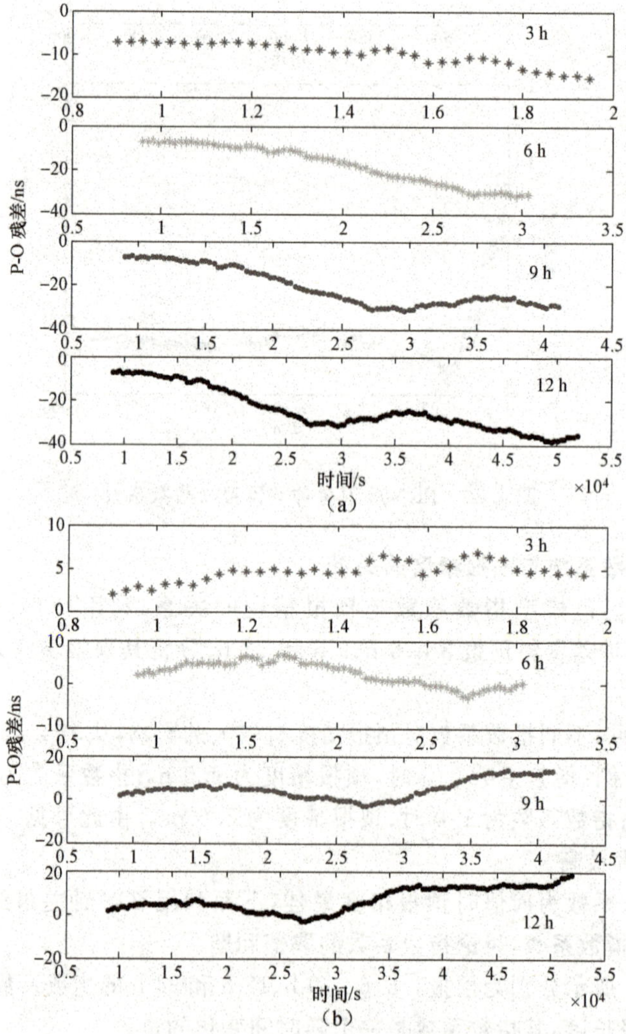

图 4.31 指数系数分别为 0.5(a)和 1.0(b)的卫星钟差预报精度

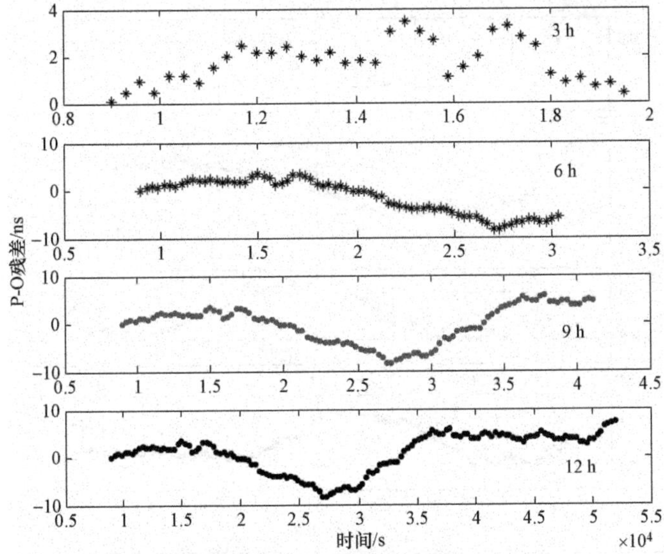

图 4.32　指数系数为 0.9 的卫星钟差预报精度

如图 4.34 所示为利用 30 个初始历元预报 24 h 的预报精度，指数系数为 0.8，其 RMS=4.5 ns，这说明，选择恰当的模型指数系数，利用灰色预测模型可以得到较高精度的钟差预报。但从预报残差图中可见含有系统误差，通过大量资料分析可知，部分卫星的钟差改正含有周期性或准周期性的系统误差，对于这种卫星钟差资料，将在 4.7 节进一步讨论。

表 4.17 统计了不同预报时间长度的模型指数系数，其平均值在 0.8～0.9。

表 4.17　模型指数系数统计

预测时间	min	max	mean
3 h	0.788 0	0.894 6	0.840 2
6 h	0.788 0	1.049 7	0.914 6
9 h	0.788 0	1.049 7	0.900 8
12 h	0.788 0	1.049 7	0.889 8
24 h	0.758 7	1.049 7	0.849 4

3. 与二次多项式预报精度比较分析

为了进行二次多项式和灰色模型卫星钟差预报的精度比较，同样利用 2001 年 7 月 16 日的 PRN01 和 PRN08 卫星钟差资料进行分析，其中，PRN01 采样间隔为 5 min，PRN08 采样间隔为 30 s，初始预报历元均为 30 个，分别进行 3 h、6 h、9 h 和 12 h 的钟差预报。其中，Q-model 表示利用二次多项式模型得到的卫星钟差预报值，G-model 表示利用改进的灰色模型得到的卫星钟差预报值。

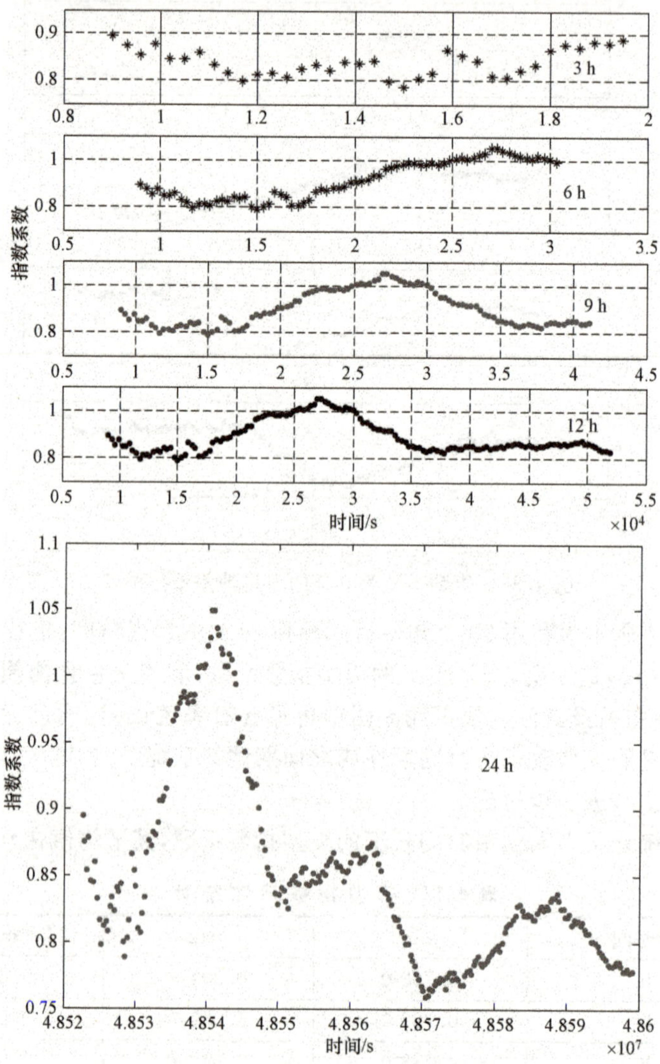

图 4.33 不同预报时间长度的指数系数

如图 4.35 所示为分别用二次多项式模型和灰色模型得到的卫星钟差预报比较，表 4.18 为灰色模型和二次多项式卫星钟差预报统计。从图表可见，二次多项式预报随着时间的推移，误差积累特性越来越明显，即预报时间越长，预报误差越大，而灰色模型预报精度随着时间的推移一直比较稳定。当然二次多项式预报模型是时间函数，一旦建立预报模型，就可以预报得到任意时刻的预报值，而灰色模型是一个与观测历元相关的函数，因此，其预报结果只能得到与初

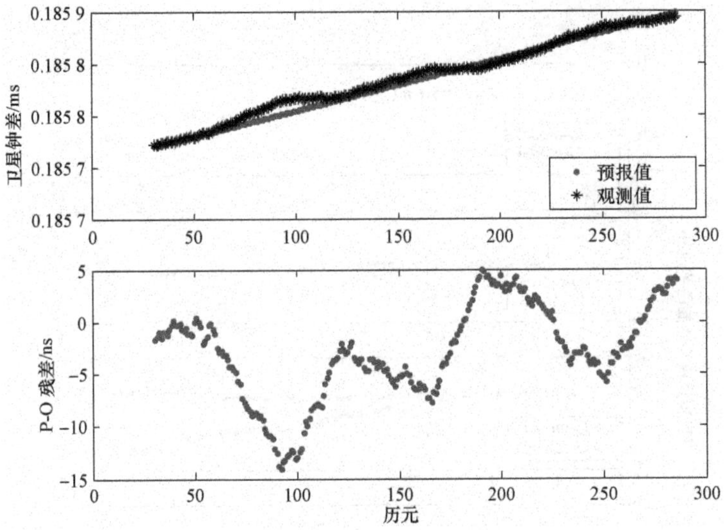

图 4.34　预报 24h 的预报精度

始观测历元相同间隔的一系列预报值。对于任意时刻的预报值，还需内插得到，这也是灰色模型的不足之处。通过上述两组卫星钟差预报分析，还可以得出以下初步结论：

(1)二次多项式模型在预报初期有较高的预报精度，能达到 0.1 ns 的预报精度，高于灰色模型初期的预报精度，一般预报时间为 5～10 min 能达到 1 ns 以内的预报精度，预报 20～30 min 能达到 3～5 ns。

(2)二次多项式模型具有误差同向积累特性，所以其预报误差会随着预报时间的递增而呈阶数增大，灰色模型不具有误差同向积累特性，其预报误差不会随着预报时间的递增而急剧增大，但预报模型指数是个值得进一步探讨的问题。

(3)由于二次多项式模型主要与模型系数有关。因此，初始原始数列中噪声对模型有很大影响，虽然，灰色模型也由原始数列确定，但它不用原始数据建模，通过对原始数据实行累加或累减生成新的数据序列，然后对生成的新的数据序列进行建模，一定程度上减弱了噪声的影响。

4. 卫星钟差与模型指数系数的一般关系

卫星钟差大致可以分为两类：一类是单调递增或递减的情况；另一类是非单调递增或递减的情况。每类还可分为四种情况讨论：①递增且为正值；②递增且为负值；③递减且为正值；④递减且为负值。为了研究不同类型的卫星钟差与灰色模型指数之间的一般关系，对 2001 年、2004 年和 2006 年约 30 天(每天约 30 颗卫星)的卫星钟差资料进行分析，得出不同类型卫星钟差与模型指数系数的一般规律，如图 4.36 至图 4.39 所示。

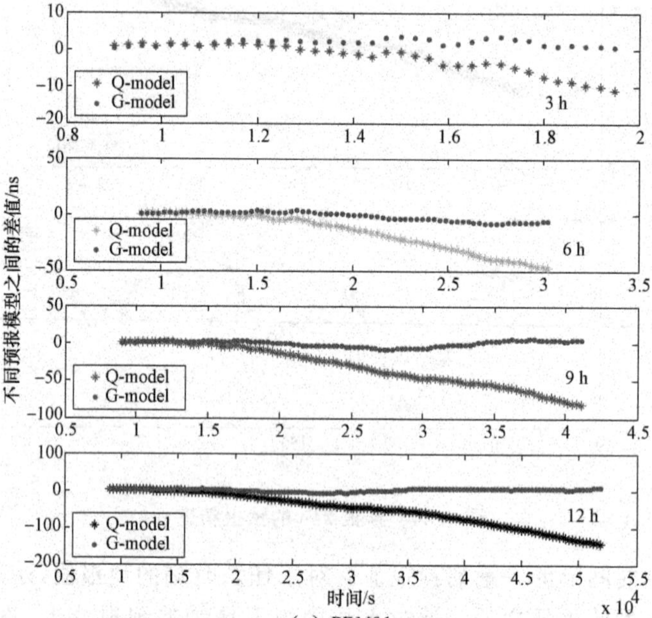

（a）PRN01

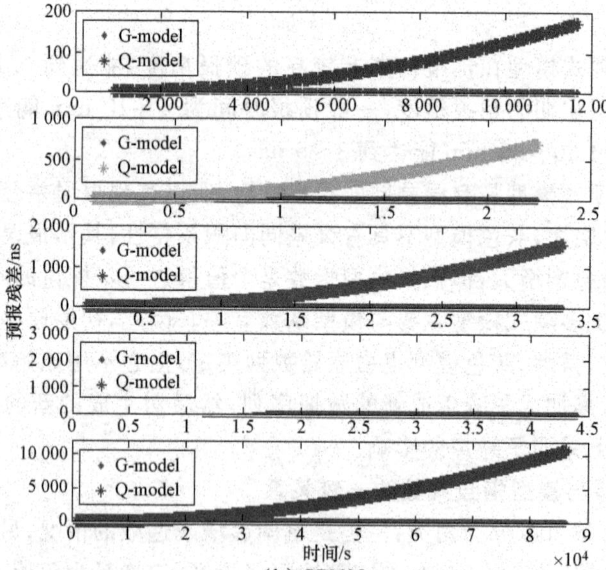

（b）PRN08

图 4.35　分别用二次多项式模型和灰色模型预报的残差比较

表 4.18　PRN01 和 PRN08 卫星灰色模型与二次多项式卫星钟差预报精度比较

PRN01	3 h		6 h		9 h		12 h	
	G-model	Q-model	G-model	Q-model	G-model	Q-model	G-model	Q-model
Min	0.097 6	−11.249 3	−8.448 6	−46.870 4	−8.448 6	−82.440 5	−8.448 6	−142.505 5
Max	3.431 4	1.585 9	3.431 4	1.585 9	5.901 2	1.585 9	7.344 5	1.585 9
RMS	2.645 6	6.305 2	2.291 0	32.518 4	4.233 4	57.098 4	4.816 5	95.127 2
PRN08	3 h		6 h		9 h		12 h	
Min	−3.507 4	0.198 4	−1.854 4	0.198 4	−1.854 4	0.198 4	−1.854 4	0.198 4
Max	2.283 4	173.036 2	2.845 2	689.337 4	3.999 2	1 547.017	6.609 8	2 742.030
RMS	1.603 7	112.221 8	1.518 4	440.083 7	2.091 1	986.241 5	4.221 1	1 749.551

(1)卫星钟差递增，改正量为正值。

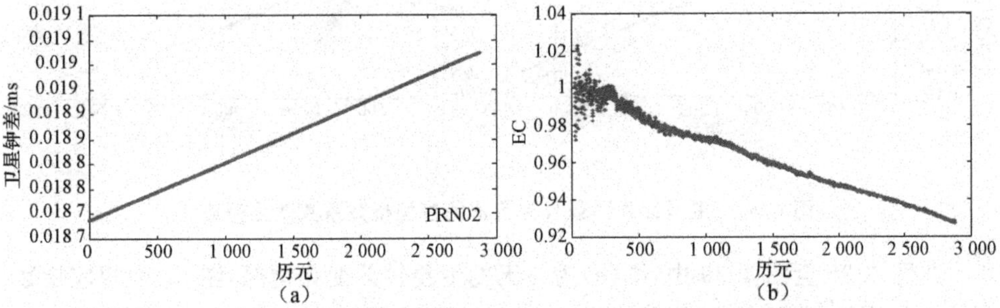

图 4.36　卫星钟差递增且为正值的模型指数系数变化趋势

(2)卫星钟差递增，改正量为负值。

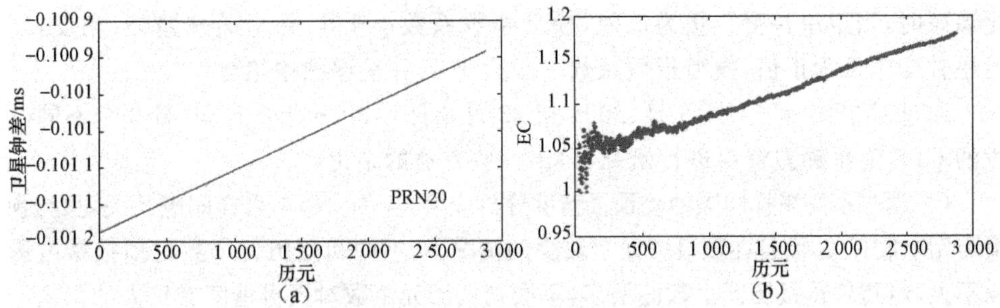

图 4.37　卫星钟差递增且为负值的模型指数系数变化趋势

(3)卫星钟差递减，改正量为正值。

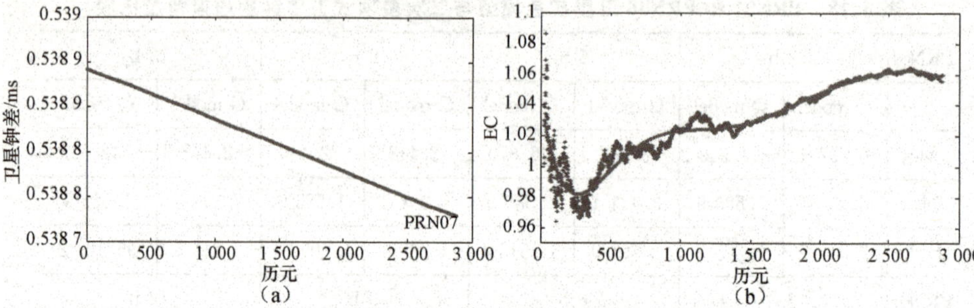

图 4.38 卫星钟差递减且为正值的模型指数系数变化趋势

(4)卫星钟差递减,改正量为负值。

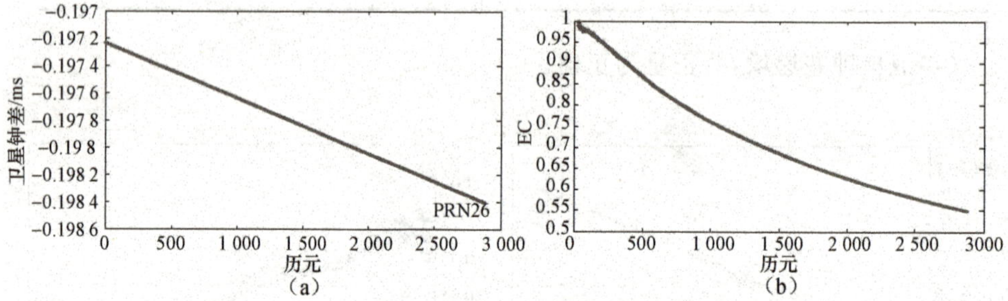

图 4.39 卫星钟差递减且为负值的模型指数系数变化趋势

在图 4.36 至图 4.39 中,图(a)为一天的卫星钟差变化情况,图(b)为相应指数系数变化趋势(离散点)以及其 7 阶多项式拟合(曲线),通过上述图以及其他大量算例资料可以初步得出不同类型卫星钟差与灰色模型指数系数的一般规律:①卫星钟差变化递增时,当卫星钟变化量为负值,模型指数系数大于 1,并呈递增趋势,相反,当卫星钟变化量为正值,模型指数系数小于 1,并呈递减趋势;②卫星钟差变化递减时,当卫星钟变化量为负值,模型指数系数小于 1,并呈递减趋势,相反,当卫星钟变化量为正值,模型指数系数一般大于 1,并呈递减增趋势。

通过对 2001 年 7 月 16 日、2004 年 12 月 8 日和 2006 年 7 月 30 日 3 个不同时段的 GPS 卫星钟差资料进行研究,得出一些有益的结论:

(1)通过不同采样间隔钟差预报精度分析表明,灰色模型与采样间隔无关,只与预报历元个数有关,而且在预报历元个数少的情况下,不同初始历元个数对预报精度影响不大,但随着预报历元个数的增多,不同初始历元个数对预报精度有较大的影响。

(2)通过灰色模型指数系数与预报精度的关系分析表明,不同模型指数系数对预报精度有较大的影响,不同预报长度其模型指数系数也不相同,指数系数是一个随时间变化的量,而且随着预报时间增大,模型系数趋于稳定。

(3)与二次多项式预报精度比较分析可得,由于二次多项式方法的误差积累特性,随着预报时间增长,灰色模型预报精度明显优于二次多项式方法的预报精度。

(4)总结得出了不同卫星钟差类型与模型指数系数之间的一般关系。

4.7　附有周期项的二次多项式模型

以 IGS 超快星历中 2004 年 12 月 7 日卫星钟差观测资料预报 8 日的卫星钟差为例,进行卫星钟差预报研究,采样间隔为 5 min,如图 4.40 所示。

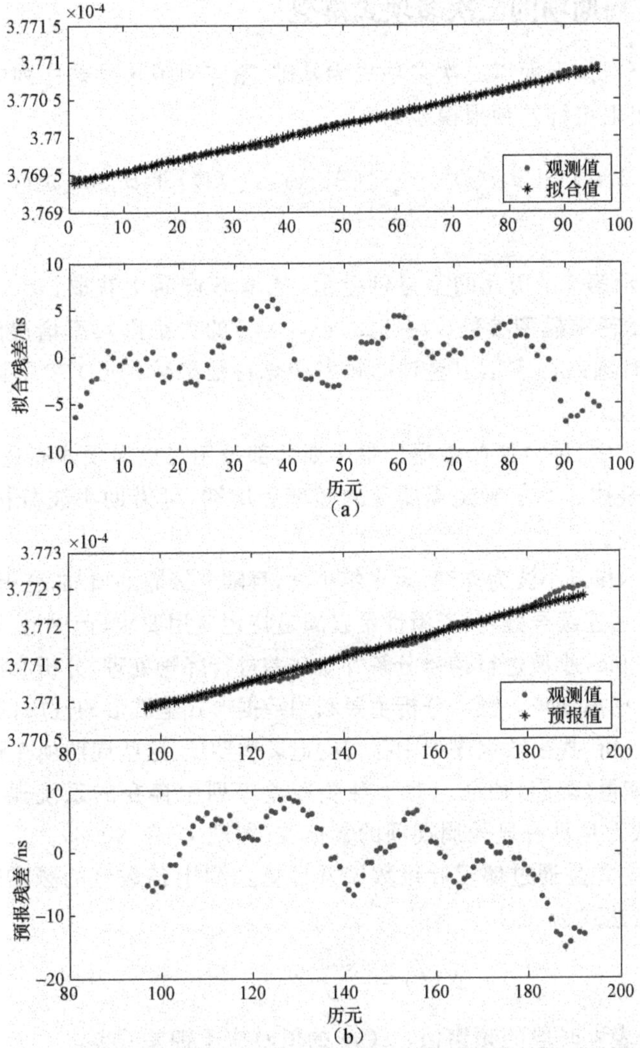

图 4.40　利用 7 日的拟合模型对 8 日的钟差进行预报

图 4.40 为利用 7 日的 PRN01 卫星钟差观测数据拟合建立二次多项式预报模型,预报 8 日的卫星钟差。图 4.40(a)为 7 日观测值的二次多项式拟合残差,图 4.40(b)为 8 日预报值与实际观测值之间的差异。从图中可以看出,无论是拟合残差还是预报残差,都表现出了较为明显的周期性,即在 GPS 卫星钟差中,除了包含有原子钟的频移、频漂和频漂率等物理特性外,还包含周期性的特征。为了更加真实地反映卫星钟特性,除了考虑卫星原子钟频移、频漂和频漂率等物理性质外,还应考虑到卫星钟的周期性特点。张斌等(2007)在二次多项式模型基础上增加周期项因素,进行了 GPS 卫星钟差拟合研究。

4.7.1 附有周期项的二次多项式模型

基于以上分析,下面以二次多项式为基础,重点对卫星钟差序列中周期项进行研究分析,给出卫星钟差预报模型为

$$T(i)=a_0+a_1t(i)+a_2t(i)^2+\sum_{m=1}^{n}(A_m\cos(\omega_m t(i))+B_m\sin(\omega_m t(i)))+v(i) \tag{4.24}$$

式中:$T(i)$ 表示第 i 个历元的卫星钟差值,从 IGS 产品中获取;a_0、a_1、a_2、A_m 和 B_m 分别表示待求模型参数($m=1,2,\cdots,n$),n 的大小由功率谱决定;$t(i)$ 表示第 i 个历元的时刻;ω_m 表示卫星钟的频率变化特征参数;$v(i)$ 表示该卫星第 i 个历元钟差的残差。

在式(4.24)中,钟差原始数据里最主要的部分用二次多项式表达,剩余部分用一组周期函数表达。为了确定周期项的频率和周期,可借助小波分析和频谱分析的方法进行处理。

由于 Daubechies 小波为连续、紧支集小波,且随着级数的增加,变得越来越光滑。同时,具有确定的连续导数,其光滑性足以满足特定应用要求(芮国胜 等,2004)。因此,选择 Daubechies 小波进行信号分解并对残差进行降噪处理,分析小波分解后的各层信号,提取并剔掉噪声。频谱分析主要利用数据形式呈波形的性质,通过对数据波形的幅值进行分析,找出数据序列中存在的显著周期项,这些周期项在频谱图上表现为具有较大的能量(幅值)特征。对于钟差残差序列中存在的系统误差,根据其特殊性质,可以认为是具有显著周期项的数据波(黄观文 等,2008)。

频谱分析主要是通过傅里叶级数展开计算数列中各数值的频谱值,对于离散傅里叶级数,表达式为

$$X(k)=\sum_{n=1}^{N-1}x(n)\mathrm{e}^{-i\frac{2\pi}{N}nk} \tag{4.25}$$

式中,$X(k)$ 代表 k 时段的频谱值,$x(n)$ 的值对应于钟差残差。

通过小波降噪处理后,可以认为是一个时间序列的离散信号,满足傅里叶变换

要求，采用傅里叶变换得到由时间域向频率域转换后的信号，则原始的复杂信号可以分解为多个简单的正弦和余弦信号的叠加（程乾生，2003；陈兆国，1988）。在这些简单的正弦和余弦信号中，分别有其各自的频率，都可以通过其功率谱体现出来。功率谱越大，则表明对应频率的信号在原始信号中的作用越大，否则越小。给定一个参考功率谱，经过功率谱分析后，若有 n 个功率谱大于参考功率谱，则可确定周期函数的阶数为 n，可以认为这 n 个功率谱对应频率所确定的周期函数在残差中起主要作用（黄观文 等，2008）。因此，附有周期项的二次多项式卫星钟差预报模型构造步骤归纳为：

(1)获取第 i 颗卫星研究时段的钟差数据 $T(i)$，先按等间隔判断数据是否缺失，并利用二次多项式拟合得到等间隔数据序列，以便进行小波分析和频谱分析。

(2)在等间隔数据序列基础上，对原始钟差数据进行二次多项式拟合得到残差 v_1。

(3)对拟合残差 v_1 先进行小波分解，得到残差的低频各层信号和高频各层细节信号（高志 等，2007）。因信号的能量主要集中在低频部分（芮国胜 等，2004），即残差部分主要是低频信号起作用，需要去掉高频噪声。

(4)对残差 v_1 作小波降噪处理，得到残差 v_2。但是在降噪处理时，不能去掉所有的高频信号，要考虑有用的高频信息（胡昌华 等，2004）。

(5)由离散傅里叶采样率定理（Daubechies，2004）（$f < 1/2\Delta$，Δ 为采样间隔）对残差 v_2 做频谱分析，即由式(4.27)求出残差数列中各点对应的频谱值。

(6)根据最大功率谱的量级和给定的参考功率谱，为便于比较，在程序设计中只选取了前12个最大的功率谱对应的频率，将其代入式(4.24)中，确定周期函数的阶数 $n=12$，得到第 m 个功率谱对应频率 ω_m $(m=1,2,\cdots,12)$。

(7)把 ω_m 代入式(4.24)中，利用所选卫星的原始钟差数据，通过最小二乘求出待求模型参数 a_0、a_1、a_2、A_m 和 B_m。

经过上述处理之后，可以求解出模型参数。根据得到的模型，在所需要的时段内对卫星钟差进行预报。

4.7.2 实验结果分析

为了验证本模型的有效性，以 GPS 1442 周第 2 天（2007 年 8 月 27 日）的 IGS 精密星历中 15 min 间隔的卫星钟差为例，根据卫星钟差变化呈递增、递减和不规则波动变化等情形，选取 6 颗钟差变化比较典型的卫星（铯钟卫星 PRN02、PRN09、PRN17 和铷钟卫星 PRN14、PRN21、PRN31），分三个时段，即第 1 天的 24 h（8 月 28 日）、第 2 天的 24 h（8 月 29 日）和第 12 天的 24 h（9 月 8 日），以 IGS 最终产品为基准，对卫星钟差进行预报，并与二次多项式模型的结果比较分析，如表 4.19 所示为所选卫星钟的情况。

表 4.19 所选 GPS 卫星钟情况

情况	PRN02	PRN14	PRN17	PRN31	PRN09	PRN21
变化情形	递增	递增	递减	递减	不规则	不规则
卫星钟类型	铯钟	铷钟	铯钟	铷钟	铯钟	铷钟

分三组进行讨论：①第一组数据为 PRN02 和 PRN14，结果如图 4.41 和表 4.20 所示；②第二组数据为 PRN17 和 PRN31，结果如图 4.42 和表 4.20 所示；③第三组数据为 PRN09 和 PRN21，结果如图 4.43 和表 4.20 所示。图中 NM 表示

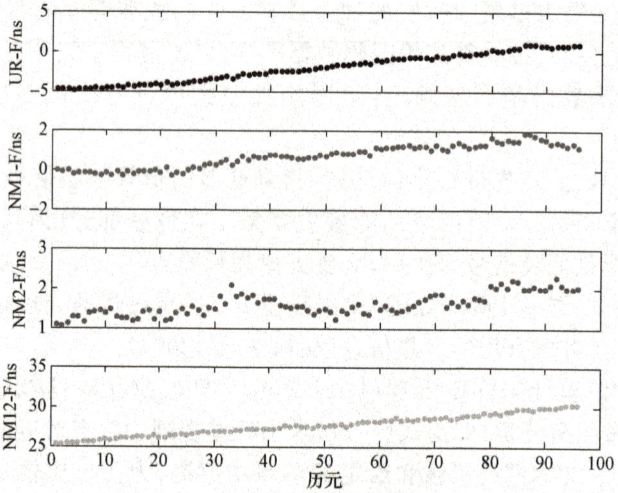

(a) PRN02的预报误差

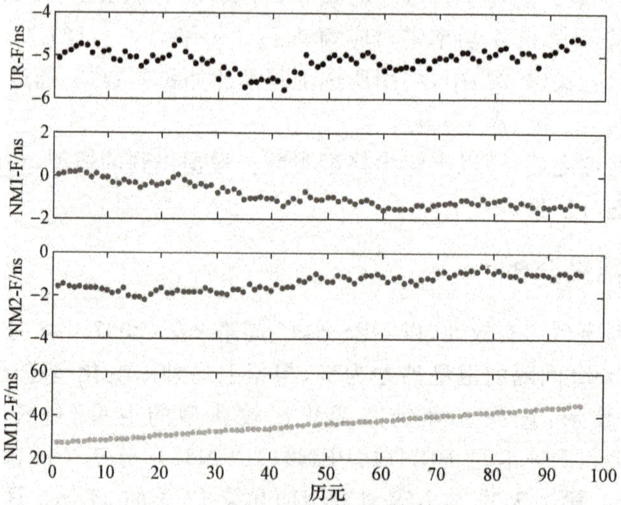

(b) PRN14的预报误差

图 4.41 PRN02 和 PRN14 卫星的预报分析

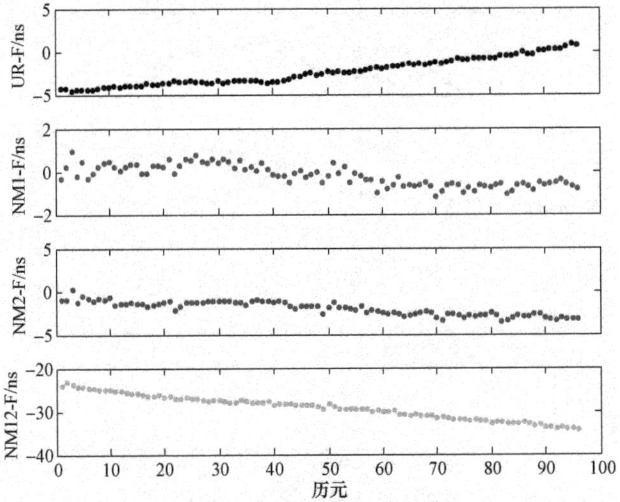

(a) PRN17的预报误差

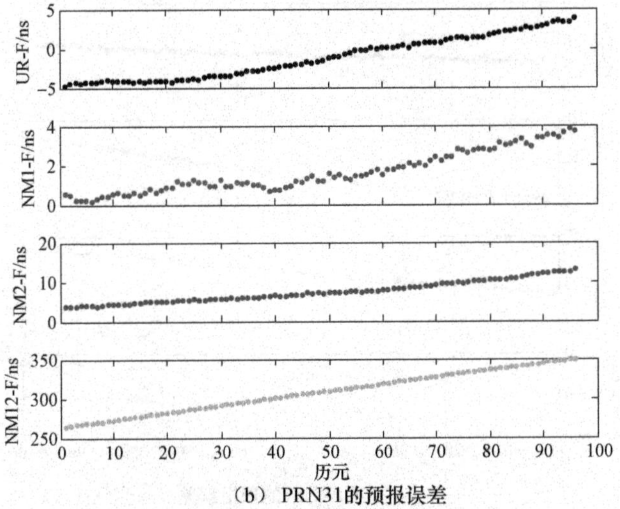

(b) PRN31的预报误差

图 4.42　PRN17 和 PRN31 卫星的预报分析

附有周期项的二次多项式模型，NM1 表示预报第 1 天的钟差值，NM2 表示预报第 2 天的钟差值，NM12 表示预报第 12 天的钟差值，UR 表示超快卫星钟差值。

1. 第一组卫星钟差预报分析

采用附有周期项的二次多项式模型对 PRN02 和 PRN14 进行卫星钟差预报，并对预报精度进行比较。将 PRN02 和 PRN14 的预报值与 IGS 精密钟差比较，结果如图 4.41 和表 4.20 所示，其中图 4.41(a)是 PRN02 三个时段的预报差值，图 4.41(b)是 PRN14 三个时段的预报差值。

从图 4.41 和表 4.20 中可以看出，PRN02 的预报精度略高于 PRN14，附有周

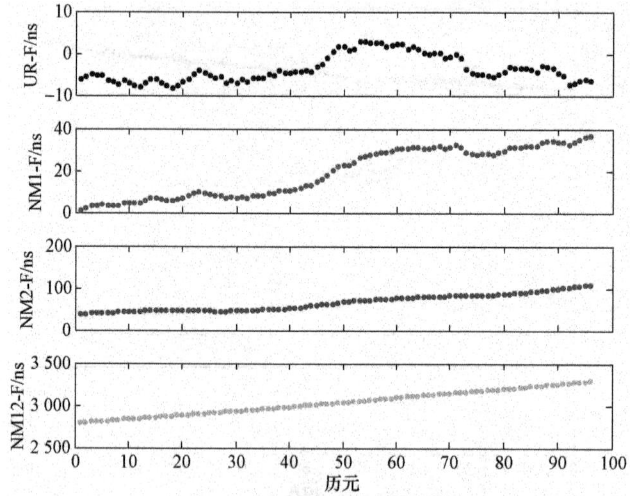

（a）PRN09的预报误差

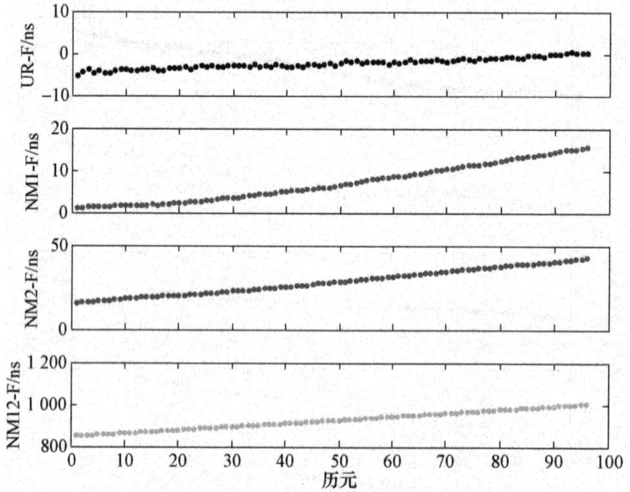

（b）PRN21的预报误差

图 4.43　PRN09 和 PRN21 卫星的预报分析

期项的二次多项式模型的整体预报效果较好。

2. 第二组卫星钟差预报分析

采用附有周期项的二次多项式模型对 PRN17 和 PRN31 进行卫星钟差预报，并与 IGS 精密钟差值比较，结果如图 4.42 和表 4.20 所示，其中图 4.42(a)是 PRN17 三个时段的预报差值，图 4.42(b)是 PRN31 三个时段的预报差值。

从图 4.42 和表 4.20 可以看出，PRN17 的预报效果优于 PRN31。对于 PRN31，在第三个时段的钟差预报中，二次多项式作为新模型的主项，出现了较大的误差累积，预报精度不是很稳定。

3. 第三组卫星钟差预报分析

采用附有周期项的二次多项式模型对 PRN09 和 PRN21 进行卫星钟差预报，并对预报精度进行比较。结果如图 4.43 和表 4.20 所示，其中图 4.43(a)是 PRN09 三个时段的预报差值，图 4.43(b)是 PRN21 三个时段的预报差值。

从图 4.43 和表 4.20 可以看出，附有周期项的二次多项式模型对变化不稳定或存在跳变的卫星钟差预报时，二次项主项的误差累积效应表现比较明显。从三个预报时段总体来看，预报误差较大。因为钟差数据波动较大，PRN09 预报精度不及 PRN21。通过对算例中所选的 6 颗卫星的钟差预报结果分析，附有周期项的二次多项式模型对变化稳定的卫星钟差进行短时间预报的精度比较可靠，不适宜对卫星钟抖动较大的卫星钟差进行预报。同时，将二次多项式模型预报结果与附有周期项的二次多项式模型的预报结果进行比较，从表 4.20 可以看出，附有周期项的二次多项式模型预报精度都好于二次多项式模型。

表 4.20　卫星钟差预报统计

钟类型	PRN	预报时间	二次多项式模型			附有周期项的二次多项式模型		
			Max	Min	Std	Max	Min	Std
铯钟	02	第 1 天	5.058	2.238	1.670	1.833	0.756	0.518
		第 2 天	14.259	9.241	2.708	2.267	1.592	0.294
		第 12 天	391.503	360.599	17.808	30.280	27.649	1.400
	17	第 1 天	3.971	1.801	1.185	1.161	0.456	0.275
		第 2 天	10.871	7.871	2.043	3.494	2.003	0.826
		第 12 天	36.273	32.179	2.282	34.357	29.175	1.878
	09	第 1 天	57.989	29.664	17.261	36.626	19.073	11.756
		第 2 天	161.442	102.976	29.854	107.194	66.108	20.397
		第 12 天	4 406.885	4 068.942	194.197	3 189.451	2 935.095	125.893
铷钟	14	第 1 天	2.153	1.121	0.630	1.685	0.935	0.489
		第 2 天	3.184	2.671	0.242	2.235	1.403	0.385
		第 12 天	30.850	27.501	1.846	35.061	25.788	1.868
	31	第 1 天	1.202	0.505	0.272	3.863	1.625	1.008
		第 2 天	8.135	3.459	2.237	12.939	7.435	2.561
		第 12 天	393.483	362.290	17.909	349.662	307.549	16.017
	21	第 1 天	23.337	8.806	7.433	15.699	7.042	4.501
		第 2 天	55.082	33.804	11.843	42.680	28.459	7.912
		第 12 天	911.668	838.075	41.919	1 001.995	924.651	45.073

为了更好地验证分析附有周期项的二次多项式模型对不同类型卫星钟差的预

报精度，从 2007 年 9 月至 2008 年 12 月期间选取了 1446 周、1454 周、1464 周、1475 周、1487 周、1499 周、1508 周共 49 天的所有可用卫星的钟差数据，使用该模型对所选用的可用卫星的钟差进行预报，并按照载有的原子钟类型分为铯钟和铷钟两类进行预报误差统计，统计结果如表 4.21 所示。

表 4.21 卫星钟差预报统计

钟类型	预报时间	二次多项式模型			附有周期项的二次多项式模型		
		Max	Min	Std	Max	Min	Std
铯钟	第 1 天	134.272	13.945	12.917	39.292	5.964	4.733
	第 2 天	438.571	70.663	29.995	116.303	22.408	8.355
	第 12 天	10 039.329	2 324.752	151.952	2 728.043	718.445	41.096
铷钟	第 1 天	157.686	14.519	14.379	45.712	5.054	4.259
	第 2 天	491.397	74.137	33.066	125.917	19.184	8.294
	第 12 天	9 861.705	2 325.097	145.379	2 763.018	605.334	39.248

从表 4.21 可以看出，利用附有周期项的二次多项式模型预报，因受二次多项式主项的影响，对于长时间预报出现了类似二次多项式模型的误差累积效应，但预报效果优于二次多项式模型。对于两种卫星钟类型，从总体来看，利用附有周期项的二次多项式模型预报，铯钟的最大偏差值稍小于铷钟，而平均偏差值和标准偏差值都大于铷钟。

4.8 基于递推遗忘因子最小二乘法的钟差预报

传统最小二乘法的思路是将所有观测数据一并参与解算，求得待估参数的解，但随着数据的增加，常常会造成数据量饱和，降低估计参数的速度和可靠性。针对传统最小二乘法存在的不足，提出了基于递推遗忘因子最小二乘法(the regression forgetting factor least squares, RFFLS)的卫星钟差预报方法。有关学者已将RFFLS算法引入 GPS 应用中，取得一些初步研究成果(袁代林 等，2002；宋成 等，2008)。递推算法的基本思想是：每取得一个新数据，就根据新数据对原估计量进行修正，从而得到改善后的新估计量，而不是将新数据加到原数据里重新计算。

4.8.1 RFFLS 算法

为了提高新数据信息的权值，逐渐削弱原数据的影响，防止数据量饱和，将遗忘因子矩阵引入传统最小二乘算法，则可得

$$\boldsymbol{J}(\hat{\alpha}) = [\boldsymbol{\delta t}(N) - \boldsymbol{t}(N)\hat{\boldsymbol{\alpha}}]^{\mathrm{T}}\boldsymbol{W}(N)[\boldsymbol{\delta t}(N) - \boldsymbol{t}(N)\hat{\boldsymbol{\alpha}}] \tag{4.26}$$

式中，$\boldsymbol{W}(N) = \mathrm{diag}(\lambda^{N-1}, \lambda^{N-2}, \cdots, \lambda^{0})$，$0 < \lambda \leqslant 1$ 为遗忘因子。

若选择估计值 $\hat{\alpha}$ 能使式(4.26)达到最小，则称这种方法为遗忘因子最小二乘方法(RFFLS)。选择不同的 λ 值就可以得到不同的遗忘效果，λ 越小遗忘速度越快(或记忆越短)。当 $\lambda=1$ 时，就还原为最小二乘法。RFFLS 算法的基本过程为：

基于 k 次观测，遗忘因子最小二乘的目标函数变为

$$J(\hat{\alpha}) = [\boldsymbol{\delta t}(k) - \boldsymbol{t}(k)\hat{\boldsymbol{\alpha}}(k)]^{\mathrm{T}}\boldsymbol{W}(k)[\boldsymbol{\delta t}(k) - \boldsymbol{t}(k)\hat{\boldsymbol{\alpha}}(k)] \tag{4.27}$$

将式(4.27)两边对 $\hat{\alpha}$ 求偏导，并令其为 0，得

$$\frac{\mathrm{d}J(\hat{\alpha})}{\mathrm{d}\hat{\alpha}} = 0 \Rightarrow \boldsymbol{t}^{\mathrm{T}}(k)\boldsymbol{W}(k)\boldsymbol{t}(k)\hat{\boldsymbol{\alpha}}(k) = \boldsymbol{t}^{\mathrm{T}}(k)\boldsymbol{W}(k)\boldsymbol{\delta t}(k) \tag{4.28}$$

若 $\boldsymbol{t}^{\mathrm{T}}(k)\boldsymbol{W}(k)\boldsymbol{t}(k)$ 可逆，则式(4.28)存在唯一解，为

$$\hat{\boldsymbol{\alpha}}(k) = [\boldsymbol{t}^{\mathrm{T}}(k)\boldsymbol{W}(k)\boldsymbol{t}(k)]^{-1}\boldsymbol{t}^{\mathrm{T}}(k)\boldsymbol{W}(k)\boldsymbol{\delta t}(k) \tag{4.29}$$

令 $\boldsymbol{T}(k) = [\boldsymbol{t}^{\mathrm{T}}(k)\boldsymbol{W}(k)\boldsymbol{t}(k)]^{-1}$，$\boldsymbol{R}(k) = \boldsymbol{t}^{\mathrm{T}}(k)\boldsymbol{W}(k)\boldsymbol{\delta t}(k)$，则有

$$\hat{\boldsymbol{\alpha}}(k) = \boldsymbol{T}(k)\boldsymbol{R}(k) \tag{4.30}$$

$$\hat{\boldsymbol{\alpha}}(k-1) = \boldsymbol{T}(k-1)\boldsymbol{R}(k-1) \tag{4.31}$$

将 $\boldsymbol{R}(k-1) = \boldsymbol{t}^{\mathrm{T}}(k-1)\boldsymbol{W}(k-1)\boldsymbol{\delta t}(k-1)$ 代入式(4.31)整理可得

$$\boldsymbol{t}^{\mathrm{T}}(k-1)\boldsymbol{W}(k-1)\boldsymbol{\delta t}(k-1) = \boldsymbol{T}^{-1}(k-1)\hat{\boldsymbol{\alpha}}(k-1) \tag{4.32}$$

$\boldsymbol{R}(k)$ 可写为

$$\boldsymbol{R}(k) = \lambda\boldsymbol{t}^{\mathrm{T}}(k-1)\boldsymbol{W}(k-1)\boldsymbol{\delta t}(k-1) + \boldsymbol{t}_k\boldsymbol{\delta t}(t_k) \tag{4.33}$$

将式(4.32)代入式(4.33)，可得

$$\boldsymbol{R}(k) = \lambda\boldsymbol{T}^{-1}(k-1)\hat{\boldsymbol{\alpha}}(k-1) + \boldsymbol{t}_k\boldsymbol{\delta t}(t_k) \tag{4.34}$$

再由 $\boldsymbol{T}(k)$ 的原式得

$$\boldsymbol{T}(k) = [\lambda\boldsymbol{t}^{\mathrm{T}}(k-1)\boldsymbol{W}(k-1)\boldsymbol{t}(k-1) + \boldsymbol{t}_k\boldsymbol{t}_k^{\mathrm{T}}]^{-1} = [\lambda\boldsymbol{T}^{-1}(k-1) + \boldsymbol{t}_k\boldsymbol{t}_k^{\mathrm{T}}]^{-1} \tag{4.35}$$

整理式(4.35)可得

$$\boldsymbol{T}^{-1}(k-1) = \frac{1}{\lambda}[\boldsymbol{T}^{-1}(k) - \boldsymbol{t}_k\boldsymbol{t}_k^{\mathrm{T}}] \tag{4.36}$$

将式(4.34)和式(4.36)代入式(4.30)，整理得

$$\hat{\boldsymbol{\alpha}}(k) = \hat{\boldsymbol{\alpha}}(k-1) + \boldsymbol{T}(k)\boldsymbol{t}_k[\boldsymbol{\delta t}(t_k) - \boldsymbol{t}_k^{\mathrm{T}}\hat{\boldsymbol{\alpha}}(k-1)] = \hat{\boldsymbol{\alpha}}(k-1) + \boldsymbol{T}(k)\boldsymbol{t}_k\boldsymbol{e}(k|k-1) \tag{4.37}$$

式中，$\boldsymbol{e}(k|k-1) = \boldsymbol{\delta t}(t_k) - \boldsymbol{t}_k^{\mathrm{T}}\hat{\boldsymbol{\alpha}}(k-1)$ 为一步预测误差。

式(4.37)为 RFFLS 算法关系式，可以看出新的估计 $\hat{\boldsymbol{\alpha}}(k)$ 是由 $k-1$ 次估计 $\hat{\boldsymbol{\alpha}}(k-1)$ 和根据新的数据 $\boldsymbol{\delta t}(t_k)$ 对 $\hat{\boldsymbol{\alpha}}(k-1)$ 进行修正而得到的。为了进一步简化式(4.35)中求逆的运算，引入矩阵求逆定理：若有 $\boldsymbol{P}_2^{-1} = \boldsymbol{P}_1^{-1} + \boldsymbol{H}\boldsymbol{R}^{-1}\boldsymbol{H}^{\mathrm{T}}$，则

$$\boldsymbol{P}_2 = \boldsymbol{P}_1 - \boldsymbol{P}_1\boldsymbol{H}(\boldsymbol{H}^{\mathrm{T}}\boldsymbol{P}_1\boldsymbol{H} + \boldsymbol{R})^{-1}\boldsymbol{H}^{\mathrm{T}}\boldsymbol{P}_1 \tag{4.38}$$

利用矩阵求逆定理，可将式(4.35)写为

$$\begin{aligned}\boldsymbol{T}(k) &= \frac{1}{\lambda}\{\boldsymbol{T}(k-1) - \boldsymbol{T}(k-1)\boldsymbol{t}_k[\lambda + \boldsymbol{t}_k^{\mathrm{T}}\boldsymbol{T}(k-1)\boldsymbol{t}_k]^{-1}\boldsymbol{t}_k^{\mathrm{T}}\boldsymbol{T}(k-1)\} \\ &= \frac{1}{\lambda}\left\{\boldsymbol{T}(k-1) - \frac{\boldsymbol{T}(k-1)\boldsymbol{t}_k\boldsymbol{t}_k^{\mathrm{T}}\boldsymbol{T}(k-1)}{\lambda + \boldsymbol{t}_k^{\mathrm{T}}T(k-1)\boldsymbol{t}_k}\right\}\end{aligned} \tag{4.39}$$

4.8.2 基于RFFLS算法的卫星钟差预报步骤

根据以上推导，基于RFFLS算法的卫星钟差预报实现步骤如下：

(1)采用最小二乘法，利用 n 个数据($n\geqslant 3$)拟合得到参数估计值 $\hat{\boldsymbol{\alpha}}(n)$。算例中利用15 min间隔的IGS精密钟差数据，全天共96个数据。

(2)利用 $\boldsymbol{T}(n) = [\boldsymbol{t}^{\mathrm{T}}(n)\boldsymbol{W}(n)\boldsymbol{t}(n)]^{-1}$，获得 $\boldsymbol{T}(n)$。

(3)选用合适的遗忘因子 λ，根据以下迭代计算，求得 $\boldsymbol{t}_k$ 时刻参数估计值 $\hat{\boldsymbol{\alpha}}(k)$

$$\boldsymbol{T}(k) = \frac{1}{\lambda}\left\{\boldsymbol{T}(k-1) - \frac{\boldsymbol{T}(k-1)\boldsymbol{t}_k\boldsymbol{t}_k^{\mathrm{T}}\boldsymbol{T}(k-1)}{\lambda + \boldsymbol{t}_k^{\mathrm{T}}\boldsymbol{T}(k-1)\boldsymbol{t}_k}\right\}$$

$$\hat{\boldsymbol{\alpha}}(k) = \hat{\boldsymbol{\alpha}}(k-1) + \boldsymbol{T}(k)\boldsymbol{t}_k[\boldsymbol{\delta t}(t_k) - \boldsymbol{t}_k^{\mathrm{T}}\hat{\boldsymbol{\alpha}}(k-1)] \quad (k = n+1, n+2, \cdots, n+N)$$

(4)预测 t_k 时刻的钟差 $\hat{\boldsymbol{\delta}}\boldsymbol{t}(t_k)$，即 $\hat{\boldsymbol{\delta}}\boldsymbol{t}(t_k) = \boldsymbol{t}_k^{\mathrm{T}}\hat{\boldsymbol{\alpha}}(k)$。

4.8.3 算例分析

为验证该模型的可行性和可靠性，以GPS 1442周第2天的IGS精密星历中15 min间隔的精密卫星钟差为例，对算例中选取的6颗钟差变化比较典型的卫星，使用RFFLS算法模型(选取遗忘因子 $\lambda=0.9$)，利用一天24 h共96个钟差数据作为原始数据进行RFFLS模型建模，预报第1天(8月28日)的24 h、第2天(8月29日)的24 h和第12天(9月8日)的24 h三个时段的钟差值，并将预报结果与IGS精密钟差进行比较。图4.44至图4.46中RLS表示递推遗忘因子最小二乘模型。

1. 第一组数据

使用RFFLS模型对PRN02和PRN14进行卫星钟差预报，并对预报精度进行比较。将PRN02和PRN14的预报值与IGS真值比较，统计结果如图4.44和表4.22所示，其中图4.44(a)是PRN02三个时段的预报差值，图4.44(b)是PRN14三个时段的预报差值。

由图4.44和表4.22可知，RFFLS算法对PRN02和PRN14的预报精度与附有周期项的二次多项式模型相当，比二次多项式模型稳定。三个预报时段内，对两颗卫星的预报效果均比较稳定，PRN02的预报精度稍高于PRN14。

2. 第二组数据

使用RFFLS模型对PRN17和PRN31进行卫星钟差预报，并对预报精度进

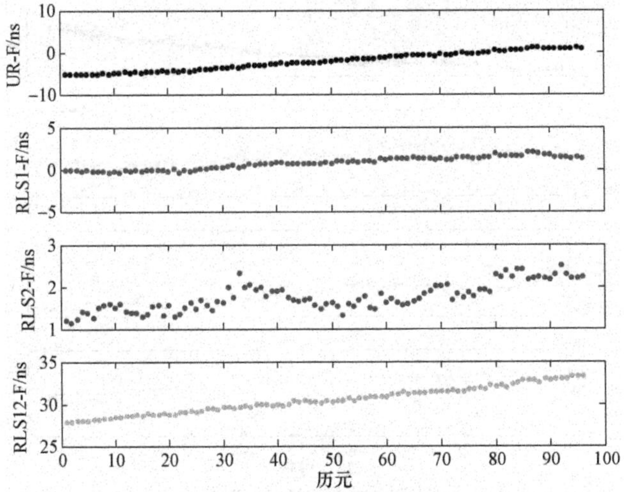

(a) PRN02的预报误差

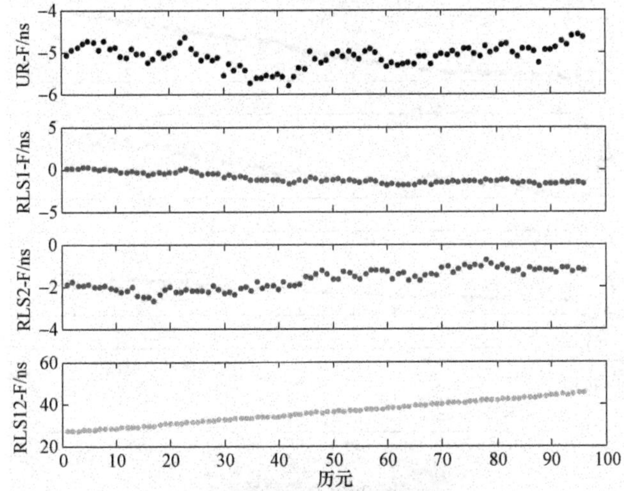

(b) PRN14的预报误差

图 4.44　PRN02 和 PRN14 卫星的预报误差

行比较。将 PRN17 和 PRN31 的预报值与 IGS 真值比较，统计结果如图 4.45 和表 4.22 所示，其中图 4.45(a)是 PRN17 三个时段的预报差值，图 4.45(b)是 PRN31 三个时段的预报差值。

从图 4.45 和表 4.22 可以得到，PRN17 的预报效果优于 PRN31。从对两颗卫星三个时段的整体预报结果看，RFFLS 算法的预报精度与附有周期项的二次多项式模型预报精度相当，但对 PRN31 第三个时段的钟差预报中，出现了较大的误差累积。

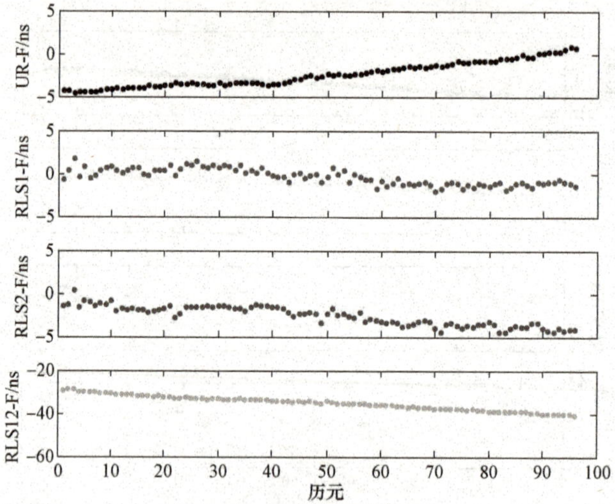

（a）PRN17的预报误差

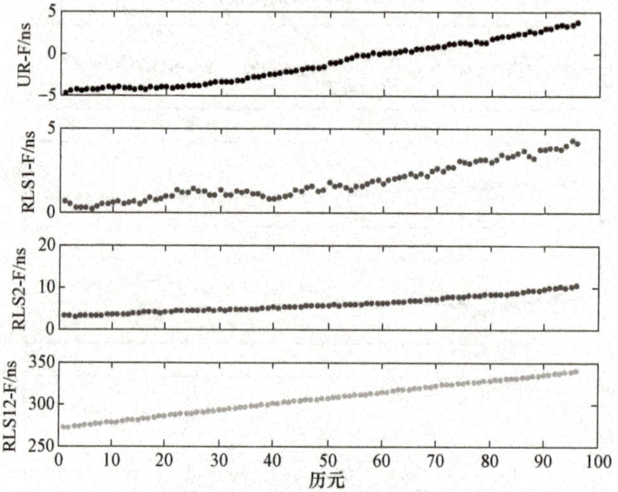

（b）PRN31的预报误差

图 4.45 PRN17 和 PRN31 卫星的预报误差

3. 第三组数据

使用 RFFLS 模型对 PRN09 和 PRN21 进行卫星钟差预报，并对预报精度进行比较。将 PRN09 和 PRN21 的预报值与 IGS 真值比较，统计结果如图 4.46 和表 4.22 所示，其中图 4.46(a)是 PRN09 三个时段的预报差值，图 4.46(b)是 PRN21 三个时段的预报差值。

根据图 4.46 和表 4.22 可以看出，与附有周期项的二次多项式模型类似，RFFLS算法对变化不稳定的卫星钟差的预报精度不理想。对于 PRN09 和 PRN21 的预报偏差很大，误差累积效应明显。

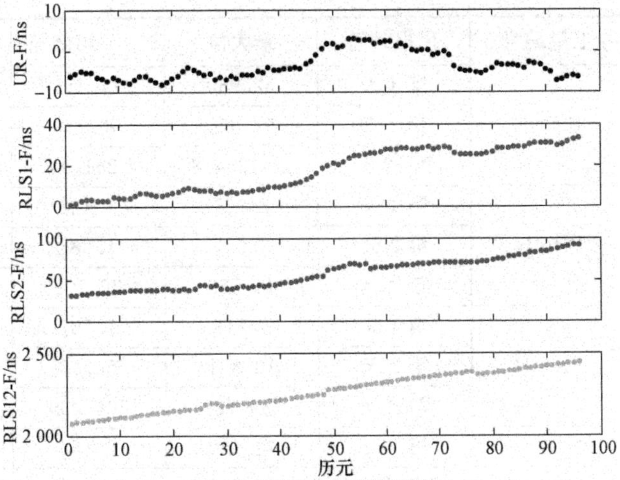

(a) PRN09的预报误差

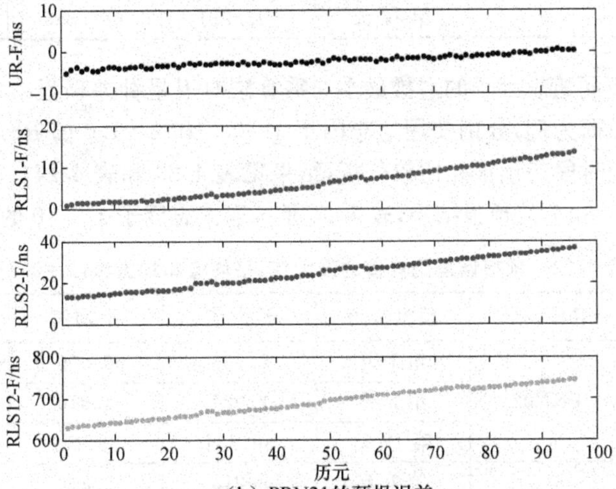

(b) PRN21的预报误差

图 4.46　PRN09 和 PRN21 卫星的预报误差

表 4.22　预报误差绝对值的最大值、平均值和均方根($\lambda=0.9$)　单位:ns

钟类型	卫星编号	预报时间	最大值	平均值	标准差
铯钟	PRN02	第 1 天	2.020	0.831	0.570
		第 2 天	2.495	1.752	0.323
		第 12 天	33.307	30.414	1.540
	PRN17	第 1 天	2.091	0.820	0.495
		第 2 天	4.544	2.604	1.073
		第 12 天	40.791	35.092	2.165

续表

钟类型	卫星编号	预报时间	最大值	平均值	标准差
铯钟	PRN09	第1天	32.960	17.165	10.580
		第2天	91.650	56.720	18.037
		第12天	2 442.418	2 261.047	111.715
铷钟	PRN14	第1天	2.027	1.122	0.587
		第2天	2.677	1.683	0.461
		第12天	44.553	36.209	2.741
	PRN31	第1天	4.248	1.787	1.108
		第2天	10.351	5.948	2.048
		第12天	339.729	306.039	19.014
	PRN21	第1天	13.420	6.152	3.768
		第2天	36.492	24.304	7.023
		第12天	743.981	688.856	34.509

为了比较不同遗忘因子的递推最小二乘算法对卫星钟差预报结果的影响，以上述相同的钟差数据为例，分别使用遗忘因子 $\lambda=0.7$ 和 $\lambda=1.0$ 的 RFFLS 模型，对卫星钟差进行三个时段的预报并比较分析，结果见表 4.23 和表 4.24。其中表 4.23 是选取遗忘因子 $\lambda=0.7$ 的预报结果，表 4.24 是选取遗忘因子 $\lambda=1.0$ 的预报结果。

表 4.23 预报误差绝对值的最大值、平均值和均方根($\lambda=0.7$) 单位：ns

钟类型	卫星编号	预报时间	最大值	平均值	标准差
铯钟	PRN02	第1天	2.203	0.906	0.622
		第2天	2.922	1.910	0.352
		第12天	36.334	33.179	1.691
	PRN17	第1天	2.218	0.866	0.522
		第2天	4.893	2.804	1.155
		第12天	77.226	71.010	3.453
	PRN09	第1天	36.622	19.072	11.755
		第2天	107.192	66.108	20.396
		第12天	3 289.452	3 035.094	145.892
铷钟	PRN14	第1天	2.702	1.222	0.658
		第2天	3.623	1.788	0.861
		第12天	85.878	52.681	3.865
	PRN31	第1天	4.862	1.924	1. 701
		第2天	12.939	7.435	2.560
		第12天	549.66	507.549	25.017

续表

钟类型	卫星编号	预报时间	最大值	平均值	标准差
铯钟	PRN21	第 1 天	15.695	7.041	4.499
		第 2 天	42.680	28.459	7.911
		第 12 天	994.436	824.651	45.072

表 4.24　预报误差绝对值的最大值、平均值和均方根 ($\lambda=1.0$)　　单位:ns

钟类型	卫星编号	预报时间	最大值	平均值	标准差
铯钟	PRN02	第 1 天	2.029	0.839	0.589
		第 2 天	2.593	1.796	0.329
		第 12 天	33.369	31.478	1.597
	PRN17	第 1 天	2.096	0.834	0.504
		第 2 天	4.456	2.643	1.117
		第 12 天	64.355	59.175	2.877
	PRN09	第 1 天	33.869	18.663	11.037
		第 2 天	99.930	61.459	19.742
		第 12 天	2 758.125	2 474.760	129.312
铷钟	PRN14	第 1 天	2.027	1.122	0.587
		第 2 天	2.677	1.683	0.461
		第 12 天	65.059	45.788	3.268
	PRN31	第 1 天	4.734	1.917	1.380
		第 2 天	11.370	6.987	2.098
		第 12 天	466.089	419.380	21.732
	PRN21	第 1 天	13.992	6.866	4.218
		第 2 天	38.655	24.940	7.277
		第 12 天	809.911	751.883	39.372

从表 4.22～表 4.24 可以看出,比较分析选用 $\lambda=0.7$、$\lambda=0.9$ 和 $\lambda=1.0$ 三种不同遗忘因子所得的预报结果可知,使用遗忘因子 $\lambda=0.9$ 的预报效果最好,而选用遗忘因子 $\lambda=0.7$ 的递推最小二乘模型的预报精度最差。这说明在选取遗忘因子时,取值不能太小,因为遗忘因子越小,遗忘速度越快,就越容易在预报中产生偏差。选 $\lambda=1.0$,所有数据一并参数解算,突出了传统最小二乘模型的问题。

为了更好地统计分析 RFFLS 模型对不同卫星钟的卫星钟差的预报精度,以 $\lambda=0.9$ 为基础,对 2007 年 9 月—2008 年 12 月期间选取的 1446 周、1454 周、1464 周、1475 周、1487 周、1499 周、1508 周共 49 天中的每天所有可用卫星的钟差进行预报,并按照不同原子钟类型进行预报误差统计,最后所得预报统计结果如表 4.25

所示。

表 4.25 预报误差绝对值的最大值、平均值和均方根 单位：ns

预报模型	钟类型	预报时间	最大值	平均值	标准差
RFFLS模型	铯钟	第1天	42.426	5.886	4.897
		第2天	131.119	23.545	9.020
		第12天	2 810.520	756.550	43.046
	铷钟	第1天	47.870	5.370	4.500
		第2天	134.103	19.184	8.494
		第12天	3 023.242	654.652	42.379

从表4.25的统计结果可以看出，RFFLS预报模型也出现了类似二次多项式模型的误差累积效应，但预报效果优于二次多项式模型。从总体来看，RFFLS模型预报对于铯钟与铷钟的预报精度相当。

第5章　非差相位定位参数估计收敛速度及影响因素

5.1 概　述

在卫星定位，尤其动态单点定位中，除了要求高精度定位结果外，快速定位和定位稳定性同样重要，即定位过程中参数解算的收敛速度和收敛的稳定性。影响单点定位参数解算收敛速度的因素很多，如观测数据质量、采样间隔、误差估计模型、卫星空间几何构型以及用户所要求达到的精度等。对于不同待估参数的收敛速度和收敛稳定性有不同的改善措施。许多学者根据模拟或实测资料做了一些卓有成效的研究工作。Shen 等(2002)研究了参数个数和数据质量对收敛速度和稳定性的影响，研究了不同卫星高度角情况下，对流层干延迟的估计精度，并将湿延迟部分作为待估参数，以及模糊度参数的估计等对收敛时间的影响，提出了 P1-P2-CP 线性组合方法来降低噪声影响。Todd 等(2005)也对精密单点定位中的收敛问题进行了探讨。本书深入分析了不同采样间隔的 GPS 观测资料和卫星钟差对参数收敛的影响，并进行了算例分析，得出一些初步结论。在此基础上，认真分析了上述各种影响因素，提出了一些改善收敛时间的措施。

5.2　观测资料和卫星钟差采样间隔对参数收敛的影响

在 GPS 精密单点定位中，待估参数主要包括四类，分别为位置参数、接收机钟差、对流层延迟和模糊度参数。坐标、钟差、模糊度以及对流层延迟参数的解算是个迭代过程，在不同测站位置、不同采样间隔的 GPS 观测资料和卫星钟差等情况下，GPS 单点定位参数收敛时间是不相同的。在单点定位数据处理中由于参数的初值误差比较大，模糊度没有被固定下来，需要进行迭代处理。收敛速度是指在参数解算与固定过程中计算机迭代处理需要的时间；收敛精度是指当迭代结果与前一次的迭代结果已经不再收敛或几乎不再收敛，或者说迭代处理的结果与严格处理结果的误差在预设误差范围内时所得到的定位精度。根据第 2 章所述的精密单点定位函数模型和平差模型，本节分析了不同采样间隔的 GPS 观测资料和卫星钟差对参数解算收敛的影响。

5.2.1 不同采样间隔观测资料和卫星钟差的影响

为了分析不同采样间隔的GPS观测资料和卫星钟差对单点定位收敛时间的影响，选取了上海GPS多功能综合应用网中的12个测站的观测资料分别进行单点定位处理，测站分别来自浙江(杭州、舟山)、安徽(黄山、宣城、马鞍山)、上海(浦东、佘山、奉贤、宝山)、江苏(东台、高邮、常州)，测站号依次为1～12。采用的接收机为Astech Z-Ⅻ，在相同计算机硬件的基础上，分别采用两种方案进行收敛时间分析，如表5.1所示。

表5.1 不同采样间隔的观测资料和卫星钟差

采样间隔	IGS产品采样间隔	方案一	方案二	方案三
30 s	卫星精密星历	15 min	15 min	15 min
	卫星钟差改正	30 s	5 min	15 min
1 s	卫星精密星历	15 min	15 min	15 min
	卫星钟差改正	30 s	5 min	15 min

收敛精度的要求依次为50 cm、30 cm、20 cm、10 cm。策略一是利用30 s采样间隔的12个测站观测资料，按表5.1中三种方案讨论参数收敛时间；策略二是利用其中1个测站(上海佘山站)的6天、采样间隔为1 s观测资料分析参数收敛时间。下面对两种情况下GPS单点定位过程中参数收敛时间进行分析。

1. 观测资料采样间隔为30 s的情况

以2005年1月4日上海GPS多功能综合应用网中12个测站的资料为例，数据采样间隔为30 s，卫星轨道采样间隔均为15 min，卫星钟差采样间隔分别为30 s、5 min和15 min，分析它们在不同精度要求下的收敛时间，如图5.1至图5.3所示。

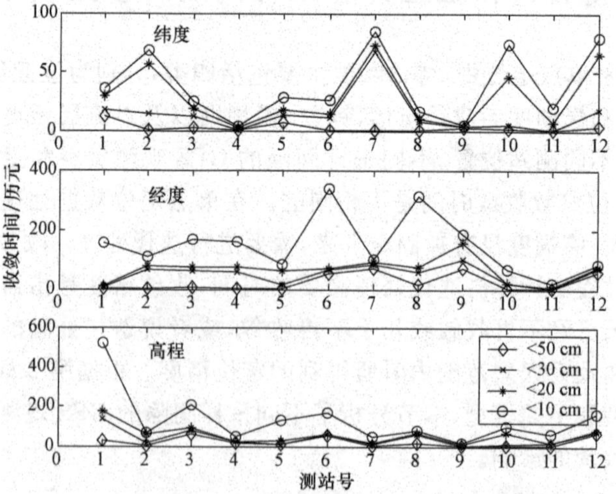

图5.1 卫星钟差改正采样间隔为30 s的收敛时间

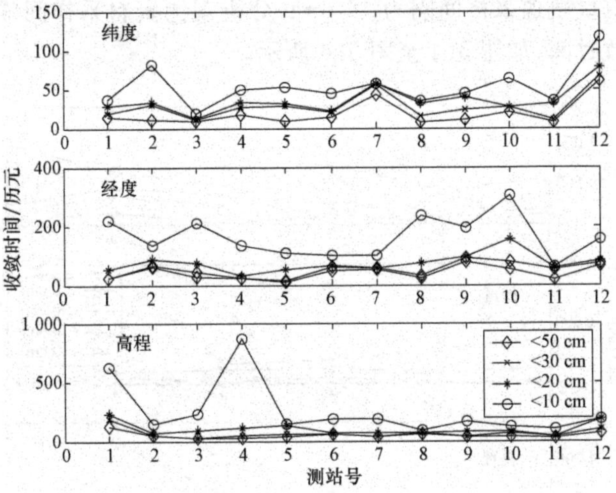

图 5.2　卫星钟差改正采样间隔为 5 min 的收敛时间

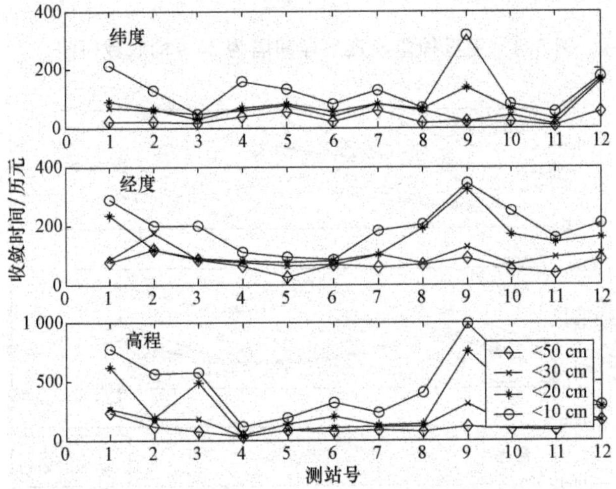

图 5.3　卫星钟差改正采样间隔为 15 min 的收敛时间

从图 5.1 至图 5.3 中可以初步得出如下结论：

(1)经度方向比纬度方向收敛快，高程方向收敛时间最长。大部分资料显示：高程方向收敛时间约为纬度方向的 2～3 倍，纬度方向约为经度方向 1～2 倍。

(2)图 5.1 至图 5.3 卫星轨道采样间隔不变，卫星钟差改正采样间隔依次为 30 s、5 min 和 15 min，收敛时间随着卫星钟差资料采样间隔的增大而依次增长。因此，为了缩短参数解算收敛时间，尽量采用高采样率的卫星轨道和卫星钟差资料。

2. 观测资料采样间隔为 1 s 的情况

利用其中 1 个测站(上海佘山站)2002 年 8 月 24～29 日的 GPS 观测资料，采样间隔为 1 s,卫星轨道采样间隔为 15 min,分析观测资料采样间隔为 1 s 时单点定位中参数收敛时间,如图 5.4 至图 5.6 所示。

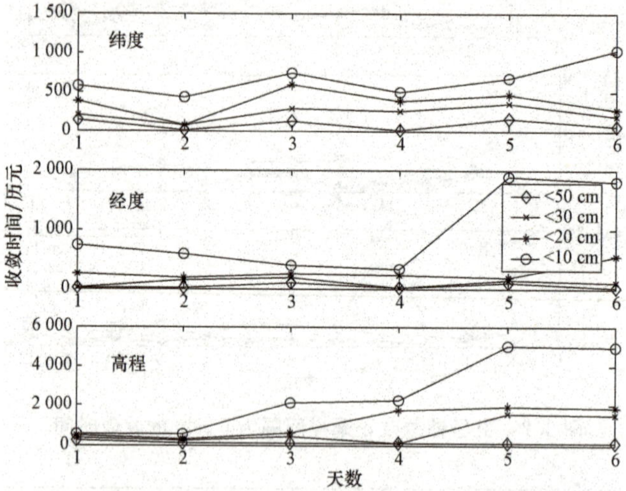

图 5.4　卫星钟差改正采样间隔为 30 s 的收敛时间

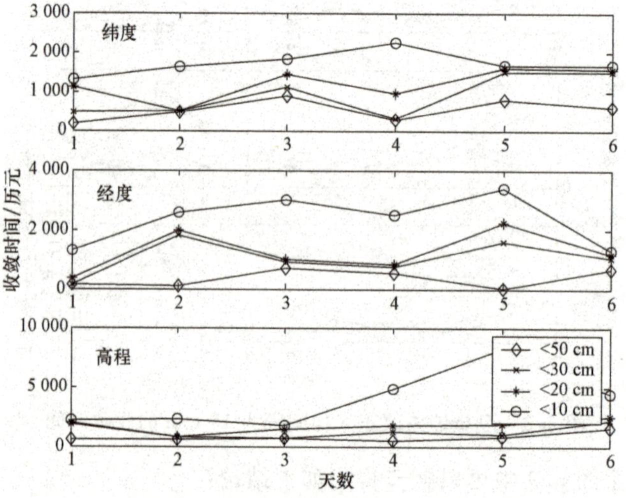

图 5.5　卫星钟差改正采样间隔为 5 min 的收敛时间

从图 5.1 至图 5.6 可以初步得到如下结论:

(1)虽然采样间隔为 1 s 的观测资料的收敛历元数比采样间隔为 30 s 的多,但实际收敛时间却比观测资料采样间隔为 30 s 的短。

(2)图 5.4 至图 5.6 看出,在相同采样间隔情况下,同一测站的不同时刻的观测资料,其收敛时间也不一样,说明测站观测资料质量、卫星空间几何构型等也是影响收敛时间的因素。

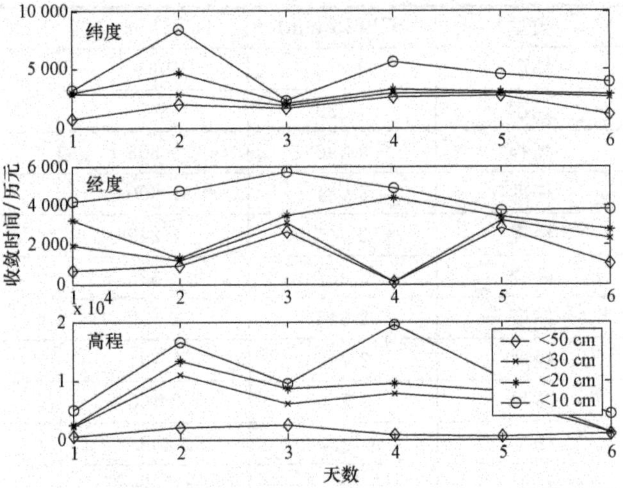

图 5.6　卫星钟差改正采样间隔为 15 min 的收敛时间

(3)不同收敛精度要求,收敛时间也不相同,所要求的收敛精度越高,则收敛时间越长。

(4)不同精度要求、不同方向、不同时间和不同测站的收敛时间不一致。

5.2.2　采样间隔与参数收敛时间统计分析

为了更加直观、量化地分析采样间隔与参数收敛的关系,对不同采样间隔观测资料、不同测站、不同采样间隔卫星钟差的收敛时间进行统计分析,以 20 cm 的收敛精度要求为例,卫星轨道采样间隔为 15 min,卫星钟差(satellite clock bias,SCB)分别为 15 min、5 min 和 30 s,如表 5.2 和表 5.3 所示。

表 5.2　观测资料采样间隔为 1 s 的收敛时间统计　　单位:s

时间	类型	SCB(15 min)	SCB(5 min)	SCB(30 s)
8 月 24 日	纬度	2 977	1 120	380
	经度	3 235	381	247
	高程	2 378	1 991	474
25 日	纬度	4 635	515	73
	经度	1 312	1 979	174
	高程	13 314	841	285
26 日	纬度	2 053	1 438	595
	经度	3 484	1 004	237
	高程	8 615	1 481	587

续表

时间	类型	SCB(15 min)	SCB(5 min)	SCB(30 s)
27 日	纬度	3 232	961	382
	经度	4 389	849	229
	高程	9 390	1 808	1 779
28 日	纬度	3 024	1 600	462
	经度	3 446	2 249	184
	高程	8 087	1 855	1 922
29 日	纬度	2 818	1 580	226
	经度	2 748	1 191	546
	高程	1 256	2 466	1 885
平均值	纬度	3 123.2	1 202.2	353
	经度	3 102.3	1 275.5	269.5
	高程	7 173.3	1 740.3	1 155.3

表 5.2 是上海佘山站(SHSS)8 月 24 日—29 日连续 6 天的三个方向上参数收敛情况统计。从表中可以看出,同一测站不同时间的观测资料收敛时间相异较大,这说明不同的卫星空间几何构型,对不同的观测资料质量的影响较大。

表 5.3 观测资料采样间隔为 30 s 的收敛时间统计 单位:s

测站号	类型	SCB(15 min)	SCB (5 min)	SCB (30 s)
1	纬度	2 700	870	900
	经度	6 990	1 590	330
	高程	18 360	6 810	5 310
2	纬度	1 860	990	1 680
	经度	3 540	2 670	2 370
	高程	5 730	2 130	1 800
3	纬度	780	360	570
	经度	2 580	2 280	2 250
	高程	14 670	2 610	2 760
4	纬度	2 040	990	90
	经度	2 340	930	2 190
	高程	1 190	3 240	750
5	纬度	2 430	930	540
	经度	2 190	1 590	1 800
	高程	4 020	3 990	840

续表

测站号	类型	SCB(15 min)	SCB (5 min)	SCB (30 s)
6	纬度	1 620	630	450
	经度	2 400	1 920	2 130
	高程	6 060	2 130	1 860
7	纬度	2 430	1 710	2 190
	经度	3 000	1 710	2 700
	高程	3 780	2 160	450
8	纬度	1 860	930	300
	经度	5 670	2 190	2 220
	高程	3 840	2 040	2 640
9	纬度	4 080	1 200	120
	经度	9 630	2 840	3 710
	高程	22 620	2 400	360
10	纬度	1 920	8 100	1 380
	经度	5 100	4 710	600
	高程	11 910	2 550	1 980
11	纬度	900	930	210
	经度	4 290	1 680	180
	高程	8 580	1 230	570
12	纬度	4 920	2 370	1 950
	经度	1 800	2 460	2 250
	高程	8 460	5 460	2 310
平均值	纬度	2 295	1 667.5	865
	经度	4 127.5	2 214.2	1 894.2
	高程	9 101.7	3 062.5	1 802.5

表 5.3 为上海 GPS 多功能综合应用网中 12 个测站一天的观测资料，采样间隔为 30 s。从表中可以看出，在不同测站但轨道、卫星钟差和观测资料采样间隔均相同的情况下，参数解算收敛时间相差较大。这说明，不同的测站位置、测站环境对收敛时间也有一定的影响。另外，从表 5.3 中可以得到与表 5.2 类似的结论。

5.3　收敛的影响因素及分析

在 GPS 导航定位中，影响参数解算收敛时间的因素很多，除了与观测资料的采样间隔、待估参数的个数、观测数据的噪声精度以及卫星空间几何构型等有关外，很大程度上还取决于待估参数所要求达到的精度，甚至有些目前还不清楚的影响因素。下面主要分析数据质量、误差模型、采样间隔、卫星空间几何等几个参数解算影响因素。

5.3.1 数据质量及误差改正

坐标和模糊度的收敛性通常是待估参数个数以及观测噪声、非模型误差影响大小的函数(Shen,2002)。因此，减少坐标和模糊度参数解算应该从如下几个方面考虑：减少待估参数个数、降低观测噪声。

1. 数据预处理质量

观测数据预处理质量的好坏直接影响参数估计收敛速度和稳定性。如果观测数据质量差，粗差没有被完全探测与消除，周跳没有探测与修复干净，或探测修复错误，会破坏模糊度的整周特性，给模糊度搜索带来错误信息，导致模糊度搜索困难，延长参数解算的收敛时间，甚至发散。

2. 对流层延迟影响

对流层延迟是GPS单点定位中的主要误差来源，是高程收敛性差、高程精度低的主要原因之一。对流层对GPS信号的影响从天顶方向的2 m到地平高度角15°的25 m。对于对流层延迟影响的处理主要有两种措施：参数估计和模型改正。采用参数估计法精度较高，但是增加了待估参数个数，降低了参数解算的效率；模型改正法直接采用已有模型，计算简单，但是精度较低。对流层延迟影响分为干延迟和湿延迟两部分。其中，占总影响90%的干延迟可以用模型化得到很好的解决，但是10%影响的湿延迟很难模型化，通常的处理措施是将其作为待估参数一并参与解算，在湿延迟参数估计中，关键在于湿延迟的映射函数，映射函数的误差与卫星高度角直接相关。因此，低高度角的卫星会由于映射函数的误差导致对流层延迟估计的不确定性，影响了参数解算的收敛时间。

3. 电离层模型的影响

电离层延迟是影响GPS单点定位精度的主要误差之一，对于电离层延迟改正通常有三种处理方案：①在精度要求不高的情况下，忽略不计；②在短基线情况下，利用双频观测量线性组合予以消除；③利用电离层延迟模型改正，从模型改正范围，电离层延迟模型分区域性和全球性两类，不同电离层改正模型之间存在较大的差异，而且不同时刻、不同区域的电离层改正也不相同。从模型性质，可分为固定解、浮动解和加权电离层模型改正。由于电离层延迟与载波相位模糊度之间存在着强相关性，因此模糊度的浮动解会使参数解算收敛时间减慢甚至发散。由于码相位观测值的初始约束，基于加权电离层模型改正的参数估计比电离层浮动解收敛更快。

在实时精密单点定位中,电离层误差会影响模糊度浮点解的收敛速度和稳定性,从而影响模糊度整周化。因此,电离层模型建立的有效性对模糊度收敛速度有较大的影响。

4. 模糊度参数搜索与固定的有效性

在GPS单点定位中,模糊度解算主要有两个任务,分别为模糊度整周数搜索和模糊度有效性验证。为了减少模糊度收敛时间,观测模型必须具备两个条件:降低观测噪声和尽量保持载波相位模糊度整周特性。这就要求在数据预处理过程中必须降低噪声影响,提高周跳探测与修复的有效性和可靠性。不能正确探测的小周跳,只能以增加待估参数个数为代价,而不能强加修复,导致模糊度搜索困难。

5. 观测噪声

伪距观测值和载波相位观测值噪声误差分别为30 cm和1～2 mm,噪声越大,定位误差就越大,因而定位收敛的时间越长。在GPS单点定位中,一般都采用消电离层组合方法,然后根据IGS精密轨道产品和钟差改正,进行参数估计。但是,消电离层组合存在着如下三个方面的问题:①由于卫星和接收机之间初始相位误差以及组合的影响,使得组合后的模糊度不再具有整周特性,使得模糊度有效解搜索困难,延长了模糊度收敛时间;②组合的观测方程噪声比原来观测方程增加了约3倍,噪声的增大使得参数收敛困难;③消电离层组合不能消除电离层高阶项的影响。因此,单点定位的传统消电离层组合方法不能有效减少参数解算收敛时间。

5.3.2 不同采样间隔卫星钟差对参数解算收敛的影响

通过收敛时间图5.1至图5.6和表5.2至表5.3中不同收敛精度要求所需的收敛时间统计,从不同采样间隔的观测资料、不同收敛精度和不同采样间隔的卫星钟差资料三个方面分析,可以初步得到如下结论。

1. 观测资料采样间隔不同的情况

在数据采样间隔不同的情况下,采样间隔越小,收敛时间越短,而且收敛更稳定;相反,采样间隔越大,收敛时间越长,而且收敛稳定性会差一些。根据统计,认为经纬度方向收敛性较好,收敛相对比较快,高程方向收敛性相对较差,收敛时间比较长。

2. 不同收敛精度的情况

在所要求的收敛精度不同的情况下,收敛精度要求越高,收敛时间就越长,收敛稳定性越差,而且不呈线性比例增长,高程方向收敛时间异常性最为严重。收敛精度的确定与选取,要考虑原始数据质量、预处理的效果以及精度与速度之间的平衡等,不能盲目追求精度,否则收敛时间过长甚至会导致发散。

3. 卫星钟差资料采样间隔不同的情况

在卫星钟差数据采样间隔不同的情况下,采样间隔越小,收敛时间越短,收敛相对比较稳定；反之，采样间隔越大，收敛时间越长。当然，本书所用的卫星轨道采样间隔是固定不变的（15 min采样间隔），如果卫星轨道的采样间隔进一步变小，则收敛时间应该更加缩短，收敛更加稳定。因此，卫星轨道和卫星钟差的采样间隔是影响收敛时间和收敛稳定性的因素之一。

5.3.3 卫星空间几何构型对解算收敛的影响

卫星空间几何构型好坏一般用几何精度衰减因子（geometric dilution of precision，GDOP）值来衡量，GDOP值越大，则空间几何构型越差，对定位精度的影响就越大（Zheng，2004）。较差的空间几何构型给参数解算的收敛带来了影响，使得参数解算收敛不稳定，甚至发散，而且利用同一算法在同一测站，不同时段单点定位的收敛时间也不一致，如图5.7所示。

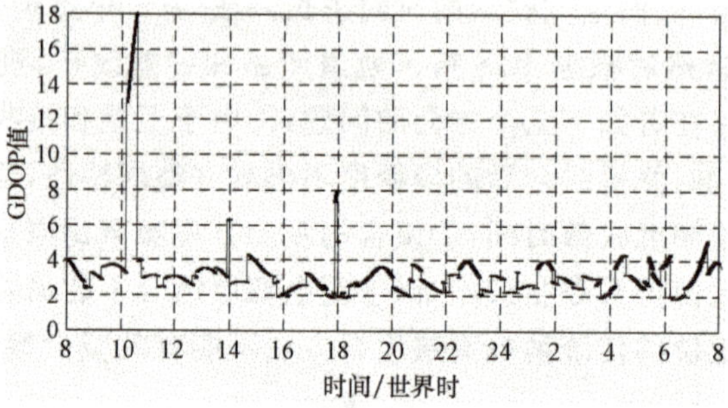

图5.7 某一天的GPS卫星空间几何GDOP分布

另外，如果初始坐标的误差比较大，由于比较差的空间几何构型坐标收敛到一个不正确的位置上，将导致模糊度搜索减慢，甚至模糊度搜索不正确。

5.3.4 卫星更替对定位收敛的影响

通过实例分析可以看到，卫星更替对定位精度存在约10 cm的位置变化影响。卫星更替对定位精度的影响模型与物理机制目前还没有得到很好的解决。在事后处理中，卫星更替对定位的影响可以采用滤波等方法消除，但是在实时定位过程中，一旦遇到卫星更替所引起的点位跳变，很难判断应以更替前的定位结果为准还是以更替后的为准。因此，在实时单点定位中，卫星更替引起的对点位的影响是一个值得探讨的问题，而且，由于卫星更替引起了点位的不确定性，也影响了参数解算的收敛时间和收敛稳定性。

5.4 提高收敛效率的措施讨论

针对前面所述的GPS实时单点定位参数估计中收敛时间的影响因素，从以下几个方面进行改善措施的讨论。

5.4.1　减少待估参数个数

单点定位中，除了 GPS 基本观测方程中所涉及的误差外，到目前的研究结果为止，还受相对论效应、地球自转、天线相位中心改正、相位缠绕改正、固体潮、海潮、极潮和大气负荷等多种误差的影响。在所有误差影响中，有的影响可通过模型精化改正，有的可以通过线性组合消除，有的则难以消除或减弱。如果将所有误差项加设参数进行估计，由于强时间和空间相关性，方程将会出现奇异或秩亏，参数解算不稳定，参数估计收敛困难甚至发散。因此，提高单点定位中误差影响的改正精度并模型化，尽量减少待估参数个数。本书对对流层延迟影响分别进行模型改正和参数估计两种结果比较，验证了减少待估参数个数对收敛时间和稳定性的改善。

5.4.2　降低观测量噪声影响

在 GPS 应用中，由于硬件延迟、接收机本身噪声等影响，信号接收中观测量的噪声是不可避免的。在高精度 GPS 应用中，观测量的噪声影响模糊度的解算与固定时间，会直接影响定位精度和定位的实时性，完全消除观测量噪声是难以实现的。在单频接收机或双频接收机的观测值中，可以采用相位平滑伪距、伪距平滑相位以及观测值组合等方式降低观测量噪声的影响来提高参数解算的收敛时间。

5.4.3　改善电离层延迟改正

在 GNSS 组合系统中，主要有三种方式可以改善电离层估计精度：①以 GPS 为代表的 GNSS 系统都增设第三民用频率(郑作亚 等，2007)，每颗卫星的三频信号可进一步消除电离层高阶项影响，提高电离层延迟的改正精度；②将来的码相位观测值比目前的 C/A 码和重构的 P2 码具有更高的精度；③GPS、北斗等组合系统的空间可见卫星颗数明显增多，一方面改善了空间卫星的几何构型，另一方面增加了观测方程个数，提高了电离层改正精度。

5.4.4　改善卫星空间几何构型

目前空间 GPS 工作卫星能保证全球任何位置 5～8 颗可见卫星，但是在北半球的中高纬度，卫星数相对比较少，空间几何构型比较差。从 GPS 数据处理结果中可以发现，点位坐标的经度方向精度比纬度方向略低，这也和上述的北半球中高纬度卫星数的观点是吻合的。这样，可以从下面两个方面来考虑加快收敛时间：①新发射的伽利略等全球卫星系统增加了空间可见卫星，改善了空间卫星几何构型，改善了空间卫星交替过程中的空间几何构型差而增加收敛困难的问题；②可以根据空间卫星几何分布情况，在卫星分布缺少的空间增设空中伪卫星星座，改善卫星的空间几何分布，也可以增设地面伪卫星，改善定位过程中高程方向的参数解算收敛时间。

5.4.5 提高卫星钟差改正和观测值的采样间隔

提高 GPS 卫星钟差改正和观测值的采样间隔，也是提高参数解算的收敛时间和稳定性的重要举措之一。

当观测值采样间隔为 1 s，卫星轨道星历采样间隔为 15 min，卫星钟差改正值采样间隔为 5 min 时，坐标和模糊度收敛的效果如图 5.8 和图 5.9 所示。

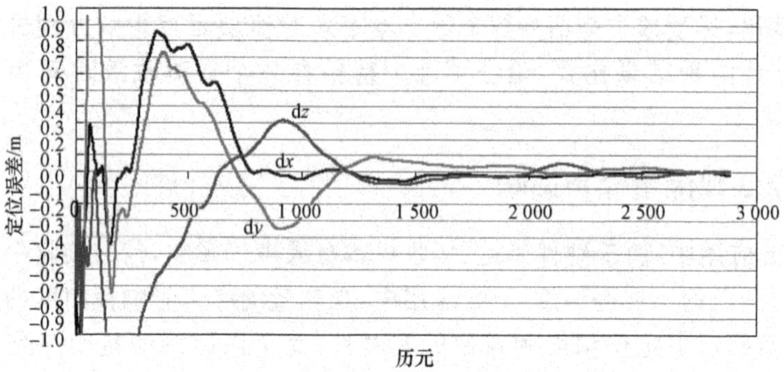

图 5.8 坐标收敛

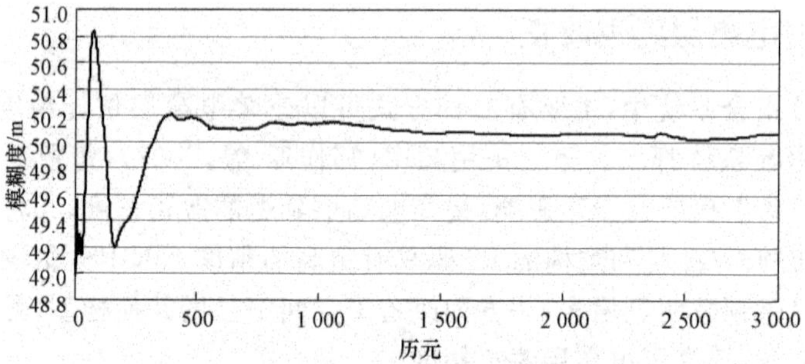

图 5.9 模糊度收敛

为了进一步说明在相同观测资料采样间隔情况下，不同卫星钟差采样间隔对定位收敛的影响，以 20 cm 定位精度收敛值为例，观测资料采样间隔为 30 s，分别采用 30 s、5 min 和 15 min 的卫星钟差改正值采样间隔进行收敛分析，如图 5.10 所示。

图中 1、2、3 分别代表 X、Y 和 Z 方向的收敛时间情况，从图中可以看出，卫星钟差采样间隔越大，参数解算时收敛时间越长；反之，采样间隔越小，收敛时间越短，而且高程方向收敛时间最长。

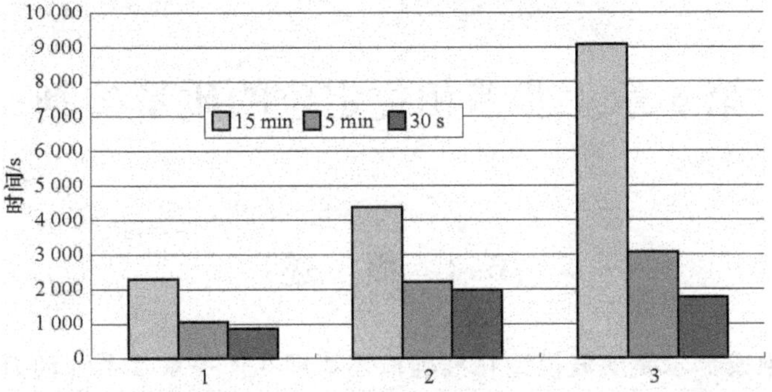

图 5.10　不同卫星钟差改正值采样间隔的三个坐标方向收敛时间

同样，下面以定位精度为 20 cm 的收敛值，30 s 卫星钟差改正采样间隔收敛时间为例，分别采用 1 s 和 30 s 的观测资料进行分析，如图 5.11 所示。

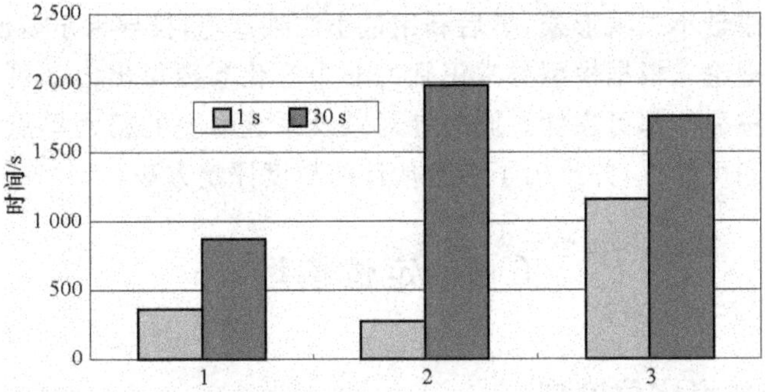

图 5.11　不同观测值采样间隔的三个坐标方向收敛时间

从图 5.11 可以得到与图 5.10 类似的结论，观测资料采样间隔越大，则收敛时间越长；反之，观测资料采样间隔越小，收敛时间越短。但是，高程方向的收敛比 Y 方向更快，难以给出一个合理的解释。

5.4.6　多星多系统融合数据处理

利用仿真资料分析可知，多系统联合定位比单纯 GPS 系统的双频、三频观测值收敛更快，定位精度更高。因此，随着空间定位导航星座的不断增加与完善，多系统联合定位是今后的一个重要发展趋势，多星多系统数据融合技术是当前的一个研究热点。

第6章　非差相位定位的质量控制

6.1 概　述

最小二乘或卡尔曼滤波模型在准确描述物理几何关系及系统动力学特性时才能获得参数的最优估计。实际中，卡尔曼滤波的观测模型和动力学模型可能发生异常，如观测值粗差、瞬间外力扰动。为了保证模型的正确性，必须探测、识别和区分模型异常，这属于广义可靠性的一部分。另一部分为狭义可靠性，包括内部可靠性和外部可靠性。可靠性与精密度组成质量控制，与统计理论紧密联系。因此，从统计检验理论入手，将卡尔曼滤波动力学模型预计的参数值作为伪观测值，与实际观测值联立组成最小二乘形式，然后利用最小二乘理论，推导卡尔曼滤波的模型异常探测和识别理论。根据模型异常识别的非中心化参数得出内部可靠性，其对估计参数的影响称为外部可靠性。同时针对顾及系统误差的精密单点定位，研究了模型的抗差性和可靠性，并给出了参数估计的精度评定方法。

6.2 定位模型

6.2.1 精密单点定位模型

目前，精密单点定位技术在模型构造和科学应用方面已经取得了很大的进步，常用的函数模型主要有三种：消电离层组合模型、非组合模型和 UofC 模型。

1. 消电离层组合模型

在导航定位应用中，载波相位的观测方程为

$$\Phi_i = \rho + c(\mathrm{d}t_r - \mathrm{d}t_s) + T - \gamma_i I_1 + \lambda_i N_i + hd_{r,i} - hd_{s,i} + pb_{r,i} - pb_{s,i} + m_i + \varepsilon_{\Phi_i} \tag{6.1}$$

式中：$i=1$、2 表示各载波相位观测值的频段，r、s 分别对应某一接收机和卫星；Φ_i 为 Li 频率上的载波相位观测值；ρ 为信号发射时刻的卫星位置到信号接收时刻接收机位置之间的几何距离；c 为真空中的光速；$\mathrm{d}t_r$、$\mathrm{d}t_s$ 分别为接收机钟差和卫星钟差；$hd_{r,i}$、$hd_{s,i}$ 分别为载波相位上的接收机和卫星载波相位的硬件延迟（信号在接收机或卫星各通道内的传播时间）；$pb_{r,i}$、$pb_{s,i}$ 分别为载波相位上的接收机和卫星初始的相位偏差；m_i 为 Li 相位观测值的多路径误差；ε_{Φ_i} 为 Li 相位观测值的观测噪声。

同理，伪距的观测方程为

$$P_i = \rho + c(\mathrm{d}t_r - \mathrm{d}t_s) + T + \gamma_i I_1 + HD_{r,i} - HD_{s,i} + M_i + \varepsilon_{P_i} \tag{6.2}$$

式中：P_i 为 Li 频率上的伪距观测值；$HD_{r,i}$、$HD_{s,i}$ 分别为接收机和卫星载波相位的硬件延迟；M_i 为 Li 的伪距多路径误差；ε_{P_i} 为 Li 的伪距观测噪声；其他符号的含义与式(6.1)相同。

为消除载波相位和伪距上的电离层一阶项，可采用两个频率的组合观测值

$$\left.\begin{aligned} \Phi_3 &= \frac{f_1^2}{f_1^2 - f_2^2}\Phi_1 - \frac{f_2^2}{f_1^2 - f_2^2}\Phi_2 \\ P_3 &= \frac{f_1^2}{f_1^2 - f_2^2}P_1 - \frac{f_2^2}{f_1^2 - f_2^2}P_2 \end{aligned}\right\} \tag{6.3}$$

消电离层组合的缺点是在观测值的组合过程中会造成观测噪声和多路径效应被不合理地放大，观测噪声是 L1 和 L2 频率上的 3 倍。其观测方程为

$$\Phi_3 = \rho + c(\mathrm{d}t_r - \mathrm{d}t_s) + T + \lambda_3 N_3 + hd_{r,3} - hd_{s,3} + pb_{r,3} - pb_{s,3} + m_3 + \varepsilon_{\Phi_3} \tag{6.4}$$

$$P_3 = \rho + c(\mathrm{d}t_r - \mathrm{d}t_s) + T + HD_{r,3} - HD_{s,3} + M_3 + \varepsilon_{P_3} \tag{6.5}$$

消电离层组合观测值的波长和模糊度分别为

$$\left.\begin{aligned} \lambda_3 &= \frac{f_1^2}{f_1^2 - f_2^2}\lambda_1 - \frac{f_2^2}{f_1^2 - f_2^2}\lambda_2 \\ N_3 &= \frac{f_1^2}{f_1^2 - f_2^2}N_1 - \frac{f_2^2}{f_1^2 - f_2^2}N_2 \end{aligned}\right\} \tag{6.6}$$

由式(6.6)可以看出，N_1 和 N_2 系数不是整数，因此消电离层组合的模糊度 N_3 也具备非整数特性。接收机硬件延迟与接收机钟差效应不可分离，由此引起可估的接收机钟差具有如下形式

$$c \cdot \mathrm{d}t_r' = c \cdot \mathrm{d}t_r + HD_{r,3} \tag{6.7}$$

卫星钟差中消电离层组合的卫星硬件延迟 $HD_{s,3}$ 的影响，该延迟可表示为

$$HD_{s,3} = \frac{f_1^2}{f_1^2 - f_2^2} \cdot HD_{s,1} - \frac{f_2^2}{f_1^2 - f_2^2} \cdot HD_{s,2} \tag{6.8}$$

即卫星钟差 $\mathrm{d}t_s$ 可以表示为

$$\mathrm{d}t_s' = \mathrm{d}t_s + HD_{s,3} \tag{6.9}$$

故经过钟差改正后的码和相位观测方程分别可表示为

$$\begin{aligned} \Phi_3 = {} & \rho + c(\mathrm{d}t_r - \mathrm{d}t_s) + T + \lambda_3 N_3 + hd_{r,3} - hd_{s,3} + pb_{r,3} - \\ & pb_{s,3} - HD_{r,3} + HD_{s,3} + m_3 + \varepsilon_{\Phi_3} \end{aligned} \tag{6.10}$$

$$P_3 = \rho + c(\mathrm{d}t_r - \mathrm{d}t_s) + T + M_3 + \varepsilon_{P_3} \tag{6.11}$$

可见，式(6.5)观测方程中的卫星硬件延迟被有效消除了，而对于 Φ_3 观测方程

而言，观测方程中所包含的硬件延迟和初始相位偏差均为不随时间变化的量，故可以被相应的模糊度参数吸收，此时模糊度参数的形式为

$$\lambda_3 N'_3 = \lambda_3 N_3 + hd_{r,3} - hd_{s,3} + pb_{r,3} - pb_{s,3} - HD_{r,3} + HD_{s,3} \tag{6.12}$$

此时，载波相位观测方程可简化表示为

$$\Phi_3 = \rho + c(\mathrm{d}t_r - \mathrm{d}t_s) + T + \lambda_3 N'_3 + m_3 + \varepsilon_{\Phi_3} \tag{6.13}$$

由此可见，在消电离层组合模型中，非整的模糊度包含了硬件延迟和初始相位偏差的消电离层组合模糊度。即上面对应的两简化公式为消电离层组合模型的伪距和载波相位观测方程。

2. 非组合模型

如果卫星钟差产品中包含了消电离层组合的卫星硬件延迟的影响，由观测方程公式可得

$$\begin{aligned}\Phi_i &= \rho + c(\mathrm{d}t'_r - \mathrm{d}t'_s) + T - \gamma_i I_1 + \lambda_i N_i + hd_{r,i} - hd_{s,j} + pb_{r,i} - \\ &\quad pb_{s,i} - HD_{r,1} + HD_{s,3} + m_i + \varepsilon_{\Phi_i}\\ P_1 &= \rho + c(\mathrm{d}t'_r - dt'_s) + T + \gamma_1 I_1 - \alpha_1 \cdot (HD_{s,1} - HD_{s,2}) + M_1 + \varepsilon_{P_1}\\ P_2 &= \rho + c(\mathrm{d}t'_r - \mathrm{d}t'_s) + T + \gamma_2 I_1 - HD_{r,1} + HD_{r,2} - \\ &\quad \alpha_2 \cdot (HD_{s,1} - HD_{s,2}) + M_2 + \varepsilon_{P_2}\end{aligned}$$

式中

$$\alpha_1 = \frac{f_2^2}{f_1^2 - f_2^2},\ \alpha_2 = \frac{f_1^2}{f_1^2 - f_2^2} \tag{6.14}$$

$HD_{s,1} - HD_{s,2}$ 为各卫星的差分码偏差(differential code bias)参数，可通过 IGS 发布的相应值进行改正，对于式中的硬件延迟和初始相位偏差同样被模糊度吸收，则相位观测方程为

$$\Phi_i = \rho + c(\mathrm{d}t'_r - \mathrm{d}t'_s) + T - \gamma_i I_1 + \lambda_i N'_i + m_i + \varepsilon_{\Phi_i} \tag{6.15}$$

经过参数重整后的伪距和载波相位观测方程为

$$P_i = \rho + c(\mathrm{d}t''_r - \mathrm{d}t'_s) + T + \gamma_i I'_1 - \alpha_i \cdot (HD_{s,1} - HD_{s,2}) + M_i + \varepsilon_{P_i} \tag{6.16}$$

$$\Phi_i = \rho + c(\mathrm{d}t''_r - \mathrm{d}t'_s) + T - \gamma_i I'_1 + \lambda_i N''_i + m_i + \varepsilon_{\Phi_i} \tag{6.17}$$

上述电离层的形式为

$$I'_1 = I_1 + \frac{\lambda_1^2}{\lambda_2^2 - \lambda_1^2}(HD_{r,2} - HD_{r,1}) \tag{6.18}$$

3. UofC 模型

UofC(University of Calgary)模型是 2002 年由 Gao 等提出的一种精密单点定位模型。它同时采用码和相位的半和组合及相位的消电离层组合作为观测量。该模型的特点是同时估计两个载波上的模糊度，具有较高的研究价值。

模型中每颗卫星对应 3 个观测量，观测方程为

$$l_{P\Phi_1} = \frac{P_1 + L_1}{2} = \rho + c\mathrm{d}t + Md_{\mathrm{trop}} + 0.5\lambda_1 N_1 + \varepsilon_{P\Phi_1}$$

$$l_{P\Phi_2} = \frac{P_2 + L_2}{2} = \rho + c\mathrm{d}t + Md_{\mathrm{trop}} + 0.5\lambda_2 N_2 + \varepsilon_{P\Phi_2}$$

$$l_{PF} = \frac{f_1^2 L_1 - f_2^2 L_2}{f_1^2 - f_1^2} = \rho + c\mathrm{d}t + Md_{\mathrm{trop}} + \frac{f_1^2 \lambda_1}{f_1^2 - f_2^2} N_1 - \frac{f_2^2 \lambda_2}{f_1^2 - f_2^2} N_2 + \varepsilon_{\Phi F}$$

式中：$l_{P\Phi_1}$ 、$l_{P\Phi_2}$ 为两个载波上的码及相位的半和组合；l_{PF} 为相位消电离层组合；N_1 、N_2 分别为两个频率的相位模糊度；$\varepsilon_{P\Phi_1}$ 、$\varepsilon_{P\Phi_2}$ 及 $\varepsilon_{\Phi F}$ 为组合观测量对应的观测噪声；ρ 为信号发射时刻的卫星位置到信号接收时刻接收机位置之间的几何距离；P 为 L 频率上的伪距观测值；$c\mathrm{d}t$ 为接收机钟差延迟项；Md_{trop} 为对流层干分量延迟项。

在 UofC 模型中，未知参数有接收机坐标、接收机钟差、对流层天顶延迟湿分量和每颗卫星对应的 2 个模糊度 N_1、N_2。

6.2.2 精密单点定位的参数估计策略

由于非差 GNSS 定位的观测值多，位置参数也多，计算量大，必须采用合适的参数估计方法才能准确、快速地估计其参数。本书拟采用扩展的卡尔曼滤波模型，然后采用消电离层组合模型进行精密单点定位。

1. 标准的卡尔曼滤波模型

物体的运动可以用两种模型来表示：一种为动力学模型，它根据作用于物体上的作用力由牛顿第二运动定律来表示；另一种称为动态(状态)模型，它是基于物体的运动状态参数的变化来表达。利用卡尔曼滤波处理动态数据首先需要简化滤波的动态模型(状态方程)和观测模型(观测方程)，假设卡尔曼滤波的状态方程和观测方程为

$$\boldsymbol{X}_k = \boldsymbol{\Phi}_{k/k-1}\boldsymbol{X}_{k-1} + \boldsymbol{\Gamma}_{k-1}\boldsymbol{\Omega}_{k-1} \tag{6.19}$$

$$\boldsymbol{L}_k = \boldsymbol{H}_k(\boldsymbol{X}_k) + \boldsymbol{W}_k \tag{6.20}$$

式中：k 表示为历元 k 的 n 维状态向量；$\boldsymbol{\Phi}_{k/k-1}$ 表示为 $n\times n$ 维一步状态转移矩阵；$\boldsymbol{\Gamma}_{k-1}$ 表示为 $n\times p$ 维动态噪声矩阵；$\boldsymbol{\Omega}_{k-1}$ 表示为 p 维动态噪声向量；$\boldsymbol{L}_k$ 表示为 k 时刻 m 维观测向量；$\boldsymbol{H}_k$ 表示为 $m\times n$ 维观测矩阵；$\boldsymbol{W}_k$ 表示为 m 维观测噪声向量。

得到线性化后状态方程的状态转移矩阵和观测方程的观测矩阵后，即可进行滤波递推过程，具体步骤为：

首先，计算 Sigma 点的状态一步预测

$$\boldsymbol{X}^{(i)}(k+1 \mid k) = f[k, \boldsymbol{X}^{(i)}(k \mid k)] \tag{6.21}$$

系统状态一步预测及协方差矩阵为

$$\hat{\boldsymbol{X}}(k+1 \mid k) = \sum_{i=0}^{2n} \omega^{(i)} \boldsymbol{X}^{(i)}(k+1 \mid k) \tag{6.22}$$

$$P(k+1\mid k)=\sum_{i=0}^{2n}\omega^{(i)}[\hat{\boldsymbol{X}}(k+1\mid k)-\boldsymbol{X}^{(i)}(k+1\mid k)][\hat{\boldsymbol{X}}(k+1\mid k)-\boldsymbol{X}^{(i)}(k+1\mid k)]^{\mathrm{T}} \tag{6.23}$$

Sigma点的观测预测为

$$\boldsymbol{Z}^{(i)}(k+1\mid k)=h[\boldsymbol{X}^{(i)}(k+1\mid k)] \tag{6.24}$$

观测预测均值及协方差为

$$\bar{\boldsymbol{Z}}(k+1\mid k)=\sum_{i=0}^{2n}\omega^{(i)}\boldsymbol{Z}^{(i)}(k+1\mid k) \tag{6.25}$$

$$\boldsymbol{S}(k+1\mid k)=\sum_{i=0}^{2n}\omega^{(i)}[\hat{\boldsymbol{Z}}(k+1\mid k)-\boldsymbol{Z}^{(i)}(K+1\mid k)][\hat{\boldsymbol{Z}}(k+1\mid k)-\boldsymbol{Z}^{(i)}(K+1\mid k)]^{\mathrm{T}} \tag{6.26}$$

增益矩阵为

$$\boldsymbol{K}(k+1)=\left\{\sum_{i=0}^{2n}\omega^{(i)}[\hat{\boldsymbol{X}}(k+1\mid k)-\boldsymbol{X}^{(i)}(k+1\mid k)][\hat{\boldsymbol{Z}}(k+1\mid k)-\boldsymbol{Z}^{(i)}(k+1\mid k)]^{\mathrm{T}}\right\}\boldsymbol{S}^{-1}(k+1) \tag{6.27}$$

更新后系统状态估计及协方差矩阵为

$$\hat{\boldsymbol{X}}(k+1\mid k+1)=\hat{\boldsymbol{X}}(k+1\mid k)+\boldsymbol{K}(k+1)[\boldsymbol{Z}(k+1)-\hat{\boldsymbol{Z}}(k+1\mid k)] \tag{6.28}$$

$$\boldsymbol{P}(k+1\mid k+1)=\boldsymbol{P}(k+1\mid k)-\boldsymbol{K}(k+1)\boldsymbol{S}(k+1)\boldsymbol{K}^{\mathrm{T}}(k+1) \tag{6.29}$$

将滤波估计存入计算机，等待下一时刻得到新的观测值，重复上述计算过程。滤波过程实际上就是以不断的“预测-修正”的递推方式进行计算，先进行预测值计算，再根据观测值得到的新信息和卡尔曼增益(加权项)，对预测值进行修正。由滤波值可以得到预测值，又由预测值得到滤波值，其预测和滤波相互作用，并不要求存储任何观测数据，就可以进行实时估计。

2. 消电离层组合模型

利用上述扩展卡尔曼滤波模型，消电离层组合的状态方程可表示为

$$\boldsymbol{X}(i+1)=\boldsymbol{\Phi}_{i+1,i}\cdot\boldsymbol{X}(i)+\boldsymbol{\omega}(i),\ \boldsymbol{\omega}\sim N(0,\boldsymbol{Q}_w) \tag{6.30}$$

$$\boldsymbol{\Phi}_{i+1,i}=\begin{bmatrix}\underset{3\times3}{\boldsymbol{P}} & & & \\ & 0 & & \\ & & 1 & \\ & & & \underset{m\times m}{\boldsymbol{I}}\end{bmatrix} \tag{6.31}$$

$$\boldsymbol{Q}_w = \begin{bmatrix} \underset{3\times 3}{\boldsymbol{q}_p} \cdot \Delta t & & & \\ & q_t \cdot \Delta t & & \\ & & q_z \cdot \Delta t & \\ & & & \underset{m\times m}{\boldsymbol{0}} \end{bmatrix} \tag{6.32}$$

式中：$\boldsymbol{X}(i)$ 和 $\boldsymbol{X}(i+1)$ 分别表示相邻历元的状态向量；$\boldsymbol{\Phi}_{i+1,j}$ 为对应的状态转移矩阵；$\boldsymbol{\omega}$ 为服从正态分布的过程噪声，其均值和协方差矩阵分别为 0 和 $\boldsymbol{Q}_w$；t 为相邻历元的时间间隔；$\boldsymbol{P}$ 矩阵表示位置参数的转移矩阵，在静态或动态定位的条件下，其分别为单位矩阵或零矩阵；其余矩阵分别对应于接收机钟差、天顶对流层延迟及消电离层组合模糊度参数的转移矩阵。

采用卡尔曼滤波技术进行参数估计，各状态参数的过程噪声可分别描述为：

(1)位置参数。对于静态观测，该位置参数被描述为时不变参数，即不受状态噪声的影响；对于动态观测而言，该位置参数被描述为具有白噪声性质的参数，即每历元估计一个新的位置参数。

(2)模糊度参数。若不存在信号失锁，模糊度参数均被描述为不变的参数，当某一历元探测出周跳时，则引入新的模糊度参数。

(3)接收机钟差参数。考虑到接收机钟差历元间变化较大，该参数在滤波估计的过程中被描述为具有白噪声性质的参数。

(4)对流层天顶延迟参数。对流层延迟对 GNSS 观测值的影响可以通过先验改正和参数估计的方法加以考虑，对于经过模型改正后的残余对流层延迟的影响，一般将其投影至测站的天顶方向，即待估参数为天顶方向的对流层残余延迟，该延迟历元间变化较小，一般可以采用随机游走(动态定位)或分段线性函数的形式(静态定位)进行估计。

各类状态参数的谱密度的具体值依实际情况而定。例如，对于动态定位而言，位置参数谱密度的取值取决于载体运动状态，对流层延迟参数的谱密度则根据大气条件的变化特性进行确定。

6.3　顾及系统误差的抗差模型

精密单点定位中，系统误差为一常数或存在一定的规律性，通过检校或建模方法消除，如地球固体潮改正、相位缠绕。随机误差不可估计且服从统计规律，如电子噪声引起的码相关。粗差指不服从任何规律的较大偏差，如钟跳。各种误差导致卡尔曼滤波观测模型异常。当变量间不相关时，根据模型异常识别方法确定异常后利用抗差消除其影响；当变量间相关时，多粗差降低统计量检验的准确性，甚至得到错误的结果。根据统计量间的相关性，将去相关后的统计量作为新的统计量探测异常及抗差。

精密单点定位采用消电离层一阶项的线性组合模型，忽略高阶电离层延迟的影响。为了获得厘米级甚至毫米级的解算精度，高阶电离层延迟不容忽视。其改正包括多频消除和模型改正两种方法，存在一定的局限性。因为残差包含噪声和高阶电离层延迟，噪声的时频特性与高阶电离层延迟不同，将信号多尺度分解后，去除噪声，提取高阶电离层延迟，并补偿组合观测值以获得高精度的定位结果。

6.3.1 新息和残差的随机性分析指标

GNSS导航定位中，卫星发送的测距码和载波相位与理想信号有差别，传播过程中又受到各种介质或其他信号的干扰，接收机接收到的信号包含确知信号和随机信号两部分。确知信号可用一定的时间函数表示，通过明确的数学关系准确预测，如根据站星间的物理背景或几何结构关系建立观测模型提取确知信号。随机信号也可表示为时间的函数，但没有规律性，不能通过其建立明确的数学关系准确预测。确知信号被提取之后，剩余的信号为高斯噪声，即卡尔曼滤波新息或残差。

GNSS观测值为服从正态分布的随机变量。如果线性系统的输入为高斯分布，则输出为高斯分布。GNSS信号通过模型提取有用信息后，新息或残差是均值为零、方差已知的高斯噪声。高斯噪声不能表示为确定的时间函数，只能取相应数值的概率，通常采用时频域的统计特征描述。时域的统计特征包括均值的平稳性检验和自相关函数的时间相关检验。高斯噪声是功率信号，一般功率谱描述随机信号的频域特性。

1. 平稳性

平稳性检验是将样本分为若干个等时间区间，计算每个区间的均值，然后检验此序列是否有异常的变化趋势。常用的检验方法为轮次检验，新息和残差的移动均值检验为

$$\boldsymbol{\mu}_d = \lim_{N\to\infty}\frac{1}{N}\sum_{i=1}^{N}\boldsymbol{d}_i \tag{6.33}$$

$$\boldsymbol{\mu}_v = \lim_{N\to\infty}\frac{1}{N}\sum_{i=1}^{N}\boldsymbol{v}_i \tag{6.34}$$

2. 正态性

为了判断新息或残差是否服从正态分布，常用卡方拟合优度检验。即将样本长度分为多个区间，计算样本落入各个区间的频数，与理论概率密度分布函数计算的频数比较。直接的方法是绘制实测数据的概率密度分布的频数直方图与正态分布拟合曲线对比。

3. 时间相关性

自相关函数描述信号的周期性，因为周期信号的自相关函数是周期性的，且与原信号周期相同，不随时间衰减。假设信号为平稳且各态历经的，则自相关函数为

$$\left.\begin{aligned}\rho_p &= \frac{1}{N}\sum_{i=1}^{N-|p|}(\boldsymbol{d}_i-\boldsymbol{\mu}_d)(\boldsymbol{d}_{i+|p|}-\boldsymbol{\mu}_d)^{\mathrm{T}},\ p=0,\pm1,\pm2,\cdots,\pm(N-1)\\ \rho_p &= \frac{1}{N}\sum_{i=1}^{N-|p|}(\boldsymbol{v}_i-\boldsymbol{\mu}_v)(\boldsymbol{d}_{i+|p|}-\boldsymbol{\mu}_v)^{\mathrm{T}},\ p=0,\pm1,\pm2,\cdots,\pm(N-1)\end{aligned}\right\}\tag{6.35}$$

当 $p=0$ 时，式(6.35)为新息或残差序列的方差，描述新息或残差序列幅值变化的剧烈程度。如果序列变化缓慢，自相关性强；如果序列具有周期性，自相关函数也具有周期性；如果序列为白噪声，自相关函数会随着 p 值的增加而很快衰减为 0。

4. 功率谱

随机信号是持续时间无限长，具有无限大能量的功率信号，只能对随机信号的自相关函数进行傅里叶变换，得到功率谱。它描述随机信号的功率在不同频率上的分布，仅与幅度频谱有关，没有相位信息。功率谱为

$$P_\rho(\omega)=\int_{-\infty}^{\infty}\rho_p(\tau)\mathrm{e}^{-\mathrm{i}\omega\tau}\mathrm{d}\tau\tag{6.36}$$

式中，ω 为频率，i 为复数频率，τ 为脉冲宽度。

6.3.2　观测模型的统计抗差卡尔曼滤波

1. 抗差卡尔曼滤波

非差观测值包含信号发射、传播和接收等各种误差因素的影响，降低解算精度。如果其中包含粗差，将导致解算结果产生偏差。新息包含前一段时刻的预测信息，残差为随机噪声。

假设观测模型存在粗差，表示为

$$\boldsymbol{Z}_k=\boldsymbol{H}_k\boldsymbol{x}_k+\boldsymbol{S}\,\nabla_S+\boldsymbol{\varepsilon}_k\tag{6.37}$$

根据卡尔曼滤波的解算过程为

$$\boldsymbol{v}_k=\boldsymbol{x}_k-\boldsymbol{x}_k^-=\boldsymbol{K}_k\boldsymbol{d}_k\tag{6.38}$$

式中，$\boldsymbol{d}_k=\boldsymbol{Z}_k-\boldsymbol{H}_k\boldsymbol{x}_k=\boldsymbol{S}\nabla_S+\boldsymbol{\varepsilon}_k$ 。

观测值粗差通过增益矩阵影响估计坐标，可通过降低粗差项对应的元素减少粗差对估计坐标的贡献值，即

$$\bar{\boldsymbol{K}}_k=\alpha\boldsymbol{K}_k\tag{6.39}$$

式中，α 为抗差因子，$\bar{\boldsymbol{K}}_k$ 为等价增益矩阵。抗差因子是根据实际情况通过抗差

变量构造的影响函数。目前，已有多种影响函数，各种方法的对比如表6.1所示。

表6.1 抗差估计的影响函数

作者	影响函数	抗差变量
Huber (1964)	$\begin{cases} 1 & \text{当}\ \lvert RV_j \rvert \leqslant k_0 \\ \dfrac{k_0}{\lvert RV_j \rvert} & \text{当}\ \lvert RV_j \rvert > k_0 \end{cases}$	$RV_j = \dfrac{d_j}{\sigma_{d_j}}$
Andrews (1972)	$\begin{cases} \dfrac{\sin(RV_j/k_0)}{RV_j/k_0} & \text{当}\ \lvert RV_j \rvert \leqslant k_0\pi \\ 0 & \text{当}\ \lvert RV_j \rvert > k_0\pi \end{cases}$	$RV_j = d_j^2$
IGGⅢ (1992)	$\begin{cases} 1 & \text{当}\ \lvert RV_j \rvert \leqslant k_0 \\ \dfrac{k_0}{RV_j} \times \left[\dfrac{k_1 - RV_j}{k_1 - k_0}\right]^2 & \text{当}\ k_0 < \lvert RV_j \rvert \leqslant k_1 \\ 0 & \text{当}\ \lvert RV_j \rvert > k_1 \end{cases}$	$RV_j = \dfrac{d_j}{\sigma_{d_j}}$

抗差因子中RV称为抗差变量。卡尔曼滤波的抗差变量为新息或残差。新息能够正确处理同等精度观测值。当观测值具有不同精度时，残差能够准确反映不等精度观测值的随机性。残差基于参数的估计值，不能直接用于抗差，可用残差的新息表达式进行实时数据处理。

2. 统计抗差卡尔曼滤波

卡尔曼滤波残差与误差的关系为

$$\boldsymbol{v}_k = -(\boldsymbol{R}_k \boldsymbol{Q}_{d_k}^{-1})\boldsymbol{\varepsilon}_k \tag{6.40}$$

当$\boldsymbol{\varepsilon}_k$中含有粗差时，残差部分反映粗差。它不仅作用于对应的残差项，还影响其他残差项，甚至残差的最大项并不一定为粗差对应的残差项。如果利用其降权，不仅降低正常观测值的精度，而且夸大粗差对估计结果的贡献，导致估计结果不可靠。虽然基于数学期望平移模型的粗差估计值可以表示为残差的线性函数，但两者具有本质的区别，相应的统计量能够正确反映粗差的影响。

在单粗差假设下，观测模型统计量为

$$w_{oi} = \frac{\boldsymbol{\nabla}_e}{\sigma_0\sqrt{\boldsymbol{Q}_{\nabla_e}}} = \frac{\boldsymbol{e}_i^{\mathrm{T}} \boldsymbol{Q}_{d_k}^{-1} \boldsymbol{d}_k}{\sigma_0\sqrt{\boldsymbol{e}_i^{\mathrm{T}} \boldsymbol{Q}_{d_k}^{-1} \boldsymbol{e}_i}} \tag{6.41}$$

当统计检验探测到粗差时，无法确定是观测模型还是动力学模型引起。由于两种模型统计量之间相关系数小于1，统计量较大项对应的残差项为粗差项。通过统计量构造相应的抗差因子对增益矩阵降权。以三段权函数(IGGⅢ)为例，当观测值存在粗差时，加权后的等价增益矩阵为

$$\bar{\boldsymbol{K}}_{0ij}=\begin{cases}\boldsymbol{K}_{ij} & \text{当 } w_{oi}\leqslant k_0\\ \boldsymbol{K}_{ij}\times\dfrac{k_0}{w_{oi}}\times\left[\dfrac{k_1-w_{oi}}{k_1-k_0}\right]^2 & \text{当 } k_0<w_{oi}\leqslant k_1\\ 0 & \text{当 } w_{oi}>k_1\end{cases}\tag{6.42}$$

为了区分观测值异常和动力学模型异常，可根据观测模型统计量的最大值与动力学模型统计量的最大值之间的关系判断异常类型。

3. 动力学模型的统计自适应抗差

卡尔曼滤波的解算方法不同，其抗差方法也不相同。最小二乘解的抗差可以同时考虑观测模型异常和动力学模型异常，而标准卡尔曼滤波解的抗差主要针对观测模型异常，动力学模型异常考虑较少。

卡尔曼滤波的最小二乘解算公式为(周江文 等，1997)

$$\boldsymbol{x}_k=(\boldsymbol{H}_k^{\mathrm{T}}\boldsymbol{R}_k^{-1}\boldsymbol{H}_k+\boldsymbol{P}_k^-)^{-1}(\boldsymbol{H}_k^{\mathrm{T}}\boldsymbol{R}_k^{-1}\boldsymbol{z}_k+\boldsymbol{P}_k^-\boldsymbol{x}_k^-)\tag{6.43}$$

这种形式的解算方法可以处理观测模型异常和动力学模型异常。作为精度指标的协方差能够可靠地反映观测值或状态向量的离散程度，通过扩大异常观测的方差以降低观测模型或动力学模型对状态估计值的影响。当只有观测模型粗差时，将 $\boldsymbol{R}_k^{-1}$ 乘以相应的自适应抗差因子；当只有动力学模型粗差时，将 $\boldsymbol{P}_k^-$ 乘以相应的自适应抗差因子；当同时存在粗差时，同时调节两个矩阵实现抗差。

标准卡尔曼滤波的新息与估计参数的关系式为

$$\boldsymbol{x}_k=\boldsymbol{x}_k^-+\boldsymbol{K}_k\boldsymbol{d}_k,\ \boldsymbol{d}_k=\boldsymbol{z}_k-\boldsymbol{H}_k\boldsymbol{x}_k^-\tag{6.44}$$

观测值中粗差通过增益矩阵影响状态向量的估计值。现有的抗差估计通过对增益矩阵 $\boldsymbol{K}_k$ 加权实现抗差。这种方法能够很好地处理观测值粗差，却不能准确地处理动力学模型异常。因为新息通过卫星几何结构部分反映动力学模型粗差，此方法可能导致解算结果发生歪曲甚至发散。由于参数的协方差阵反映参数的精度，观测噪声方差矩阵 $\boldsymbol{R}_k$ 和过程噪声方差矩阵 $\boldsymbol{P}_k^-$ 分别描述观测值和预计状态向量的精度，因此，当两者存在粗差时，可以通过增大方差矩阵实现抗差。

基于统计量的自适应抗差方法为

$$\boldsymbol{K}_k=\frac{1}{\alpha}\boldsymbol{P}_k^-\boldsymbol{H}_k^{\mathrm{T}}\left(\frac{1}{\alpha}\boldsymbol{H}_k\boldsymbol{P}_k^-\boldsymbol{H}_k^{\mathrm{T}}+\boldsymbol{R}_k\right)^{-1}\tag{6.45}$$

式中，α 为抗差因子，其三段函数的表达式为

$$\alpha=\begin{cases}1 & \text{当 } w_{di}\leqslant k_0\\ \dfrac{k_0}{w_{di}}\times\left[\dfrac{k_1-w_{di}}{k_1-k_0}\right]^2 & \text{当 } k_0<w_{di}\leqslant k_1\\ 0 & \text{当 } w_{di}>k_1\end{cases}\tag{6.46}$$

式中，w_{di} 为动力学模型的统计量，即

$$w_{di}=\frac{\nabla_e}{\sigma_0\sqrt{Q_{\nabla_e}}}=\frac{\boldsymbol{e}_i^{\mathrm{T}}\boldsymbol{H}_k^{\mathrm{T}}\boldsymbol{Q}_{d_k}^{-1}\boldsymbol{d}_k}{\sigma_0\sqrt{\boldsymbol{e}_i^{\mathrm{T}}\boldsymbol{H}_k^{\mathrm{T}}\boldsymbol{Q}_{d_k}^{-1}\boldsymbol{H}_k\boldsymbol{e}_i}} \tag{6.47}$$

增益矩阵的统计抗差法为

$$\bar{\boldsymbol{K}}_{dij}=\begin{cases}\boldsymbol{K}_{ij} & \text{当 } w_{di}\leqslant k_0\\ \boldsymbol{K}_{ij}\times\dfrac{k_0}{w_{di}}\times\left[\dfrac{k_1-w_{di}}{k_1-k_0}\right]^2 & \text{当 } k_0<w_{di}\leqslant k_1\\ 0 & \text{当 } w_{di}>k_1\end{cases} \tag{6.48}$$

对比上述两种方法，动力学模型异常 ∇_s 通过卫星几何结构 $\boldsymbol{H}_k$ 投影到新息 $\boldsymbol{d}_k$，再通过增益矩阵影响估计参数。虽然动力学模型统计量考虑卫星几何结构的影响，但是估计参数之间存在相关性甚至强相关性。动力学模型粗差不仅影响对应的分量，还通过相关系数影响其他估计参数。增益矩阵的降权方法无法考虑相关系数的影响。自适应抗差方法用投影后的统计量使粗差对应项的方差膨胀，从而降低其权值。同时，估计参数的预计协方差阵包含估计参数之间的相关性，可以兼顾两者。

4. 相关观测的统计量去相关理论

由上节内容可知，载波相位观测值之间存在一定的相关性，伪距观测值之间没有相关性，伪距观测值与载波相位观测值之间没有相关性。当伪距观测值存在单或多粗差时，模型异常识别能够准确定位；当伪距观测值和载波相位观测值同时存在单粗差时，也能够确定异常发生的位置。但是，当载波相位观测值存在多粗差时，模型异常识别的统计检验可能得到错误的结果，导致这种结果的原因是载波相位观测值之间的相关性。为了确定相关观测的多粗差位置，根据载波相位观测值构造的统计量之间的相关系数去相关，获得新的统计量进行多粗差探测和抗差。下面简单介绍一下统计量去相关原理和多粗差识别技术。

假设 x 为观测模型或动力学模型的统计量，$\boldsymbol{A}$ 为统计量的相关系数矩阵，y 为原始统计量，则根据相关系数矩阵反演原始统计量为

$$y=\mathrm{inv}(\boldsymbol{A})\cdot x \tag{6.49}$$

当模型存在异常时，构造相应的统计量为

$$w_{oi}=\frac{\nabla_e}{\sigma_0\sqrt{Q_{\nabla_e}}}=\frac{\boldsymbol{e}_i^{\mathrm{T}}\boldsymbol{Q}_{d_k}^{-1}\boldsymbol{d}_k}{\sigma_0\sqrt{\boldsymbol{e}_i^{\mathrm{T}}\boldsymbol{Q}_{d_k}^{-1}\boldsymbol{e}_i}} \tag{6.50}$$

统计量之间的相关系数为

$$\rho_{i,j}=\frac{\boldsymbol{e}_i^{\mathrm{T}}\boldsymbol{Q}_{d_k}^{-1}\boldsymbol{e}_j}{\sqrt{\boldsymbol{e}_i^{\mathrm{T}}\boldsymbol{Q}_{d_k}^{-1}\boldsymbol{e}_i}\sqrt{\boldsymbol{e}_i^{\mathrm{T}}\boldsymbol{Q}_{d_k}^{-1}\boldsymbol{e}_i}} \tag{6.51}$$

在观测更新之前，通过卡尔曼滤波新息 $\boldsymbol{d}_k$ 及其协方差矩阵 $\boldsymbol{Q}_{d_k}^{-1}$ 可计算统计量和相关系数。在故障识别时，利用统计量的去相关形式进行模型异常探测。新的统计量为

$$\overline{w}_{oi} = \mathrm{inv}(\rho_{i,j}) \cdot w_{oi} \tag{6.52}$$

5. 小波降噪原理及模型

GNSS应用中，为了提高观测值的质量和解算精度，必须对确知信号包含的噪声分析处理。虽然数据采集方式不同，其噪声模型也不同，但总体上噪声信号可分为加法噪声和乘法噪声。假设 $s(t)$ 代表含有噪声的确知信号，$\rho(t)$ 代表确知信号，$\varepsilon(t)$ 代表噪声信号，则加法噪声表示为

$$s(t) = \rho(t)(1+\varepsilon(t)) = \rho(t) + \rho(t) \cdot \varepsilon(t) \tag{6.53}$$

加法噪声与确知信号的大小无关，其特性由本身的统计特征决定。乘法噪声与确知信号相关，确知信号越大，噪声越大。处理时一般假设确知信号与噪声信号相互独立。根据卡尔曼滤波最优估计的假设条件，只对加法噪声进行分析并研究如何消除。确知信号和噪声在时频域上的特性不同，确知信号在时频域上一般表现为平稳信号或具有低频特性，其分布具有局部性；噪声为高频信号，分布具有全局性。这种时频域上的差异通过多分辨率分析，可分离不同的频率成分，对其进行相应的处理，以达到降噪的目的。

小波将原始信号时间序列或残差作为降噪对象。卡尔曼滤波的小波降噪方法分为两种：①先将信号分解到多个尺度，然后对每个尺度进行卡尔曼滤波，再将滤波后的估计值进行小波重构获得最优估计；②先将信号分解到多个尺度，根据先验信息和信号的统计特性，对细节信号给定阈值处理，然后重构获得最终信号，并将其作为新的观测值通过卡尔曼滤波获得最优估计。本书将残差作为降噪对象，降噪后的信号作为改正项对电离层组合观测值进行改正，然后利用卡尔曼滤波估计。

根据快速二进小波分解及重构原理，确定小波阈值降噪的基本步骤为：

(1)选择母小波，确定其分解层次后进行小波分解。

(2)确定每层阈值后处理高频系数。

(3)根据阈值处理后的高频系数与低频信息进行小波重构。

从降噪过程可知，阈值的选取直接关系到降噪效果。由于精密单点定位组合观测值的噪声为原始观测值噪声的2～3倍，故只利用硬阈值降噪模型，其模型为

$$\hat{s}_i = \begin{cases} s_i & \text{当} |s_i| \geqslant \lambda \\ 0 & \text{当} |s_i| < \lambda \end{cases} \tag{6.54}$$

式中，s_i 为小波分解各个层次的原始信号，λ 为对应的每个层次的阈值，$\hat{s}_i$ 为每个层次阈值处理后的信号。

6.4 滤波模型异常探测和识别

当最小二乘的观测模型或随机模型发生异常时,获得的估计值失去最优性,需要探测和识别模型异常。最小二乘的粗差探测和可靠性理论比较成熟,部分理论基于最小二乘的多余观测数。由于卡尔曼滤波不仅包含观测模型和随机模型,还包括动力学模型。因此,首先从卡尔曼滤波多余观测数出发,研究卡尔曼滤波多余观测数与最小二乘多余观测数的区别。然后将卡尔曼滤波动力学模型预计的状态向量作为伪观测值,与实际观测值联立组成最小二乘形式,利用最小二乘相关的成熟理论,推导卡尔曼滤波观测模型和动力学模型的模型异常探测和识别的理论及方法。

卡尔曼滤波的多余观测数不仅与卫星的几何结构、观测值的精度有关,还与参数的预测方差有关。根据最小二乘的多余观测数性质可知,多余观测分量仅代表观测误差反映在改正数的百分比。虽然双频接收机的观测值之间不相关,但新息方差的影响使改正数之间存在一定的相关性,用于粗差探测不可靠。最小二乘的多余观测数只与卫星几何结构和观测值的精度有关,可作为可靠性、粗差探测及方差分量估计的研究指标。

6.4.1 模型异常探测与识别

模型异常探测通过检验后验估计方差判断卡尔曼滤波的整体模型是否存在异常,这种检验又称为整体检验。整体模型包括动力学模型、观测模型和随机模型。整体检验的原假设是卡尔曼滤波的整体模型正确,备选假设是整体模型存在异常。如果拒绝原假设,说明在一定显著水平下,模型可能存在异常,估计结果不可靠。为了推导卡尔曼滤波模型的整体检验统计量,将卡尔曼滤波的两个模型联立后表示为最小二乘形式,根据最小二乘原理获得后验方差,通过与先验方差比较构造整体检验的统计量。

模型异常探测是在零假设成立的情况下,根据给定的显著性水平 α 和分布类型确定临界值,然后与统计量比较判断模型是否可能存在异常。整体模型异常不改变观测值的分布类型,只使其概率分布产生一定的偏移。整体模型异常引起整体模型统计量 T_k,产生偏移量 λ,统计学上称为非中心化参数。

统计量 T_k 服从非中心化卡方分布 $\chi^2(1-\alpha, f, \lambda)$。其中,$f$ 为自由度,非中心化参数 $\lambda = \frac{1}{\sigma_0^2} \boldsymbol{\nabla}_k^{\mathrm{T}} \boldsymbol{W}_k \boldsymbol{Q}_{v_k} \boldsymbol{W}_k \boldsymbol{\nabla}_k$。当 $\lambda = 0$ 时,统计量服从卡方分布。

理论上,零假设通过卡方检验,说明模型没有异常。而有限样本使卡方检验出现两种错误选择的可能性,分别用显著水平 α 和检验功效 β 表示。如果给定两个参数，可确定假设检验可探测的最小值 λ 。

在对模型的异常识别时，动力学模型和观测模型异常不能改变观测值的分布，只能使动力学模型和观测模型检验统计量 w_i 产生相应的偏移量 δ，从而使统计量的分布函数产生相应的平移 δ 。

统计量 w_i 服从非中心化正态分布 $N(1-\alpha,\delta,1)$ 。其中，$\delta=\dfrac{\nabla_S}{\sigma_0\sqrt{Q_{SS}}}$ 。

与卡方检验原理类似，理论上零假设通过 w 检验，模型没有异常。有限样本使 w 检验出现两种错误选择的可能性。

6.4.2 卡尔曼滤波模型的可靠性

粗差探测和识别通过检验量与给定显著性水平确定的阈值进行比较，确定模型是否存在异常。模型异常的可定位性和可区分性提高了模型异常探测和识别的准确性。但是，模型异常的可探测异常存在一个最小值。这个最小值与给定的检验量阈值有关。因此，根据显著性水平、检验功效和分布类型反演最小可探测异常值，即内部可靠性，通常用最小可探测偏差(minilnal detectable biases，MDB)表示。同时，不可探测异常对状态估计的影响，称为外部可靠性。

1. 内部可靠性

根据上述统计检验理论可知，非中心化参数 δ 为显著水平 α 和检验功效 β 的函数，即 $\delta=f(\alpha,\beta)$。对于给定的显著性水平 α 和检验功效 β，可确定统计检验中可探测的最小偏移量 δ_0。

模型异常检验时非中心化参数 δ 与模型异常估计值之间的关系为

$$\delta=\frac{\nabla_S}{\sigma_0\sqrt{Q_{SS}}} \tag{6.55}$$

模型异常的估计值为

$$\nabla_S=\delta\sigma_0\sqrt{Q_{SS}} \tag{6.56}$$

当非中心化参数 δ 为可探测的最小偏移量 δ_0 时，可得可探测模型异常的最小值为

$$\nabla_S=\delta_S\sigma_0\sqrt{Q_{SS}} \tag{6.57}$$

(1)观测模型的内部可靠性。

根据可探测模型异常的最小值公式确定可探测观测模型异常的最小值为

$$\nabla_o=\frac{\delta_0\sigma_0}{\sqrt{\boldsymbol{S}^{\mathrm{T}}\boldsymbol{Q}_{d_k}^{-1}\boldsymbol{S}}} \tag{6.58}$$

如果观测模型只存在单个模型异常，则可探测的最小模型异常为

$$\nabla_{oe} = \frac{\delta_0 \sigma_0}{\sqrt{\boldsymbol{e}_i^{\mathrm{T}} \boldsymbol{Q}_{d_k}^{-1} \boldsymbol{e}_i}} \tag{6.59}$$

(2)动力学模型的内部可靠性。

根据可探测模型异常的最小公式,可探测动力学模型异常的最小值为

$$\nabla_d = \frac{\delta_0 \sigma_0}{\sqrt{\boldsymbol{S}^{\mathrm{T}} \boldsymbol{H}_k^{\mathrm{T}} \boldsymbol{Q}_{d_k}^{-1} \boldsymbol{H}_k \boldsymbol{S}}} \tag{6.60}$$

如果动力学模型只存在单个模型异常,则可探测的最小模型异常为

$$\nabla_{de} = \frac{\delta_0 \sigma_0}{\sqrt{\boldsymbol{e}_i^{\mathrm{T}} \boldsymbol{H}_k^{\mathrm{T}} \boldsymbol{Q}_{d_k}^{-1} \boldsymbol{H}_k \boldsymbol{e}_i}} \tag{6.61}$$

2. 外部可靠性

外部可靠性指不可发现的模型误差对估计结果的影响。观测值和预计状态向量与待估参数的关系为

$$\begin{aligned} \boldsymbol{x}_k &= \boldsymbol{x}_k^- + \boldsymbol{K}_k(\boldsymbol{z}_k - \boldsymbol{H}_k \boldsymbol{x}_k^-) = \boldsymbol{K}_k \boldsymbol{z}_k + (\boldsymbol{I} - \boldsymbol{K}_k \boldsymbol{H}_k)\boldsymbol{x}_k^- \\ &= \boldsymbol{P}_k \boldsymbol{H}_k^{\mathrm{T}} \boldsymbol{R}_k^{-1} \boldsymbol{z}_k + (\boldsymbol{I} - \boldsymbol{K}_k \boldsymbol{H}_k)\boldsymbol{x}_k^- \end{aligned} \tag{6.62}$$

当观测方程中存在模型异常时,外部可靠性为

$$\nabla_{ox} = \boldsymbol{P}_k \boldsymbol{H}_k^{\mathrm{T}} \boldsymbol{R}_k^{-1} \boldsymbol{S} \nabla_o \tag{6.63}$$

只存在单个模型异常时,外部可靠性为

$$\nabla_{ox} = \boldsymbol{P}_k \boldsymbol{H}_k^{\mathrm{T}} \boldsymbol{R}_k^{-1} \boldsymbol{e}_i \nabla_{oe} \tag{6.64}$$

由式(6.64)可以看出,卡尔曼滤波观测模型的外部可靠性等同于最小二乘的外部可靠性。动力学模型的外部可靠性为

$$\nabla_{dx} = (\boldsymbol{I} - \boldsymbol{K}_k \boldsymbol{H}_k)\boldsymbol{S}\, \nabla_d \tag{6.65}$$

如果只存在单个模型异常,则外部可靠性为

$$\nabla_{dx} = (\boldsymbol{I} - \boldsymbol{K}_k \boldsymbol{H}_k)\boldsymbol{e}_i\, \nabla_{de} \tag{6.66}$$

6.4.3 估计参数的精度评定

虽然精密单点定位加入了各种误差改正,却忽略了一些影响因素,如高阶电离层、多路径效应等,这些忽略的因素将影响接收机坐标的估计精度。因此,在将成果提供使用之前,需要进行精度评定。精度是指误差分布的密集或离散的程度,在不考虑粗差和系统误差的情况下,精度可以描述随机误差传播的特征。

参数的协方差阵能够描述其所有的精度信息,其他精度指标由其推导而来,如评价卫星几何结构影响的精度衰减因子(dilution of precision,DOP)。它是参数协方差矩阵对角线元素的简单函数。观测误差相同的情况下,几何分布强度差会降低估计接收机坐标的精度。精密单点定位中参数的协方差矩阵表示为

$$\boldsymbol{D}_x = \sigma_0 \boldsymbol{Q}_x = \sigma_0^2 \begin{bmatrix} q_{xx} & & & & & & & \\ q_{xy} & q_{yy} & & & & & & \\ q_{xz} & q_{yz} & q_{zz} & & & & & \\ q_{x\mathrm{clk}} & q_{y\mathrm{clk}} & q_{z\mathrm{clk}} & q_{\mathrm{clk}} & & & & \\ q_{x\mathrm{trop}} & q_{y\mathrm{trop}} & q_{z\mathrm{trop}} & q_{\mathrm{clktrop}} & q_{\mathrm{trop}} & & & \\ q_{xN_1} & q_{yN_1} & q_{zN_1} & q_{\mathrm{clk}N_1} & q_{\mathrm{trop}N_1} & q_{N_1} & & \\ \vdots & \vdots & \vdots & \vdots & \vdots & \vdots & \ddots & \\ q_{xNn} & q_{yN_{n1}} & q_{zN_n} & q_{\mathrm{clk}N_n} & q_{\mathrm{trop}N_n} & q_{N_1 N_{n1}} & \cdots & q_{N_{n1}} \end{bmatrix} \tag{6.67}$$

精度因子为

$$\boldsymbol{Q}_{\mathrm{dop}} = (\boldsymbol{H}_k^{\mathrm{T}} \boldsymbol{H}_k)^{-1} = \begin{bmatrix} q_x & & & \\ q_{xy} & q_y & & \\ q_{xz} & q_{yz} & q_z & \\ q_{xt} & q_{yt} & q_{zt} & q_t \end{bmatrix} \tag{6.68}$$

1. 一维方向测站精度评定

接收机到卫星的距离误差看作服从均值为 0 的正态分布。通过计算采样数据的平均值可以获得均值的估值，而用标准差定量描述这种误差的分布或离散程度。一维方向的精度因子描述卫星几何结构对每个方向的影响，如 x、y 和 z 方向的精度因子分别为 DOP_x、DOP_y 和 DOP_z。这些指标的计算公式如下：

(1)均值 $\bar{x} = \dfrac{\sum_{i=1}^{n} x_i}{n}$，$\bar{y} = \dfrac{\sum_{i=1}^{n} y_i}{n}$，$\bar{z} = \dfrac{\sum_{i=1}^{n} z_i}{n}$。

(2)标准差 $\sigma_x = \sqrt{\dfrac{\sum_{i=1}^{n} (\bar{x} - x_i)^2}{n-1}}$，$\sigma_y = \sqrt{\dfrac{\sum_{i=1}^{n} (\bar{y} - y_i)^2}{n-1}}$，$\sigma_z = \sqrt{\dfrac{\sum_{i=1}^{n} (\bar{z} - z_i)^2}{n-1}}$。

(3)一维精度衰减因子 $DOP_x = \sqrt{q_x}$，$DOP_y = \sqrt{q_y}$，$DOP_z = \sqrt{q_z}$。

2. 二维平面测站精度评定

一维方向的标准差只描述沿某一坐标轴方向的定位精度。平面中测站的点位精度用中误差表示。由于中误差的概率只为 68.3%，常用 2 倍中误差作为衡量平面精度的指标和设计 GNSS 精密单点定位服务的水平定位精度尺度，其概率为

95.5%。中误差的计算公式为

$$\sigma_p = \sqrt{\sigma_x^2 + \sigma_y^2} \tag{6.69}$$

一维标准差和点位中误差分别描述测站沿坐标轴和平面的平均精度，不能包含点位的全部平面精度信息，因为测站坐标分量间存在相关性。为了分析测站在任意方向上的误差，根据坐标分量间的相关性建立相应的数学模型绘制测站的点位水平误差椭圆。误差椭圆由长半轴、短半轴及长半轴的方位角三个变量决定，其计算公式如下：

(1)长半轴的方位角 $\psi = \frac{1}{2}\tan^{-1}\frac{2\sigma_{xy}}{\sigma_x^2 - \sigma_y^2}$。

(2)长半轴 $\sigma_p^2 = \cos^2\psi\sigma_x^2 + \sin^2\psi\sigma_y^2 + 2\cos\psi\sin\psi\sigma_{xy}$。

(3)短半轴 $\sigma_q^2 = \sin^2\psi\sigma_x^2 + \cos^2\psi\sigma_y^2 - 2\cos\psi\sin\psi\sigma_{xy}$。

如果标准差为单位向量，则误差椭圆为圆概率误差。它描述误差以50%概率落入圆内。在大地测量中，常用95%或更高概率的各种指标评价精度。95%圆概率误差为50%圆概率误差乘以因子2.08，99%圆概率误差乘以因子2.58。圆概率误差计算公式为

$$CEP = 0.589(\sigma_x + \sigma_y) \tag{6.70}$$

另一个常用的平面精度指标为水平精度衰减因子(horizontal dilution of precision，HDOP)，描述卫星几何结构对接收机坐标水平方向上的影响。其计算公式为

$$HDOP = \sqrt{q_x + q_y} \tag{6.71}$$

3. 三维空间测站精度评定

三维空间的点位精度可用中误差表示

$$\sigma_p = \sqrt{\sigma_x^2 + \sigma_y^2 + \sigma_z^2} \tag{6.72}$$

同理，中误差只能表示三维空间的平均精度，无法表示任意方向上的误差。用测站坐标的三个分量的标准和相关性绘制等高线，如果标准差为单位向量，则椭圆变成一个球体，50%概率坐标落在球体内，称为球概率误差(spherical error probable，SEP)，其计算公式为

$$SEP = 0.51(\sigma_x + \sigma_y + \sigma_z) \tag{6.73}$$

同理，衡量卫星几何结构对接收机三维坐标的影响指标为位置精度衰减因子(position dilution of precision ，PDOP)

$$PDOP = \sqrt{q_x + q_y + q_z} \tag{6.74}$$

4. 四维时空精度评定

精密单点定位估计的接收机参数不仅包含接收机坐标，还包括接收机钟差。时间精度衰减因子(time dilution of precision，TDOP)用来评价接收机钟差的等效距离对接收机钟差的影响。综合三维坐标和时间可以得到四维时空几何精度衰减因子(geometric dilution of precision，GDOP)为

$$GDOP = \sqrt{q_x + q_y + q_z + q_t} \tag{6.75}$$

6.5　分析与讨论

为了研究精密单点定位质量控制的效果，在不同经度和纬度地区选取了 IGS 中心 58 个卫星导航定位基准站。精度评价内容分为内符合精度(残差)和外符合精度(与 CODE 中心站点坐标周解比较)，评价方式采用一维方向测站精度评定和三维空间测站精度评定的形式。

6.5.1　内符合精度评价

如图 6.1、图 6.2 和表 6.2 所示，精密单点定位后 X 方向、Y 方向和 Z 方向残差变化比较平稳，24 h 内站点三个方向的三维位置误差为 0.179 7 cm，内符合精度的三维位置误差优于 2 mm。

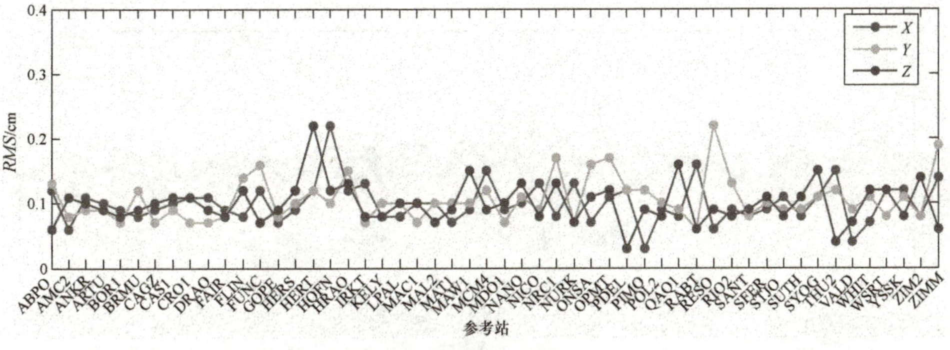

图 6.1　精密单点定位后各站点坐标内符合精度

表 6.2　精密单点定位结果内符合精度统计　　单位：cm

评价	X	Y	Z	Mean-3D
平均值	0.099 2	0.103 4	0.098 6	0.179 7
标准差	0.032 5	0.032 2	0.032 6	

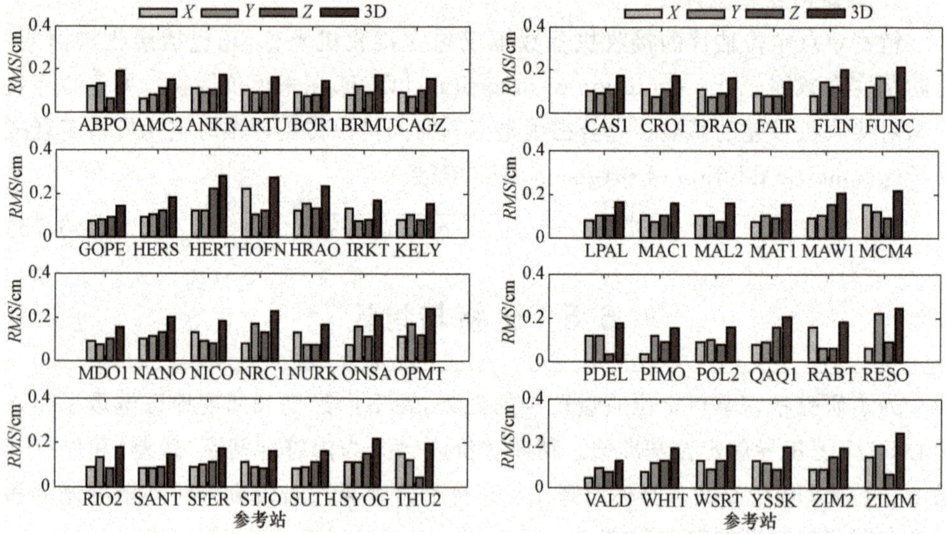

图 6.2　精密单点定位后各站点坐标内符合精度及位置误差

6.5.2　外符合精度评价

通过单点定位获得 58 个待求站先验坐标，将 CODE 中心这一周坐标的周解作为标准坐标，计算先验坐标与标准坐标之差，结果如图 6.3、图 6.4 和表 6.3 所示。

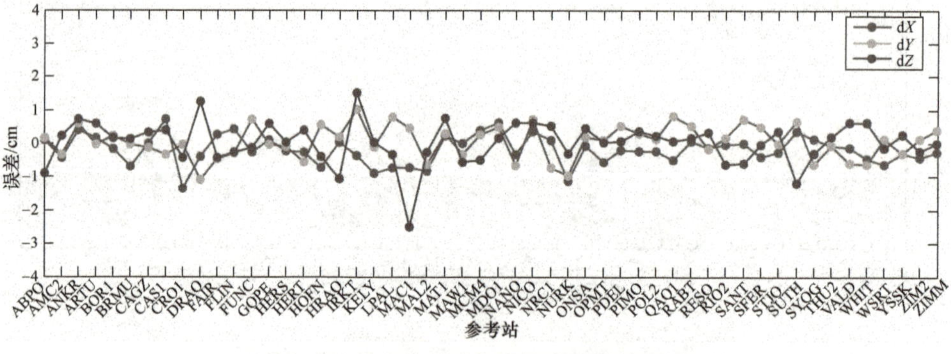

图 6.3　精密单点定位后各站点坐标外符合精度

表 6.3　精密单点定位结果外符合精度统计　　单位：cm

评价	X	Y	Z	Mean-3D
平均值	−0.188 7	0.050 8	0.032 9	0.820 0
标准差	0.427 3	0.495 4	0.636 4	

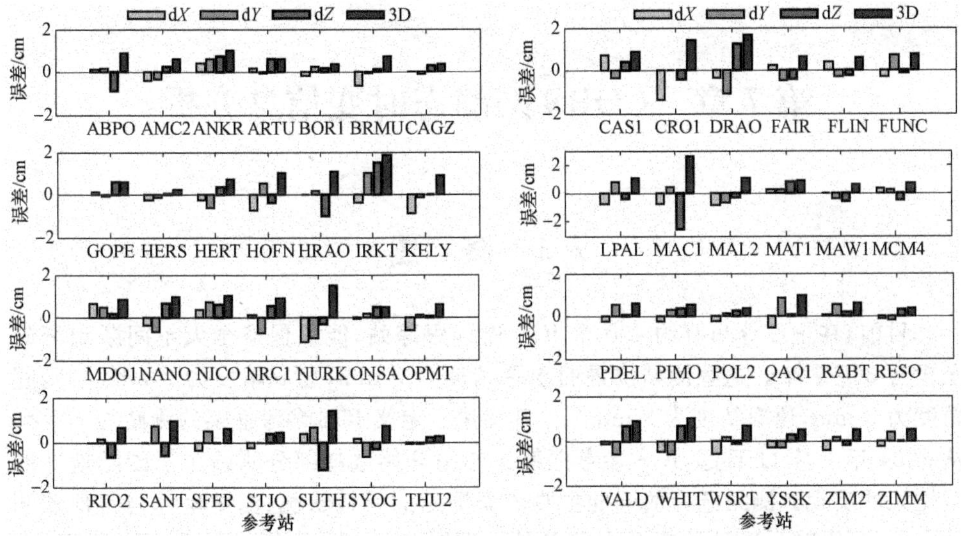

图 6.4　精密单点定位后各站点坐标内符合精度及位置误差

如图 6.3、图 6.4 和表 6.3 所示，精密单点定位后 X 方向、Y 方向和 Z 方向与 CODE 中心同一时间周解相比变化不大，对于起伏较大的站点，可能是由于站点观测数据质量的影响。24 h 计算结果的三维位置误差为 0.820 0 cm，内符合精度的三维位置优于 2 cm。

第7章 CORS网静态时变信息分析

7.1 概 述

目前，在全球分布有约400个IGS连续跟踪站，能够保持全天不间断观测的至少有300多个。这些测站位置的水平精度为3 mm，速率精度为2 mm/a；垂直精度为6 mm，速率精度为3 mm/a。其中用于定义IGS参考框架的测站为85个，从2004年1月11日起，IGS参考框架工作组开始选择部分测站用于国际地球参考框架的实现。测站选择的标准主要依据测站的运行状况、测站坐标与其他观测技术的配置情况，以及地理分布等条件。同时IGS还向有关用户提供地球极移、日长变化及其变化率，以及提供精密的对流层天顶延迟参数和电离层电子密度等参数。

近年来，GPS观测技术在地壳运动监测研究中取得了很大的进展，主要表现在：

(1)定位精度的不断提高。这一方面是因为卫星系统的改进、完善和接收技术的进步，另一方面是由于数据处理方法的改进和各种常数、模型的精化。

(2)全球主要板块、块内块体和主要形变区域研究的逐渐深入。

与此同时，GPS为地球动力学和地震预报奠定了坚实的科学基础，主要研究工作有(周硕愚 等，2006)：

(1)GPS推进了现今地壳运动(尤其是水平运动)的研究，在精确测定全球和各地区“速度场”方面取得显著进展；能在较短时间内获得高质量、精度均匀、稳定的、多尺度的和可信的速度场。

(2)建立了全球和各地区板块与板块现今运动模型，验证了板块学说，并对其进行了量化、细化，获得了一些新的认识。

(3)初步证实了地壳动力学的常态是“自组织”(SO)，而不是“自组织临界”(SOC)。当今GPS观测建立的板块运动模型与地质学时间尺度的NUVEL-IA模型符合，不同作者均曾以不同数据，在不同时段建立块体运动模型及其速度场，均与其相互符合，说明地壳动力学的基本状态是“动平衡稳定态”、“震间态”，即“SO”的“定常吸引子”，而不是总是处在临界状态，如“沙堆模型”。地震的孕育和发生仅是偏离动平衡稳定态的局部暂时过程。

(4)连续GPS观测网络的建立，使我们能在大空间的范围内与统一的参考系中研究随时间变化的地壳运动及其频谱。

(5)推进了地震孕育过程中地球圈层动力学耦合的研究，为短临地震预报开拓新思路。

尽管 GPS 技术在地壳监测中取得了一定的进展，但其更多的是依据 GPS 观测对形变场在大尺度空间和平均变化水平方面的评估，缺乏针对具体地震前后形变场动态演化过程的了解。虽然目前卫星导航定位基准站的数目在不断增加，但在理论方面，关于 GPS 数据处理和针对地震预测应用方面的基础研究开展得却不够深入和广泛。在形变场震兆信息的演变规律、地震预测判定指标等方面，缺乏针对具体震例的全面、系统的研究。如果要对地震前后随时间变化的微动态变化规律进一步了解，就需要对连续 GPS 时间序列基本特征进行更深入的研究，如基本趋势、周期波动、粗差影响和频谱分析等，而目前在这些方面的研究均很薄弱。

正是由于 GPS 基线能够较好地反映应变场、位移速度场的变化，所以许多学者应用 GPS 时间序列研究了 GPS 基线长度的变化情况与地震孕育过程的相关性。顾国华等(2002)对中国地壳运动观测网络基准网所获得的 GPS 连续观测结果的位移时间序列进行了初步分析，并讨论了适用于地震分析预报的位移时间序列生成中的基准选择。2006 年，他根据水平和垂直位移分量结果研究了印度尼西亚 8.7 级大地震震前、同震与震后地壳运动的特征。闫伟等(2007)分析了昆仑山地震前后基线变化特征，得出了一些有益的结论，例如，地震前后基线长度与方向的变化特征很大程度上依赖于地震破裂方向。在与破裂方向平行的方位上，基线长度变化较为显著，而与其垂直方位上，地震后基线方向变化则较为显著；在与破裂方向成－45°或 135°方位上，震前有可能观测到基线长度与方向的显著变化。殷海涛等(2009)为了研究汶川 8.0 级大地震前后山东内部及其周边地区的地壳运动变化状态，采用滑动傅里叶周期估计法(TAN)对基准站和周边出于不同块体的 6 个 GPS 基准站间的基线变化情况进行分析，结果发现：汶川地震前基线 TAN-XIAN 和 TAN-WUHN 均出现了较明显的破年变情况。江在森(2003)、王琪(2002)、张晓亮(2006)、杨国华(2007)等都对 GPS 观测数据与地壳运动和地震孕育进行了研究，并得出了很有参考价值的信息。以上观测数据的时间序列都是长时间的观测结果，通过一系列的分析比较得出地震孕育与基线变化的关系。基于这种关系，本书对短时间内基线的变化也进行了分析研究，得出了一些可供参考的结论。

7.2 数据来源及处理方法

7.2.1 “5·12”汶川 8.0 级地震简介

2008 年 5 月 12 日，发生在四川汶川县龙门山断裂带的 8.0 级特大地震，断层错动时间长、波动大及范围广(云南、甘肃、四川、陕西等均受到较大影响,甘肃、四川、陕西三省交界区及其附近又发生了数次5.5～6.4级余震),造成了惨重的人员伤亡和财产损失。汶川地震是印度板块向亚欧板块俯冲,导致青藏高原快速隆起而引发的。青藏高原物质向东缓慢流动,在高原东缘沿龙门山构造带向东挤压,遇到四川盆地之下刚性地块的阻挡,构造应力经长期积累,最终在龙门山北川—映秀地区突然释放。此次地震是龙门山构造带中央断裂带在挤压力作用下,由南西向北东逆冲运动的浅源、逆冲兼右旋走滑型地震,属于单向破裂(王梅,2008)。本节应用了2008年5月北京房山(BJFS)、上海佘山(SHAO)、昆明(KUNM)和武汉(WUHN)四个IGS台站的一个月(2008年5月1日—2008年5月31日)的数据进行了分析,得出了一些可供参考的信息。

7.2.2 数据处理方法

1. 时间序列的平滑处理方法

平滑是研究时间序列的一个基本方法,常用来抑制或削弱时间序列中的波动变化,从而获得具有时间序列变化趋势的时间序列。常用时间序列的平滑模型有:滑动平均模型、加权滑动平均模型、二次滑动平均模型和指数平滑模型(张善文 等,2007)。

(1)滑动平均模型。

该方法是求原序列的相邻两项或多项的平均数序列。N项平均数序列公式为

$$\hat{y}=\frac{y_t+y_{t-1}+\cdots+y_{t-N+1}}{N},t\geqslant N \tag{7.1}$$

式中,$\hat{y}$为平均值,y_t为t时刻所对应的值,N为项数。滑动平均模型的作用是消除干扰,显示序列的趋势性变化,并用于预测趋势。

(2)加权滑动平均模型。

加权滑动平均模型的公式为

$$\hat{y}_{\mathrm{tw}}=\frac{a_0y_t+a_1y_{t-1}+\cdots+a_{N-1}y_{t-N+1}}{N},t\geqslant N \tag{7.2}$$

式中,$\hat{y}_{\mathrm{tw}}$为平均值,y_t为t时刻所对应的值,N为项数,a_i为加权因子,且$\frac{1}{N}\sum_{i=0}^{N-1}a_i=1$。加权滑动平均模型的作用是消除干扰,显示序列的趋势性变化。通过加权因子的选取,可增加某些新数据的权重,使序列的趋势预测更准确。但是,加权因子的确定没有统一的方法,一般需要根据实际问题而定。

2. cwt函数的一维连续小波变换

cwt函数为一维连续小波分析函数,在MATLAB中其基本用法是(胡昌华

等,2000)：

```
coefs= cwt(s,scales,'wname')
coefs= cwt(s,scales,'wname','plot')
```

该函数为一维连续小波分析函数,其中 coefs 为连续小波变换后的返回系数 $W_f(a,b)$ 矩阵,系数以行方向存储在矩阵中。s 为待分析的信号,在计算中是以离散的形式给出,scales 为连续小波变换的尺度向量,wname 为小波函数名。矩阵的行数为小波变换中尺度的个数,列数为信号采样点的个数。$W_f(a,b)$ 定义为

$$W_f(a,b) = \langle f, \Psi_{a,b} \rangle = |a|^{-1/2} \int_R f(t) \overline{\Psi\left(\frac{t-b}{a}\right)} \mathrm{d}t \tag{7.3}$$

式中,$f(t)$ 是一个离散的信号,所以可以将信号用 $f(k)$ 的形式表示,k 取值为 1 到 length(f),所以对于某一具体的尺度 a,cwt()将计算 b 从 1 到 length(f)所对应的每一个系数值 $W_f(a,b)$ 。

根据式(7.3)连续小波变换的定义,则有

$$W_f(a,b) = \sum_k \int_k^{k+1} f(t)\,|a|^{-1/2}\, \overline{\Psi\left(\frac{t-b}{a}\right)} \mathrm{d}t \tag{7.4}$$

因为 $s(t) = s(k)(t \in [k, k+1])$,可得

$$\begin{aligned} W_f(a,b) &= |a|^{-1/2} \sum_k \int_k^{k+1} f(k)\, \overline{\Psi\left(\frac{t-b}{a}\right)} \mathrm{d}t \\ &= |a|^{-1/2} \sum_k f(k) \left(\int_{-\infty}^{k+1} \overline{\Psi\left(\frac{t-b}{a}\right)} \mathrm{d}t - \int_{-\infty}^{k} \overline{\Psi\left(\frac{t-b}{a}\right)} \mathrm{d}t \right) \end{aligned} \tag{7.5}$$

所以,对任何一个尺度 a,可以通过计算信号 $f(k)$ 与小波函数 $\Psi(t)$ 之间的卷积来计算小波系数 $W_f(a,b)$,其中 b 的取值从 1 到 length(f)。

3. 信号的小波分解与重构

小波函数的定义(彭玉华,2000)：设 $\psi(t)$ 为平方可积函数(即 $f(x) \in L^2(R)$),若其傅里叶变换 $\psi(\omega)$ 满足条件

$$\int_R \frac{|\psi(\omega)|^2}{\omega} \mathrm{d}\omega < \infty \tag{7.6}$$

则称 $\psi(t)$ 为一个基本小波或小波母函数,并称式(7.6)为小波函数的可容许条件。

多分辨率分析(multi-resolution analysis,MRA),又称为多尺度分析,它是建立在函数空间概念上的理论,但其思想的形成来源于工程。多分辨率分析不仅为正交小波基的构造提供了一种简单的方法,而且为正交小波变换的快速算法提供

理论依据。

在多分辨率分析中，一个基本的概念是将一个函数连续映射于一系列小的正交子空间上。这些子空间是由低通尺度函数 $\varphi(t)$ 和带通小波函数 $\psi(t)$ 经过平移和变换而形成的。

定义式(7.6)多分辨率分析是指满足下述性质的一系列闭子空间 $\{V_j\}, j \in Z$：

(1)一致单调性，$V_j < V_{j-1}, \forall j \in Z$。

(2)渐变完全性，$\underset{j\in Z}{I} V_j = \{0\}, \underset{j\in Z}{Y} V_j = L^2(R)$。

(3)伸缩规则性，$f(t) \in V_j \Leftrightarrow f(2^j t) \in V_0, j \in Z$。

(4)平移不变性，$f(t) \in V_0 \Rightarrow f(t-n) \in V_0, n \in Z$。

(5)正交基存在性，存在 $\phi \in V_0$，使得 $\{\phi(t-n)\}_{n\in Z}$ 是 V_0 的正交基。

由上述分析可知，多分辨率分析的一系列尺度空间是由同一尺度函数在不同尺度下形成的，即一个多分辨率分析 $\{V_j\}_{j\in Z}$ 对应一个尺度函数。对应任意信号 $f(t) \in V_0$，可以将它们分解为细节部分 W_1（小波空间）和大尺度逼近部分 V_1（尺度空间），然后将 V_1 进一步分解，如此重复就可以得到任意尺度上信号的逼近部分和细节部分。这就是多分辨率分析的框架，即

$$V_0 = V_1 \oplus W_1 = V_2 \oplus W_2 \oplus W_1 = V_3 \oplus W_3 \oplus W_2 \oplus W_1 = \cdots \tag{7.7}$$

在离散小波变换中，在空间 $V_j = V_{j-1} + W_{j-1}$ 上表示信号，也就是说对于每一个在 V_j 上表示的信号 $x(t)$ 能用在上面提到的两个空间中的基函数来表示，信号 $x(t)$ 的表示方法为

$$x(t) = \sum_k cA_0(k)\phi_{j,k}(t) = \sum_k cA_1(k)\phi_{j-1,k}(t) + \sum_k cD_1(k)\omega_{j-1,k}(t) \tag{7.8}$$

在尺度度量空间 j 对系数 $A_0(k)$ 进行分解得到在尺度度量空间 $j-1$ 的两个系数 $A_1(k)$ 和 $D_1(k)$。同样，也能从两个系数 $A_1(k)$ 和 $D_1(k)$ 通过重构得到系数 $A_0(k)$。

如图 7.1 中的分解与重构，可以通过一定的滤波器组（也就是小波变换算法）来实现。当小波和尺度在空间内是正交的，就可以用内积公式计算得到系数 $cA_1(k)$ 和 $D_1(k)$

$$\begin{aligned} cA_1(k) &= [x(t), \phi_{j-1,k}(t)] = \left[\sum_n cA_0(n)\phi_{j,n}(t), \phi_{j-1,k}(t)\right] \\ &= \sum_n cA_0(n)[\phi_{j,n}(t), \phi_{j-1,k}(t)] \end{aligned} \tag{7.9}$$

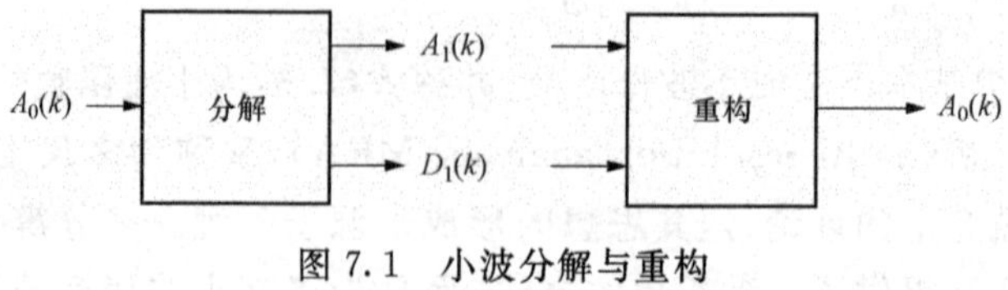

图 7.1　小波分解与重构

对上面的小波分解过程，通过分别设计高通滤波器和低通滤波器两组滤波器的系数即可实现。而重构也只是分解的逆过程，重构算法和分解的算法是相对应而互逆的。

7.3　点位时间序列分析

点位时间序列是 GPS 形变测量资料中最基本的时间序列，由此可生成其他各种形变量的时间序列，如任意两点之间的距离、大地线长度、经纬度分量与高程分量变化等（顾国华 等，2003）。利用连续 GPS 观测资料，可得到各 GPS 观测站变化的时间分量。点位变化时间序列的一个重要问题是必须适当选择描述点位变化的参照点，即所谓的基准。GPS 数据处理软件可以直接得到各坐标分量的时间序列，即各点在全球板块中的位移时间序列，其点位变化的基准为全球板块的运动模型。此外，将各点在全球板块运动中的点位变化时间序列去掉一部分趋势而得到的时间序列，同样可以反映板块运动的一些特点。由于运动的相对性，位移基准是多样的，其时间变化过程也可能是多样的。点位变化时间序列更具有多解性，可根据不同分析需要选择基准并假定基准的时间变化过程，得到所需要的解。

7.3.1　点位变化分析

利用 GAMIT 软件对 BJFS、SHAO、KUNM 和 WUHN 四个国内的 IGS 台站 2008 年 5 月的观测数据进行处理，将解算的点位结果在空间直角坐标系下进行分析，然后对粗差进行剔除，并对四个站的点位时间序列进行分析，结果如图 7.2～图 7.5 所示。

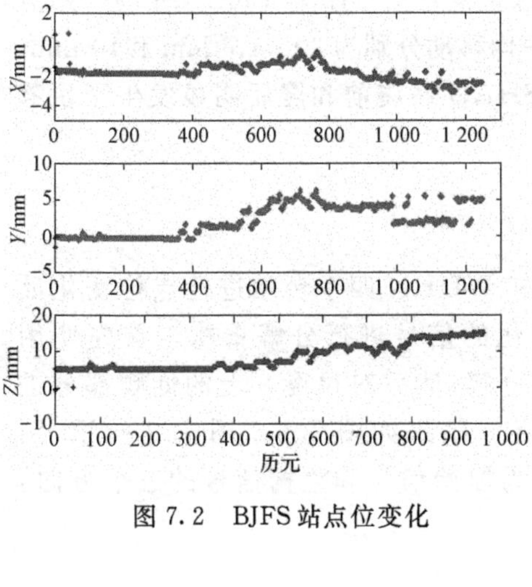

图 7.2　BJFS 站点位变化

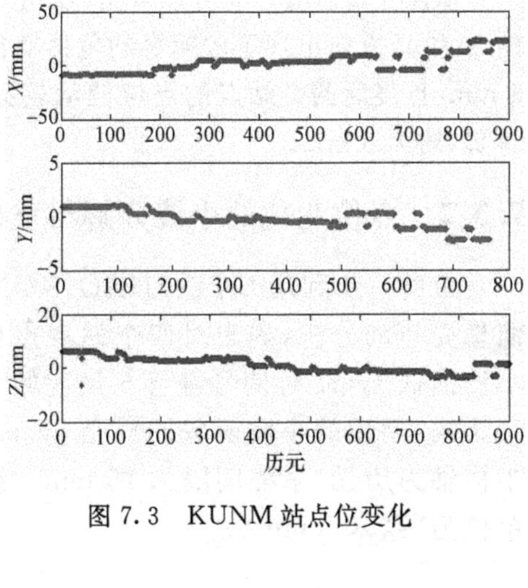

图 7.3　KUNM 站点位变化

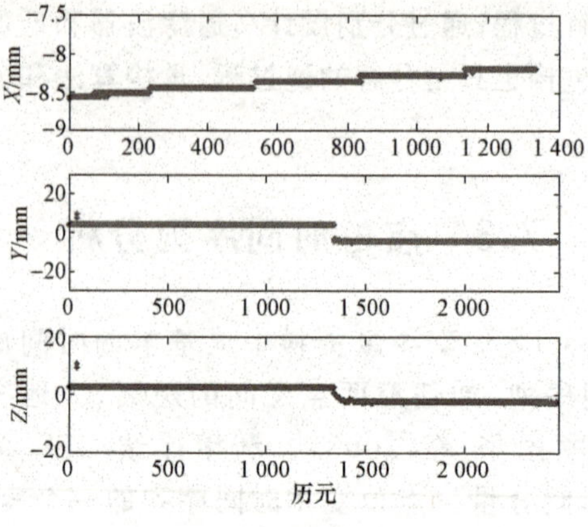

图 7.4　SHAO 站点位变化

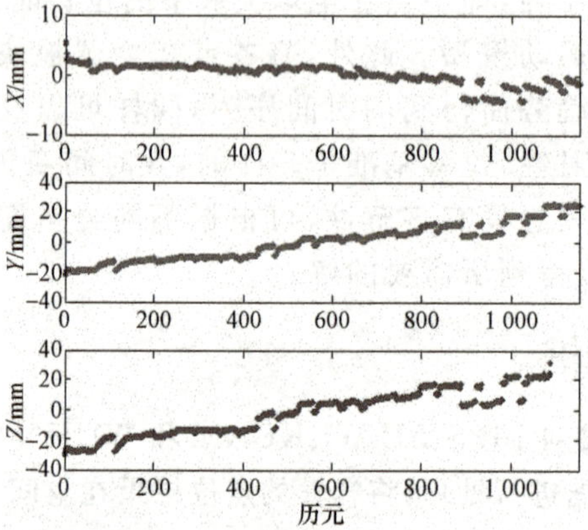

图 7.5　WUHN 站点位变化

从图 7.2～图 7.5 可以看出，汶川 8.0 级地震前后 BJFS 和 KUNM 两个站点的 X 和 Y 方向出现了较明显的位移变化，平均移动分别为 3 mm、5 mm 和10 mm、3 mm，且震后两个站点的点位波动较大。SHAO 站震前和震后明显发生了位移越阶，约为 6 mm。

7.3.2　点位变化的小波分解与重构

为进一步利用 BJFS、SHAO、KUNM 和 WUHN 四个台站进行点位变化反演地壳运动分析，提出对四个站点点位变化的信号进行分解重构。首先使用小波函数 sym4 对信号进行 5 尺度的小波分解，然后对尺度 5 上的低频部分进行重构，使用的小波函数同样是 sym4 函数。结果如图 7.6～图 7.9 所示，图中横轴为历元（采样间隔为 15 min），纵轴为原始信号和重构信号的三个方向，单位为“毫米”（mm）。

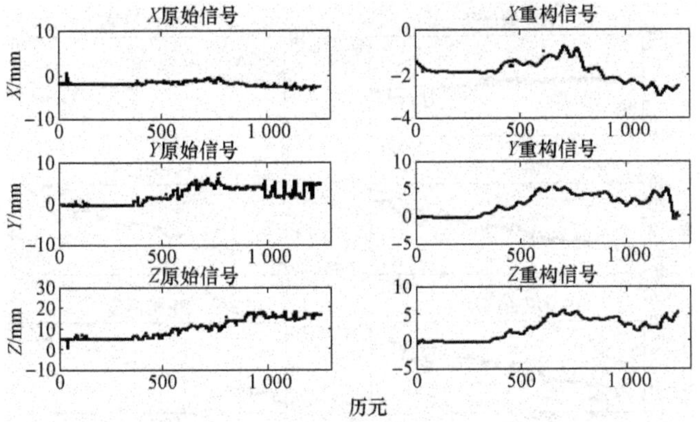

图 7.6　BJFS 站点位变化小波分析重构信号

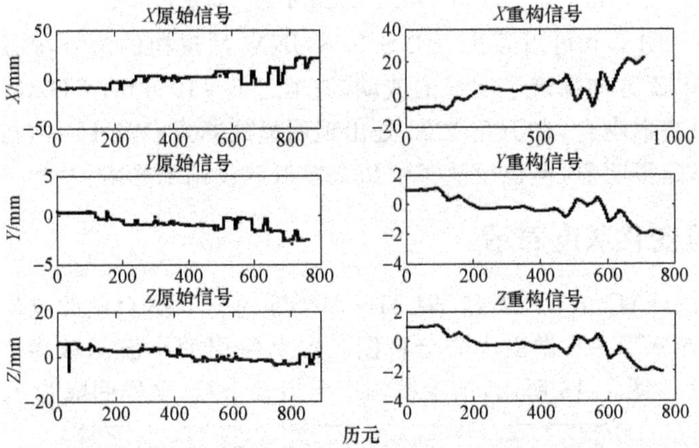

图 7.7　UNM 站点位变化小波分析重构信号

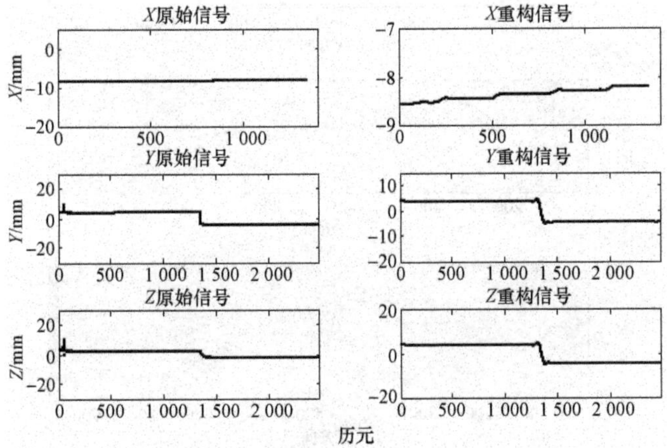

图 7.8　SHAO 站点位变化小波分析重构信号

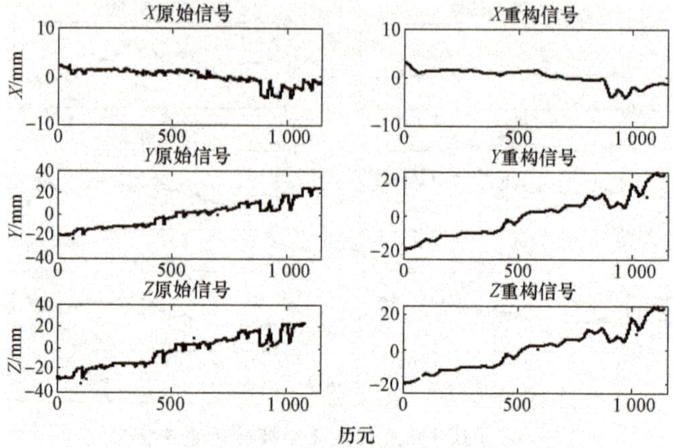

图 7.9 WUHN 站点位变化小波分析重构信号

从图 7.6～图 7.9 可以看出，BJFS 和 KUNM 站重构的信号在历元 500 处 X 方向、Y 方向和 Z 方向出现了明显的波动，波动为 5～10 mm；SHAO 站重构信号中与原始信号基本吻合，在历元 1200 处出现明显的断点；WUHN站在历元 800 处的波动虽然不是很明显，但也反映了汶川余震对武汉站的影响。

7.3.3 点位变化灰度表示

对 BJFS、SHAO、KUNM 和 WUHN 四个国内的 IGS 台站的点位变化进行处理，然后使用 MATLAB 做出小波分析图。本书使用的小波函数为 Morlet 小波，结果如图 7.10～图 7.13 所示，图中横轴表示历元个数(采样间隔为 15 min)，纵轴

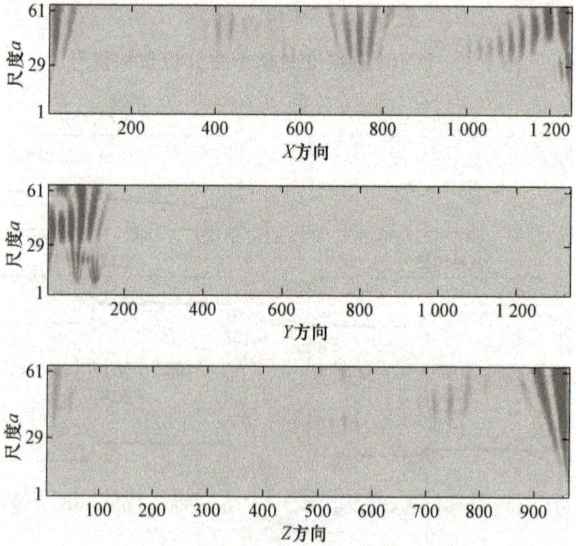

图 7.10 BJFS 站点位变化的灰度

表示基线长度变化(单位为 mm)和尺度 a。

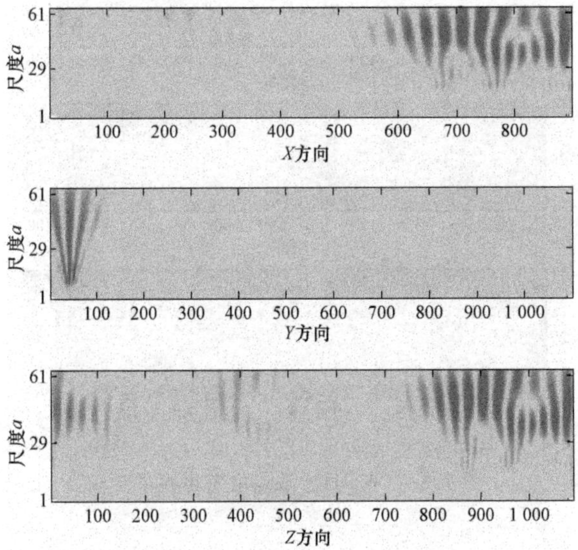

图 7.11　KUNM 站点位变化的灰度

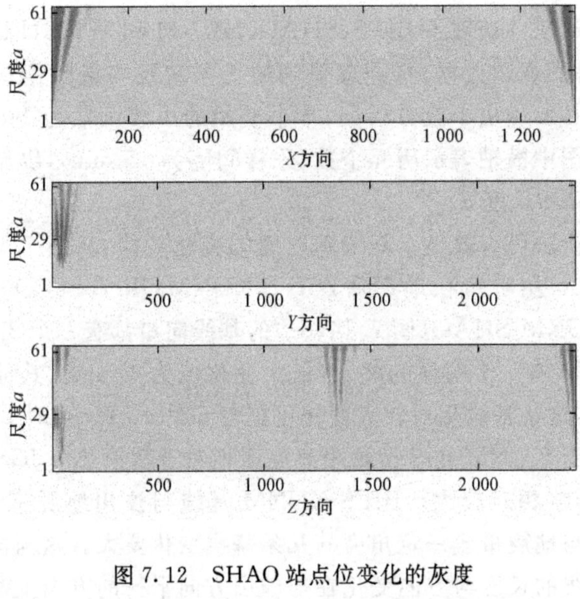

图 7.12　SHAO 站点位变化的灰度

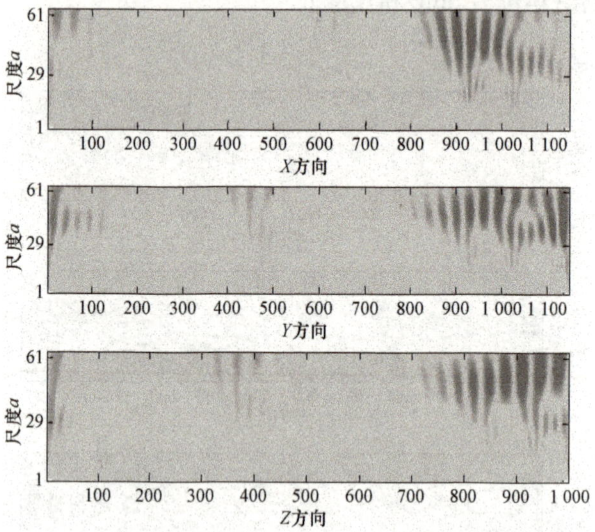

图 7.13 WUHN 站点位变化的灰度

7.4 基线变化时间序列分析

7.4.1 滑动平均处理以及小波变换

使用 GAMIT 软件处理了 BJFS、SHAO、KUNM 和 WUHN 四个国内的 IGS 台站 2008 年 5 月的观测数据，将处理得到的 6 条基线向量数据进行滑动平均处理，然后使用 Matlab 做出小波分析图，本书使用的小波函数为 Morlet 小波，结果如图 7.14 所示，图中横轴表示历元个数(采样间隔为 15 min)，纵轴表示基线长度变化(单位为 mm)和尺度 a。

时间序列分析法可有效显示基线随时间的变化规律，从图 7.14 可以看到(地震发生在历元 750 左右)，在地震后，BJFS-KUNM(图 7.14(a))、BJFS-WUHN(图 7.14(c))、KUNM-SHAO(图 7.14(d))的基线向量都有一个相对较大变化，尤其是 BJFS-KUNM 有一个明显的跳变，最大变化值为 4 mm。其他几条基线向量变化不是很明显，这些基线相对较大变化可能与 5 月 12 日 14 时 22 分的汶川 8.0 级地震有关。由于 KUNM IGS 台站距离震区相对于其他几个 IGS 站来说相对较近，所以受到的影响相对较大。BJFS-KUNM 基线与汶川地震带走向平行，基线变化相对来说比与地震带成一定角度的几条基线变化要大。这与闫伟等(2007)得出的地震前后基线的长度与方向变化在与破裂方向平行的方位上基线长度变化较为显著的结论相符合，同时与基线长度变化比方向变化的灵敏性高的结论相符合。

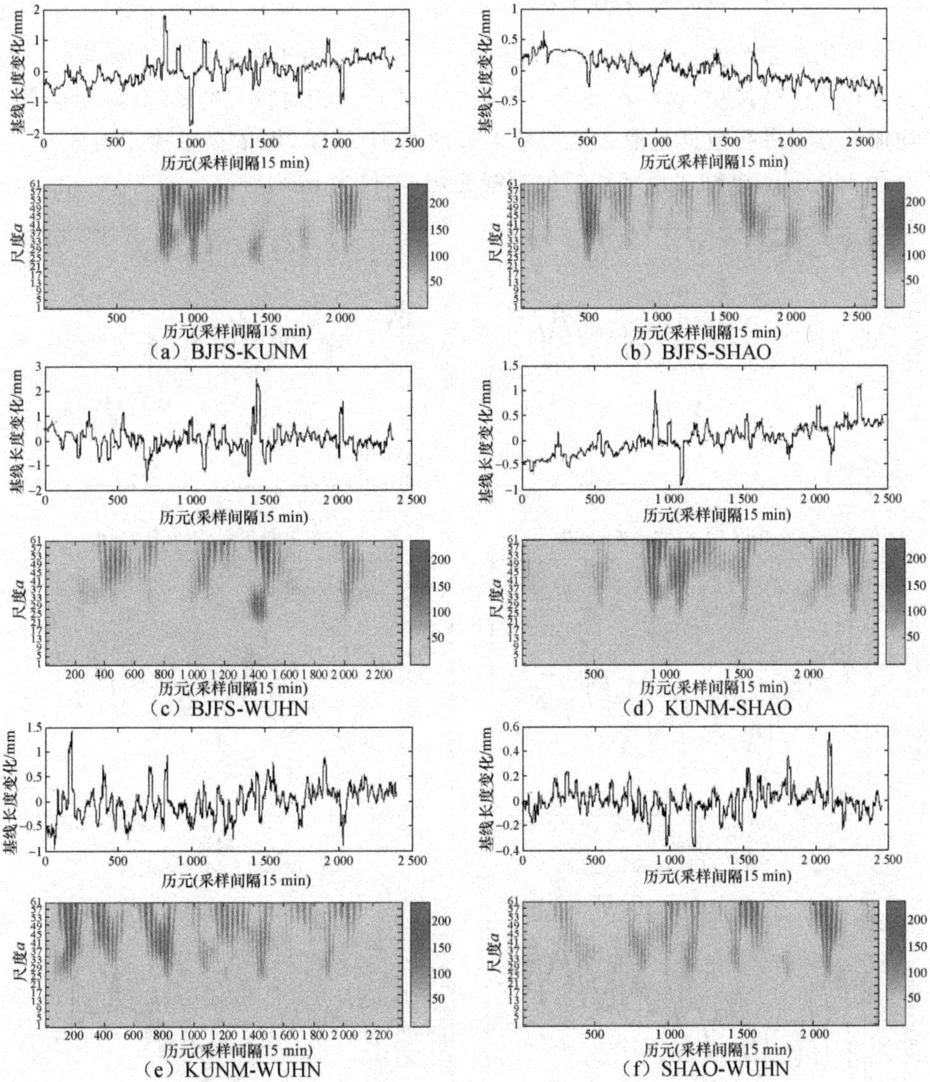

图 7.14　基线向量时间序列的滑动平滑处理结果

在“5・12”地震前期和中后期观测数据都存在一定的变化，尤其是伴随着余震的出现，基线变化相对比较剧烈。通过长时间的观测可以发现，在发生较剧烈的地壳活动时，基线的变化会达到几个毫米甚至十几个毫米。另外，基线的变化还取决于基线的长度，如果基线很长，那么地震波动的能量就会随着基线长度的增加而被大地吸收，导致基线变化量减小。

7.4.2　等间隔均值法数据平滑

所采用的四个站点的数据采样间隔均为 15 min，由于每个站点在解算时不可避免地存在一些误差，这些误差会对结果的分析产生相对较大的影响，所以采用取平均值的方法进行数据平滑。处理结果如图 7.15 所示，图中横轴表示时间 T，一格表示 360 min，纵轴表示平均后的基线变化，单位为 mm。

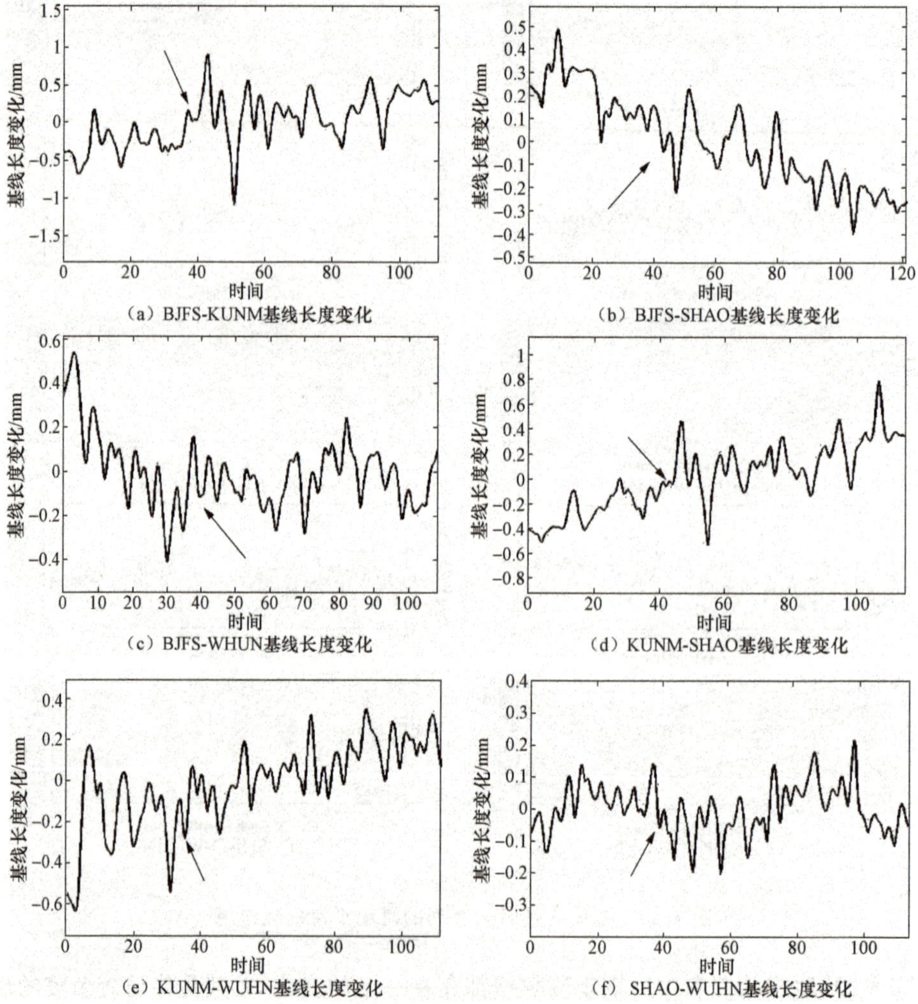

图 7.15　等间隔取均值后的基线变化

从图 7.15 可以看出，BJFS-KUNM(图 7.15(a))、BJFS-WUHN(图 7.15(c))、KUNM-SHAO(图 7.15(d))基线确实存在一个跳变或者是一个较大的波动，跳变或波动基本上为几个毫米，而图上 2008 年汶川地震发生时间为横坐标 40 左右，与前面的分析结果一致。图 7.15 中 BJFS-WUHN 震前震后趋势变化迥异，KUNM-WUHN 在震前波动较大，且这两条基线与地震带成 40°和 13°，所以当基线与地震带成锐角时，震前有可能观测到基线长度的显著变化。

7.4.3　坐标差值和基线长度小波重构分析

对四个站点之间的坐标差值和基线信号进行了重构，首先使用小波函数 sym4 对信号进行 5 尺度的小波分解，然后对尺度 5 上的低频部分进行重构，使用的小波函数同样是 sym4 函数。结果如图 7.16～图 7.21 所示，图中横轴为历元(采样间隔为 15 min)，纵轴为坐标差值和基线长度，单位均为 m。

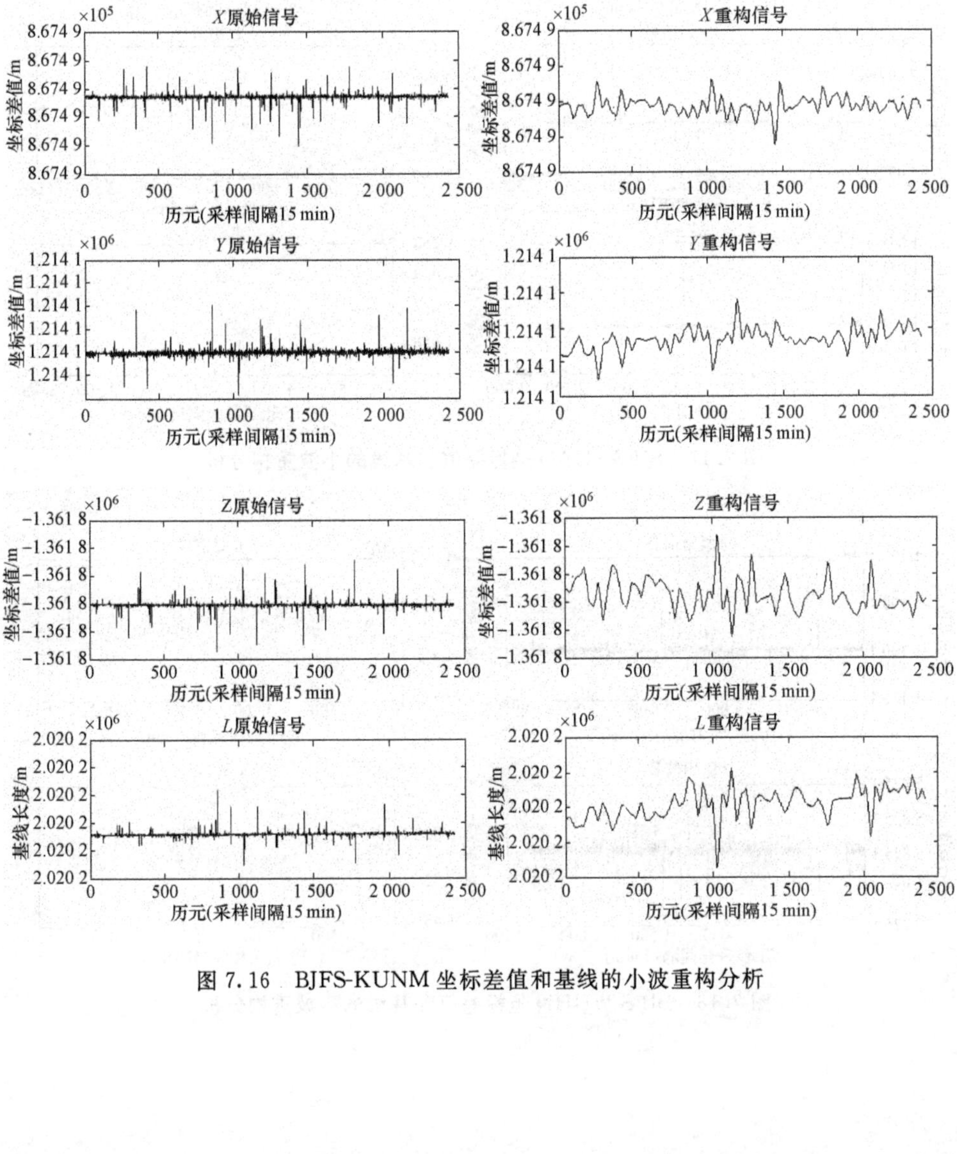

图 7.16　BJFS-KUNM 坐标差值和基线的小波重构分析

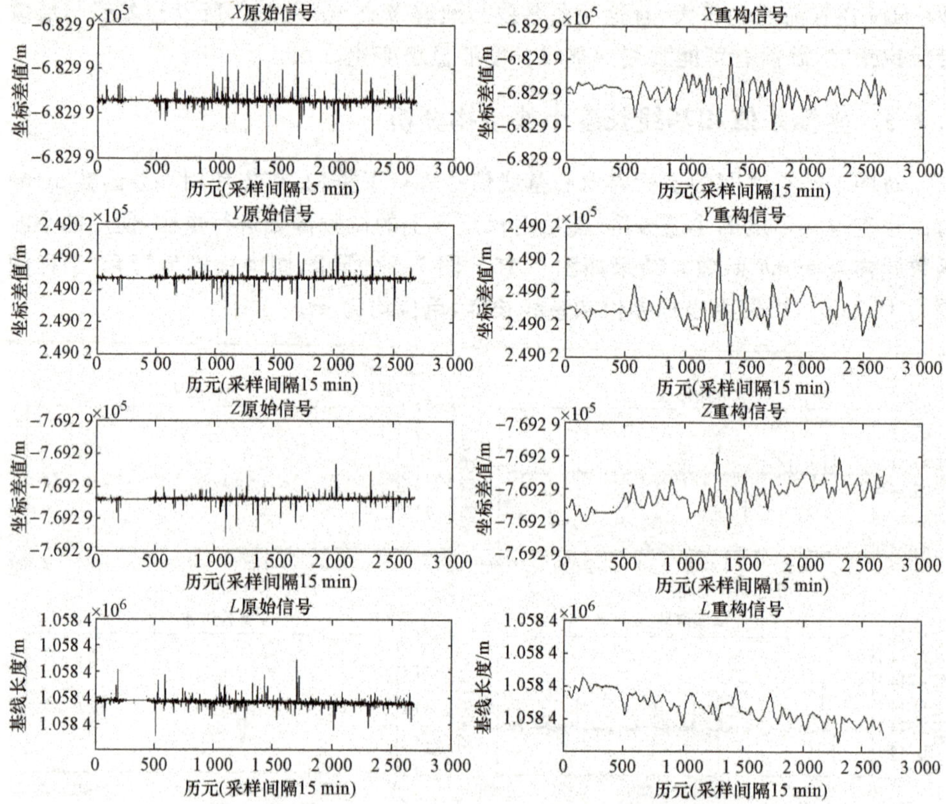

图 7.17　BJFS-SHAO 坐标差值和基线的小波重构分析

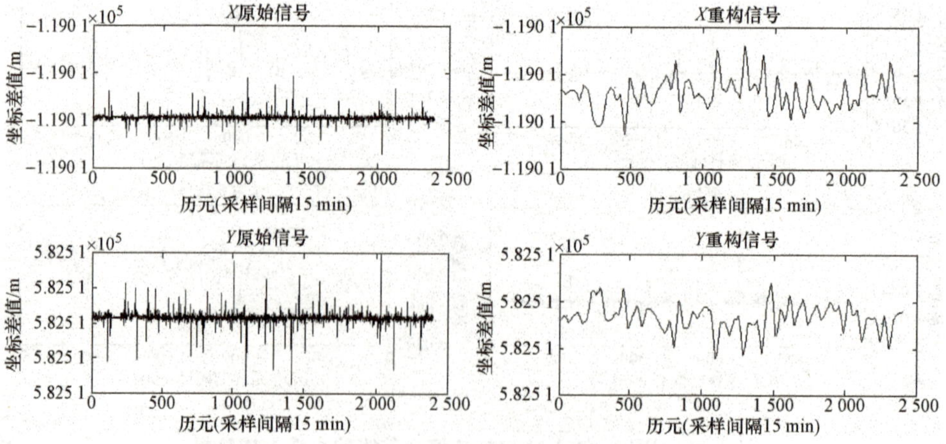

图 7.18　BJFS-WUHN 坐标差值和基线的小波重构分析

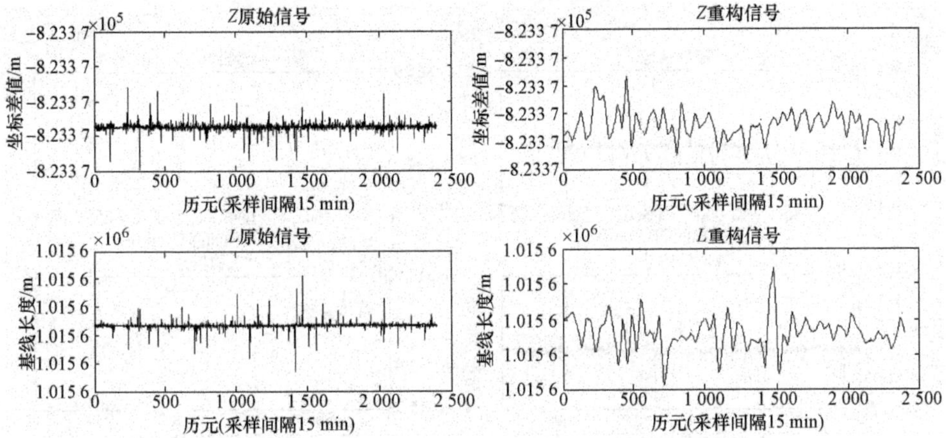

图 7.18(续)　BJFS-WUHN 坐标差值和基线的小波重构分析

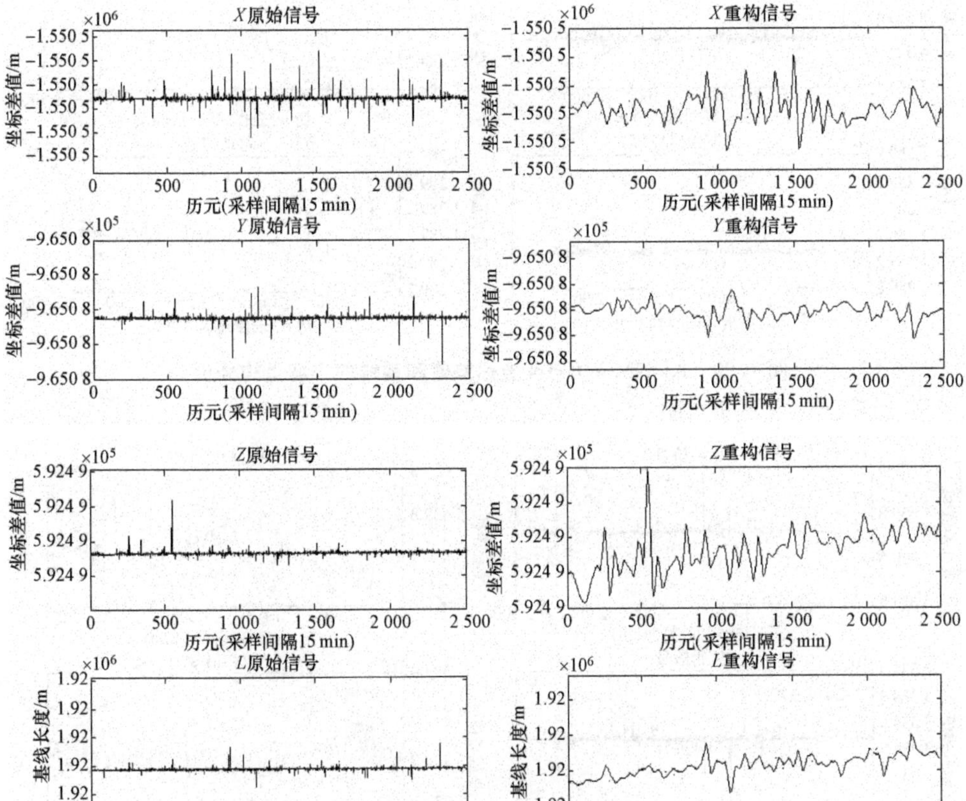

图 7.19　KUNM-SHAO 坐标差值和基线的小波重构分析

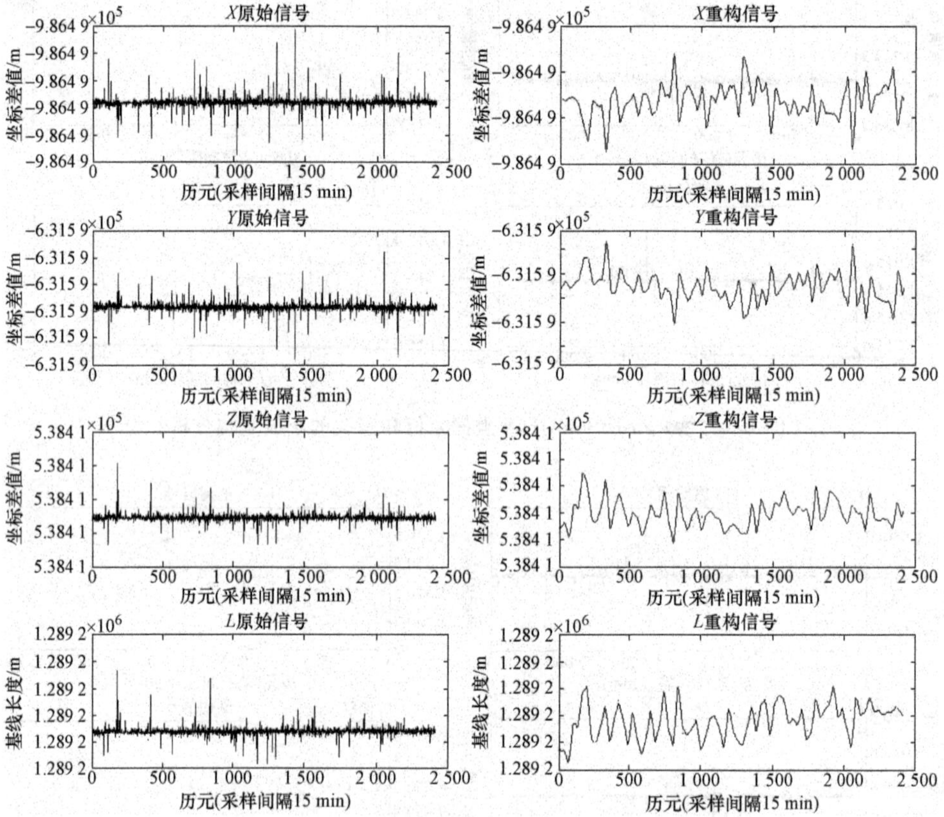

图 7.20　KUNM-WUHN 坐标差值和基线的小波重构分析

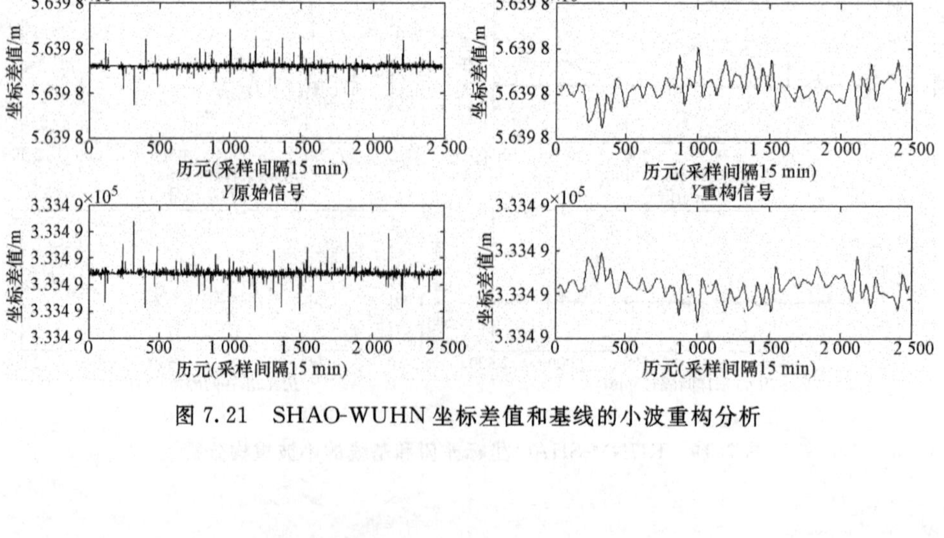

图 7.21　SHAO-WUHN 坐标差值和基线的小波重构分析

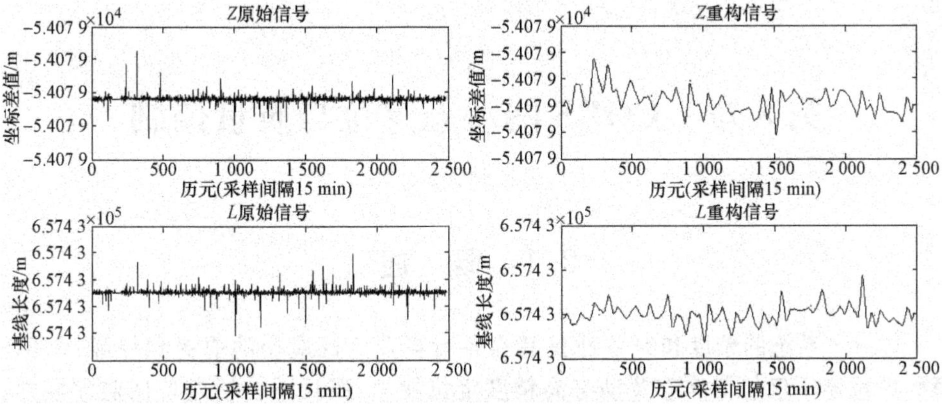

图7.21(续) SHAO-WUHN坐标差值和基线的小波重构分析

从图7.16～图7.21可以看出，BJFS-KUNM、KUNM-SHAO这两条基线的X方向、Y方向和Z方向在历元800前后都发生了很大的波动，尤其是BJFS-KUNM、KUNM-SHAO这条基线的Z方向在历元800前发生的波动相对较大。BJFS-WUHN这条基线在历元1 500后变化很稳定，虽然在历元1 500前没有什么太大的波动，但是相对于后半部分，前半部分的变化似乎受到了某一外力的影响。其他基线的变化不是很明显。从以上的分析可以得出，离汶川较近的KUNM和WUHN站受到的影响比较大。

7.5 分析与讨论

通过对四个IGS台站的点位变化和六条基线的时间序列位移分析，可以初步得到以下结论：

(1)汶川8.0级地震前后BJFS和KUNM两个站点X和Y方向出现了较明显的位移变化，平均移动分别为3 mm、5 mm和10 mm、3 mm，且震后两个站点的点位波动较大。SHAO站震前和震后明显发生了位移越阶，约为6 mm。

(2)KUNM站由于离震源较近，所以与KUNM站相关的基线震前震后变化较大，通过基线的时间序列位移分析，利用滑动平均模型，得出BJFS-KUNM基线长度最大跳变达4 mm，随着基线长度的增加，跳变量减小。

(3)验证了闫伟等得出的地震前后基线长度与方向的变化及与地震破裂方向有很大关系，在与破裂方向平行的方位上，基线长度变化较为显著的结论。除此之外，还可以得出当基线与地震带成锐角时，震前有可能观测到基线长度与方向的显著变化。

(4)利用小波分解重构可以很好地提取基线的低频信息，反映出震前震中和震后的基线变化信息。由于汶川地震后一星期内甘肃、四川、陕西三省交界区及其附近又发生了数次5.5～6.4级余震，这可能会引起基线长度在震后继续出现不规则的波动。

第 8 章　CORS 网动态定位与质量控制

8.1　概　述

CORS 系统的精度和完备性是其在各行各业广泛应用的前提和保障，CORS 系统的性能不仅包括静态及动态高精度定位能力，而且还包括完备性监测能力。在定位服务中，静态定位技术已经比较完善，比较困难的是实时动态定位技术，因此需要研究 CORS 站对流动站定位精度的影响，为合理地设计布网方案提供参考。实时的完备性监测对于 CORS 网络的正常运行至关重要，CORS 完备性监测一般包括实时网络数据的质量控制（数据同步、钟跳修复、伪距相位平滑以及周跳的探测与消除）、电离层完备性监测、对流层完备性监测、多路径效应监测、卫星星历监测以及 CORS 网络参考站稳定性监测。鉴于电离层延迟和对流层延迟误差是影响 CORS 系统正常运行的主要误差源，且存在中等尺度电离层行扰、对流层在恶劣天气中变化剧烈以及伪距具有较大多路径效应的情况，残余误差会对用户端的模糊度求解和坐标估计造成较大的影响。因此，本书主要对电离层和对流层残差的完备性进行分析。为了对电离层和对流层残差的完备性进行分析，首先需要对基于 CORS 系统的高精度动态定位方法进行探讨。

8.2　基于 CORS 的高精度动态定位方法

基于 CORS 系统的高精度动态定位是 CORS 系统的一个重要应用方向，随着各地区域性卫星导航定位基准站（CORS）网的相继建立（刘经南 等，2003），本书提出了基于 CORS 的高精度定位技术研究，以 3DSurs 系统为例，对基于 CORS 的动态载体的动态定位进行精度分析。

8.2.1　基本原理

基于 CORS 的高精度 GPS 动态定位技术，其基本思路和流程如图 8.1 所示。

从图 8.1 中可以看出，基于 CORS 的高精度 GPS 动态定位技术主要包括三个阶段来实现，分别为 GPS 流动站的概略坐标计算、综合误差改正计算和 GPS 流动站的精密坐标计算。其基本定位原理为：首先通过超快星历和流动站的 GPS 伪距观测值，利用单点定位技术快速计算得到流动站概略坐标，利用 CORS 网的 GPS

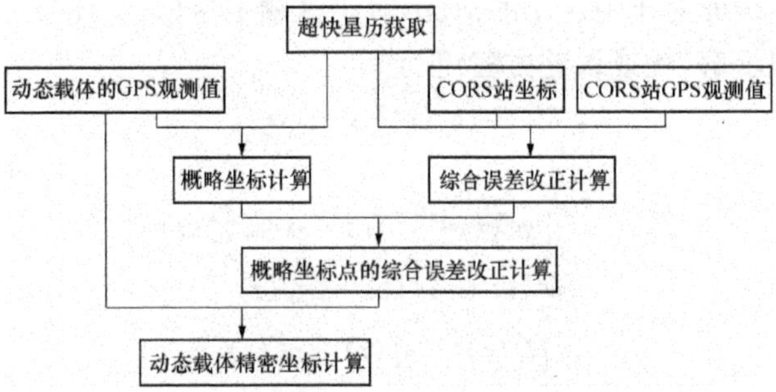

图 8.1　基于 CORS 的动态载体高精度定位流程

观测资料，通过一定的算法可实现获取 CORS 网范围内任何一点的综合误差改正数，这样就可以计算得到流动站概略坐标处的综合误差改正值，由于概略坐标与精密坐标之间距离很近，可以用概略坐标处的综合误差改正值代替精密坐标处的综合误差改正值，利用流动站的 GPS 测相伪距观测值和综合误差改正值可以高精度计算得到流动站的精密坐标。

8.2.2　动态载体概略坐标计算

利用 CORS 进行流动站的相对定位时，首先需要计算得流动站的概略坐标，在流动站动态定位中，利用流动站的伪距观测值和广播星历（或超快星历）进行单点定位，给出概略坐标。

令 GPS 卫星的坐标为 (X^j, Y^j, Z^j)，流动站概略坐标为 $(x_{i,\mathrm{ap}}, y_{i,\mathrm{ap}}, z_{i,\mathrm{ap}})$，忽略其他误差影响，仅考虑接收机钟差、电离层和对流层影响，则伪距表达为（周忠谟等，1999）

$$\rho_i^j(t) = \sqrt{(X^j - x_{i,\mathrm{ap}})^2 + (Y^j - y_{i,\mathrm{ap}})^2 + (Z^j - z_{i,\mathrm{ap}})^2} + c\delta t_{i,\mathrm{ap}} + d_{\mathrm{ion}} + d_{\mathrm{trop}} \tag{8.1}$$

式中，电离层延迟影响和对流层延迟部分利用现有模型改正，则线性化展开为

$$\tilde{\rho}_i^j(t) = \rho_{i_0}^j(t) - \begin{bmatrix} l_i^j(t) & m_i^j(t) & n_i^j(t) & -1 \end{bmatrix} \begin{bmatrix} \delta x_{i,\mathrm{ap}} \\ \delta y_{i,\mathrm{ap}} \\ \delta z_{i,\mathrm{ap}} \\ c\delta t_{i,\mathrm{ap}} \end{bmatrix} \tag{8.2}$$

式中：$\tilde{\rho}_i^j(t) = \rho_i^j(t) - d_{\mathrm{ion}} - d_{\mathrm{trop}}$；$\rho_{i_0}^j(t) = \sqrt{(X^j - x_{i,\mathrm{ap}_0})^2 + (Y^j - y_{i,\mathrm{ap}_0})^2 + (Z^j - z_{i,\mathrm{ap}_0})^2}$，$(x_{i,\mathrm{ap}_0}\ \ y_{i,\mathrm{ap}_0}\ \ z_{i,\mathrm{ap}_0})$ 为流动站初始坐标，一般可设为 0；$l_i^j(t) = \dfrac{X^j - x_{i,\mathrm{ap}}}{\rho_i^j(t)}$，$m_i^j(t) = \dfrac{Y^j - y_{i,\mathrm{ap}}}{\rho_i^j(t)}$，$n_i^j(t) = \dfrac{Z^j - z_{i,\mathrm{ap}}}{\rho_i^j(t)}$，分别为 3 个坐标分量系数。

以上为1个历元对于卫星j的情况，对于多颗卫星($k>4$)的情况，则需利用最小二乘法平差求解，构成误差方程组为

$$\boldsymbol{v}_i(t)=\boldsymbol{a}_i(t)\boldsymbol{\delta X}_i+\boldsymbol{w}_i(t) \tag{8.3}$$

式中

$$\boldsymbol{v}_i(t)=\begin{bmatrix}v_i^1(t) & v_i^2(t) & \cdots & v_i^k(t)\end{bmatrix}^{\mathrm{T}}$$

$$\boldsymbol{w}_i(t)=\tilde{\rho}_i^j(t)-\rho_{i0}^j(t)$$

$$\boldsymbol{a}_i(t)=\begin{bmatrix}l_i^1(t) & m_i^1(t) & n_i^1(t) & -1\\ l_i^2(t) & m_i^2(t) & n_i^2(t) & -1\\ \vdots & \vdots & \vdots & \vdots\\ l_i^k(t) & m_i^k(t) & n_i^k(t) & -1\end{bmatrix}$$

$$\boldsymbol{\delta X}_i=\begin{bmatrix}\delta x_{i,\mathrm{ap}}\\ \delta y_{i,\mathrm{ap}}\\ \delta z_{i,\mathrm{ap}}\\ c\delta t_{i,\mathrm{ap}}\end{bmatrix}$$

利用最小二乘平差原理，解算得到方程解

$$\boldsymbol{\delta X}_i=\left[\boldsymbol{a}_i^{\mathrm{T}}(t)\boldsymbol{a}_i(t)\right]^{-1}\left[\boldsymbol{a}_i^{\mathrm{T}}(t)\boldsymbol{w}_i(t)\right] \tag{8.4}$$

利用伪距观测值进行单点定位是一个迭代的过程，一般迭代2～3次就可以满足伪距定位精度要求。

8.2.3 基于CORS的流动站综合误差改正

目前常用的流动站上综合误差改正计算方法主要有内插法、线性组合法和虚拟基准站法三种。(高星伟，2002；吴北平，2003；杨小军，2005；唐卫明 等，2007)。内插法不需要一一区分GPS观测值中各种误差，简化了网络RTK的数学模型，但是在其模型中不能直观地表征流动站上的各种误差消除情况；线性组合法是通过数学组合，将基准站和流动站的观测值进行线性组合，利用基准站坐标已知这一条件，消除或削弱流动站GPS观测误差的影响，其误差处理过程具有较强的理论基础；虚拟参考站法是内插法和线性组合法的综合，由于虚拟参考站和流动站的距离比较小，从而能保证流动站的误差改正精度。鉴于这三种方法的原理与特点，本书利用虚拟参考站法进行基于CORS的流动站综合误差改正计算。

1. 虚拟参考站法基本原理

虚拟参考站法的基本原理是：在流动站u附近建立一个虚拟的基准站P，如图8.2所示，并根据周围各基准站上的实际观测值计算出该虚拟基准站上

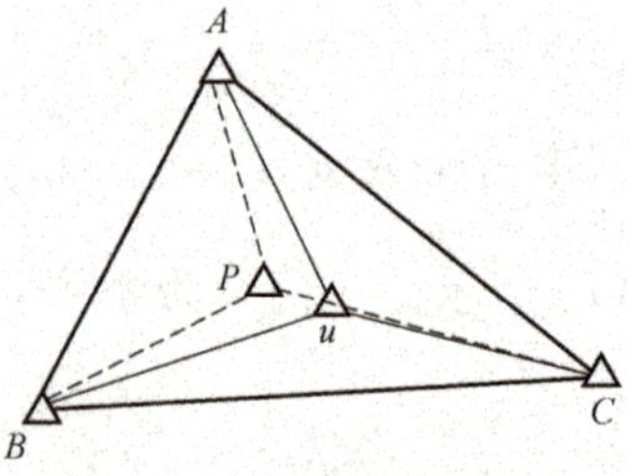

图8.2 虚拟参考站法原理

的虚拟观测值。由于虚拟基准站距离流动站很近，一般仅有数米至数十米。因此，动态用户只需采用常规 RTK 技术就能与虚拟基准站进行实时相对定位，获得准确的定位结果（吴北平，2003）。

在虚拟参考站法中，动态用户可以利用单点定位，求得流动站的粗略位置并将它们播发给数据处理中心，数据处理中心通常就将虚拟基准站 P 设在该粗略位置上，此时虚拟基准站 P 与流动站 u 位置将非常接近。有些软件还要利用基准站上的伪距观测值对静态定位结果进行一次差分改正，并将虚拟基准站 P 设在差分改正后的位置上。此时，虚拟基准站 P 离流动站 u 的位置将更加接近，一般仅为数米或更近。之后就利用常规 RTK 技术对虚拟基准站 P 和流动站 u 进行实时相对定位，从而精确确定流动站 u 的坐标。

2. 虚拟观测值的构造

虚拟基准站一旦构造出来，在数据处理中就把它作为一般的基准站来看待。下面分析一下如何由内插法公式计算虚拟基准站观测值。

假设参考站 A、B、C 的 WGS-84 坐标分别为(X_A, Y_A, Z_A)、(X_B, Y_B, Z_B)、(X_C, Y_C, Z_C)，测码伪距单点定位得到的虚拟基准站 P 的坐标为(X_P, Y_P, Z_P)，流动站的精密坐标是(X_u, Y_u, Z_u)。

内插法中，引入了误差改正量 $\Delta\nabla R$

$$\Delta\nabla R = \lambda \cdot (\Delta\nabla \phi + \Delta\nabla N) - \Delta\nabla \rho \tag{8.5}$$

那么，以基准站 A 为基准，基准站 B、C 的误差改正数是

$$\left.\begin{aligned} \Delta\nabla R_{AB}^{ij} &= a_1(X_B - X_A) + a_2(Y_B - Y_A) \\ \Delta\nabla R_{AC}^{ij} &= a_1(X_C - X_A) + a_2(Y_C - Y_A) \end{aligned}\right\} \tag{8.6}$$

同样，在虚拟参考站法中，虚拟参考站 P 的误差改正数为

$$\Delta\nabla R_{AP}^{ij} = a_1(X_P - X_A) + a_2(Y_P - Y_A) \tag{8.7}$$

从式(8.6)中，可以得到系数 a_1、a_2 为

$$\begin{pmatrix} a_1 \\ a_2 \end{pmatrix} = \begin{bmatrix} X_B - X_A & Y_B - Y_A \\ X_C - X_A & Y_C - Y_A \end{bmatrix}^{-1} \begin{bmatrix} \Delta\nabla R_{AB}^{ij} \\ \Delta\nabla R_{AC}^{ij} \end{bmatrix} \tag{8.8}$$

将式(8.8)代入式(8.7)，得到虚拟基准站 P 的改正数

$$\begin{aligned} \Delta\nabla R_{AP}^{ij} &= a_1(X_P - X_A) + a_2(Y_P - Y_A) \\ &= \begin{bmatrix} X_P - X_A & Y_P - Y_A \end{bmatrix} \begin{bmatrix} X_B - X_A & Y_B - Y_A \\ X_C - X_A & Y_C - Y_A \end{bmatrix}^{-1} \begin{bmatrix} \Delta\nabla R_{AB}^{ij} \\ \Delta\nabla R_{AC}^{ij} \end{bmatrix} \end{aligned} \tag{8.9}$$

得到虚拟基准站的改正数 $\Delta\nabla R_{AP}^{ij}$ 后，可以推导出基准站 A 与虚拟基准站 P 的双差观测值为

$$\lambda(\Delta\nabla \phi_{AP} + \Delta\nabla N_{AP}) = \Delta\nabla \rho_{AP} + \Delta\nabla R_{AP} \tag{8.10}$$

3. 虚拟参考站法定位基本步骤

(1)在历元 t_i 时刻,流动站 u 利用测码伪距观测值进行单点定位,求得概略坐标,将其转换成高斯平面坐标(x_u , y_u),并将该时刻的载波相位观测值和坐标值传给数据处理中心;同时,各个基准站也将该时刻的观测资料传输给数据处理中心。

(2)数据处理中心根据所获得的资料,判断流动站位于哪个三角形之内(假设位于基准站 A、B、C 所组成三角形之内),并在所获得的概略坐标上设立虚拟基准站 P。

(3)数据处理中心根据基准站 A、B、C 以及虚拟基准站 P 的相关资料,通过内插法的有关公式,计算得到 $\Delta\nabla R_{AP}$ 或 $\Delta\nabla\rho_{PA}$,进而求得虚拟基准站上的单差观测值 $\Delta\phi_P$ 。

(4)根据 t_i 时刻流动站的单差观测值 $\Delta\phi_u$ 以及求得的虚拟基准站上单差观测值 $\Delta\phi_P$,利用常规 RTK 的相关软件进行相对定位,求得流动站 u 的准确坐标。

8.2.4 动态载体坐标计算

利用如上所述方法获得动态载体的概略坐标后,可根据卫星坐标和参考站 A、B、C 精确坐标以及该概略坐标,利用虚拟参考站法求得双差观测值改正数 $\Delta\nabla R_{Au}^{ij}$,即综合误差改正数。$\Delta\nabla R_{Au}^{i,j}$ 与 $\Delta\nabla R_{AB}^{i,j}$ 和 $\Delta\nabla R_{AC}^{i,j}$ 的计算关系式为

$$\Delta\nabla R_{Au}^{ij} = \begin{bmatrix} X_u - X_A & Y_u - Y_A \end{bmatrix} \begin{bmatrix} X_B - X_A & Y_B - X_A \\ X_C - X_A & Y_C - X_A \end{bmatrix}^{-1} \begin{bmatrix} \Delta\nabla R_{AB}^{ij} \\ \Delta\nabla R_{AC}^{ij} \end{bmatrix} \tag{8.11}$$

(1)对双差相位 $\Delta\nabla\phi_{Au}^{ij}$ 进行改正得到 $\Delta\nabla\phi_{Au}^{ij\prime}$

$$\lambda \cdot \Delta\nabla\phi_{Au}^{ij\prime} = \lambda \cdot \Delta\nabla\phi_{Au}^{ij} - \Delta\nabla R_{Au}^{ij} \tag{8.12}$$

(2)根据双差观测方程,有

$$\Delta\nabla\phi_{Au}^{ij\prime} = \Delta\nabla\rho_{Au}^{ij} \cdot f/c - \Delta\nabla N_{Au}^{ij} \tag{8.13}$$

(3)流动站坐标改正数计算。需建立双差误差方程,进而求得流动站初始坐标改正数 δx 、δy 、δz 。

(4)流动站 GPS 天线精确坐标计算。获得每个历元的坐标改正数 $\delta\boldsymbol{X}$ 后,分别与相应历元的概略坐标值相加即可求得任意历元流动站 GPS 接收机空间直角坐标系的精确坐标值,计算公式为

$$\begin{bmatrix} x \\ y \\ z \end{bmatrix} = \begin{bmatrix} x_0 \\ y_0 \\ z_0 \end{bmatrix} + \begin{bmatrix} \delta x \\ \delta y \\ \delta z \end{bmatrix}$$

这就是基于 CORS 的流动站定位的基本思路。

1. 双差观测方程的线性化

假设参考站 A 和流动站 u 同步观测的卫星 i 、j ,不考虑观测噪声 ε_ϕ 的影响,模糊度 $\Delta\nabla N_{Au}^{ij}$ 已通过初始化确定,那么在历元 t 时刻的双差观测方程(经过 $\Delta\nabla R_{Au}^{ij}$ 改正后)非线性化可以表示为

$$\begin{aligned}\Delta\nabla \phi_{Au}^{ij\,\prime} = \Delta\nabla \phi_{Au}^{ij} &+ \frac{f}{c}\left[\frac{(X_u - X^i)}{\rho_u^i} - \frac{(X_u - X^j)}{\rho_u^j}\right]\cdot \mathrm{d}x_u + \\ &\frac{f}{c}\left[\frac{(Y_u - Y^i)}{\rho_u^i} - \frac{(Y_u - Y^j)}{\rho_u^j}\right]\cdot \mathrm{d}y_u + \\ &\frac{f}{c}\left[\frac{(Z_u - Z^i)}{\rho_u^i} - \frac{(Z_u - Z^j)}{\rho_u^j}\right]\cdot \mathrm{d}z_u \end{aligned} \tag{8.14}$$

式中,(X^i ,Y^i ,Z^i)、(X^j ,Y^j ,Z^j)为卫星 i 、j 在 t 时刻的坐标,(X_u ,Y_u ,Z_u)为流动站的初始坐标,$\Delta\nabla\phi_{Au}^{ij\,\prime}$ 为基线 Au 的双差相位观测值(改正后)。

2. 流动站坐标改正数的计算

在得到各个历元的卫星坐标和线性化的双差观测方程后,就可以建立双差误差方程,并进一步得到流动站的初始坐标改正数 δx 、δy 、δz 。根据线性化后的双差观测方程式(8.14),可以得到如下的矩阵形式的双差误差方程式

$$\boldsymbol{V} = \boldsymbol{A}\delta\boldsymbol{X} - \boldsymbol{L} \tag{8.15}$$

式中

$$\delta\boldsymbol{X} = [\ \delta x \quad \delta y \quad \delta z\ ]$$

$$\boldsymbol{L} = \begin{bmatrix} \Delta\nabla \phi_{Au}^{i1,j1\,\prime} - \Delta\nabla \phi_{Au}^{i1,j1} \\ \Delta\nabla \phi_{Au}^{i2,j2\,\prime} - \Delta\nabla \phi_{Au}^{i2,j2} \\ \Delta\nabla \phi_{Au}^{i3,j3\,\prime} - \Delta\nabla \phi_{Au}^{i3,j3} \\ \Delta\nabla \phi_{Au}^{i4,j4\,\prime} - \Delta\nabla \phi_{Au}^{i4,j4} \\ \vdots \end{bmatrix}$$

$$\boldsymbol{A} = \begin{bmatrix} \dfrac{\partial\Delta\nabla \phi_{Au}^{i1,j1}}{\partial X_u} & \dfrac{\partial\Delta\nabla \phi_{Au}^{i1,j1}}{\partial Y_u} & \dfrac{\partial\Delta\nabla \phi_{Au}^{i1,j1}}{\partial Z_u} \\ \dfrac{\partial\Delta\nabla \phi_{Au}^{i2,j2}}{\partial X_u} & \dfrac{\partial\Delta\nabla \phi_{Au}^{i2,j2}}{\partial Y_u} & \dfrac{\partial\Delta\nabla \phi_{Au}^{i2,j2}}{\partial Z_u} \\ \dfrac{\partial\Delta\nabla \phi_{Au}^{i3,j3}}{\partial X_u} & \dfrac{\partial\Delta\nabla \phi_{Au}^{i3,j3}}{\partial Y_u} & \dfrac{\partial\Delta\nabla \phi_{Au}^{i3,j3}}{\partial Z_u} \\ \dfrac{\partial\Delta\nabla \phi_{Au}^{i4,j4}}{\partial X_u} & \dfrac{\partial\Delta\nabla \phi_{Au}^{i4,j4}}{\partial X_u} & \dfrac{\partial\Delta\nabla \phi_{Au}^{i4,j4}}{\partial X_u} \\ \vdots & \vdots & \vdots \end{bmatrix}$$

列出双差误差方程后,根据最小二乘原理,可以得到坐标改正数 $\delta\boldsymbol{X}$ 的解为

$$\delta\boldsymbol{X} = (\boldsymbol{A}^{\mathrm{T}}\boldsymbol{P}\boldsymbol{A})^{-1}\boldsymbol{A}^{\mathrm{T}}\boldsymbol{P}\boldsymbol{L} \tag{8.16}$$

由于双差观测量之间的相关性,权阵 $\boldsymbol{P}$ 将不再是对角阵,取权阵 $\boldsymbol{P}$ 为

$$
\boldsymbol{P}=\frac{1}{2\sigma^2}\cdot\frac{1}{m}\begin{bmatrix} m-1 & -1 & -1 & -1 & \cdots \\ -1 & m-1 & -1 & -1 & \cdots \\ -1 & -1 & m-1 & -1 & \cdots \\ -1 & -1 & -1 & m-1 & \cdots \\ \vdots & \vdots & \vdots & \vdots & \end{bmatrix}
$$

式中，σ^2 为观测值的方差，m 为观测卫星的个数。分别求得 3Dsurs 的 3 个 GPS 天线一个历元的坐标改正数 $\delta\boldsymbol{X}$ 后，同理可以得到其余所有历元的坐标改正数。

8.2.5 算例分析

为了分析验证基于 CORS 的流动定位精度以及本技术方案的可行性，本书选取了青岛卫星导航定位基准站网（QDCORS）的 GPS 观测资料进行解算与分析，QDCORS如图 8.3 所示，是于 2006 年建成的山东省第一个 GPS 连续运行参考站网，包括 12 个基准站。采集数据包括各个参考站的 GPS 观测数据、星历数据、气象数据等。

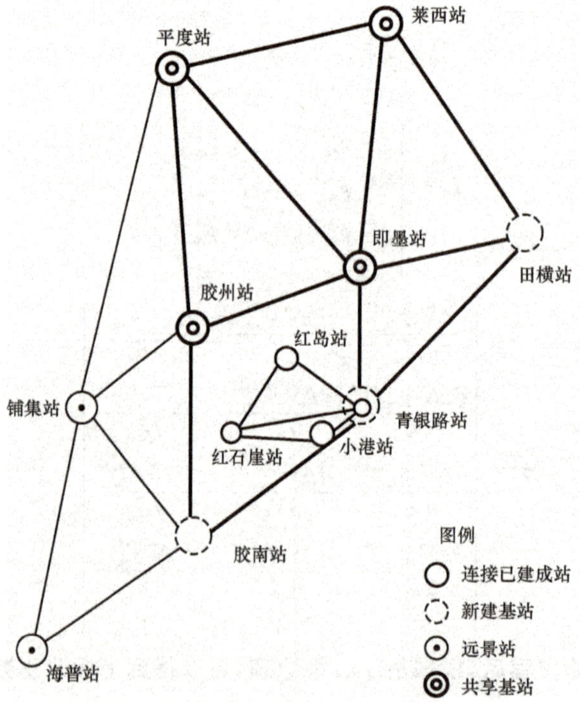

图 8.3 QDCORS站址分布

实验分为外业和内业两部分，外业采集于 2007 年 7 月 11 日在山东科技大学校内进行，主要利用车载 GPS 接收机进行定位观测。在已知点上架设基准站，存储基准站观测数据。内业工作分为三项：一为 GPS 数据处理常规方式，利用 GrafNav 软件由基准站的已知坐标通过差分方法计算车载三个接收机任意历元间隔(0.05 s)的坐标值；二为应用 QDCORS 系统提供的卫星导航定位基准站信息，利用本书开发的程序进行处理，获得车载 GPS 接收机任意历元间隔的坐标值；三为实验结果分析。

表 8.1 中给出了利用虚拟参考站法得到的 2 个历元的参考站 A、B 以及参考站 A、C 的部分卫星组合的综合误差改正 $\Delta\nabla R$ 的情况。

表 8.1　参考站 A、B 及参考站 A、C 部分卫星组合的 $\Delta\nabla R$ 计算值

参考站 A、B 组合	双差值	参考站 A、C 组合	双差值	历元
$\Delta\nabla R_{AB}^{7,16}$	0.236 384 69	$\Delta\nabla R_{AC}^{7,16}$	0.581 415 11	1
$\Delta\nabla R_{AB}^{7,3}$	0.183 657 89	$\Delta\nabla R_{AC}^{7,3}$	0.682 824 99	
$\Delta\nabla R_{AB}^{1,23}$	−0.405 174 09	$\Delta\nabla R_{AC}^{1,23}$	0.044 639 86	
$\Delta\nabla R_{AB}^{1,13}$	−0.585 951 369	$\Delta\nabla R_{AC}^{1,13}$	0.380 422 86	
$\Delta\nabla R_{AB}^{23,20}$	0.453 553 56	$\Delta\nabla R_{AC}^{23,20}$	0.516 483 05	
$\Delta\nabla R_{AB}^{13,20}$	0.634 330 84	$\Delta\nabla R_{AC}^{13,20}$	0.180 700 05	
$\Delta\nabla R_{AB}^{20,31}$	0.186 835 29	$\Delta\nabla R_{AC}^{20,31}$	−0.276 126 52	
$\Delta\nabla R_{AB}^{7,16}$	0.231 556 42	$\Delta\nabla R_{AC}^{7,16}$	0.576 843 99	2
$\Delta\nabla R_{AB}^{7,3}$	0.193 066 67	$\Delta\nabla R_{AC}^{7,3}$	0.687 329 68	
$\Delta\nabla R_{AB}^{1,23}$	−0.405 821 90	$\Delta\nabla R_{AC}^{1,23}$	0.036 751 42	
$\Delta\nabla R_{AB}^{1,13}$	−0.596 593 815	$\Delta\nabla R_{AC}^{1,13}$	0.378 200 40	
$\Delta\nabla R_{AB}^{23,20}$	0.455 180 81	$\Delta\nabla R_{AC}^{23,20}$	0.528 680 43	
$\Delta\nabla R_{AB}^{13,20}$	0.645 952 72	$\Delta\nabla R_{AC}^{13,20}$	0.187 231 45	
$\Delta\nabla R_{AB}^{20,31}$	0.182 472 12	$\Delta\nabla R_{AC}^{20,31}$	−0.286 573 86	

以相对定位模式事后处理得到的流动站坐标为精确的坐标，将利用本书方案得到的 3DSurs 坐标与精确坐标进行比较，结果如图 8.4 所示。

图 8.4 中，横坐标为时间，以“秒”(s)为单位，纵坐标为残差值，以“厘米”(cm)为单位。从图中可以看出，X 方向的残差为 1～2 cm，Y 方向为 2～3 cm，高程方向为 4～5 cm，点位误差优于 10 cm。能够满足城市空间数据采集的定位精度要求。

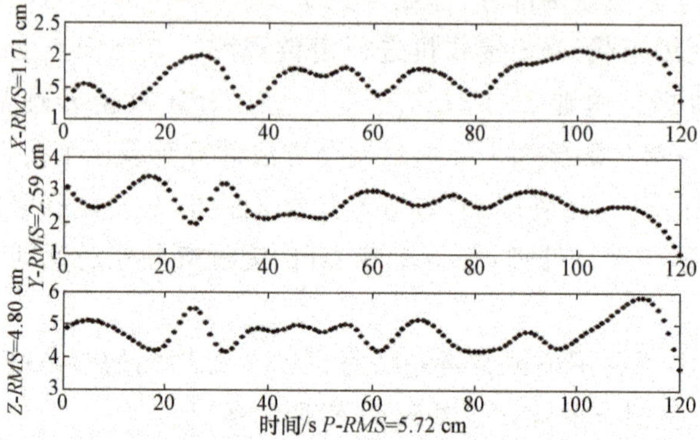

图 8.4 利用 3Dsurs 在 CORS 网中所得坐标与已知坐标的差值

8.3 海上 GPS 浮标网络定位技术

海上 GPS 浮标网络定位，即基于 CORS 网的海上动态定位，由于海平面本身的动态特性，始终存在波动干扰，为了消除波动干扰，必须建立消除波动的方法。从方法论角度，通常把这类问题与傅里叶分析、小波理论和经验模式分解(empirical mode decomposition，EMD)等频谱分析有关的理论联系在一起，与稳健最小二乘法、有约束条件的最优化理论结合起来。下面通过 EMD 方法讨论消除海上浮标波动干扰的方向核空间方法。

8.3.1 EMD 低频方向核空间

EMD 由 Huang 等首次提出，是以希尔伯特和黄名字命名的变换希尔伯特-黄变换(Hilbert-Huang transform，HHT)中的一个组成部分，HHT 主要由 EMD 和希尔伯特变换构成。HHT 方法的目的是试图从各种非线性信号中分解出各种瞬时的频率成分。

传统的频谱分解是模式化的分解，如傅里叶变换、小波变换等。这样的模式化的分解都有固定的基本函数，如正弦函数、小波函数。但许多非线性信号的频率成分是瞬时变化的，难以用某种基本的函数或基本函数的某种伸缩变换来准确地表示。

HHT 方法与传统的频率分解不同，它是非模式化的分解。因此，HHT 变换一出现就受到广泛的重视，引起众多学者的兴趣，并进行了大量的研究。目前，HHT 变换已经得到许多应用，也有了很多的基础性研究成果。关于 EMD 分解问题尽管有一些在特定条件下的分解问题的理论证明，但目前还没有对一般意义下的 EMD 分解正确性或收敛性等有关问题的完整理论证明。由于 HHT 方法的有效性和人们对非线性问题的关注，HHT 方法中的这些遗憾并没有影响人们对它在各领域应用方面的研究。EMD 方法能够有效地分离非线性信号中的各种频带范围的非线性高频成分。稳定的低频分量构成了相对稳定的和自适应的方向核空间。

令 $r_0(t)=x(t)$，EMD 分解为

$$\left.\begin{aligned} r_1(t) &= r_0(t)-c_1(t)-\cdots-r_n(t)=r_{n-1}(t)-c_n(t) \\ x(t) &= \sum_{i=1}^{n} c_i(t)+r_n(t) \end{aligned}\right\} \tag{8.17}$$

式中，$c_i(t)$ 被称为 IMF(本征频率)分量，$r_{i-1}(t)$ 为低频分量。求 $c_1(t)$ 方法为

$$h_1(t)=x(t)-m_1(t)-\cdots-h_k(t)=h_{k-1}(t)-m_k(t) \tag{8.18}$$

式中，$m_i(t)$ 为 $h_{i-1}(t)$ 的包络平均线。若满足事先给定的迭代结束条件（$\tau>0$）

$$SD_k=\frac{\sum\limits_{t=1}^{T}(h_k(t)-h_{k-1}(t))^2}{\sum\limits_{t=1}^{T}h_k^2}\leqslant\tau \tag{8.19}$$

则 $c_1(t)=h_k(t)$，同理可得 $c_i(t)$。由于 EMD 分解中一般用样条函数做包络，在两端各对称拓展了 3 个点，这样在分解结果上多 6 个点，分解后在两端各去掉 3 个点。具体做法如下：

第 1 步，根据置信区间或控制误差单纯形，剔除超出误差容许范围的点，并进行平差优化。

第 2 步，用平差优化后的 m 个数据 $x(i)$ 计算平均值

$$\bar{x}(i)=\frac{1}{T+i-1}\sum_{j=1}^{T+i-1}x(j) \tag{8.20}$$

式中，$i=1、2、\cdots、m-T+1$，$T=\lfloor\eta m\rfloor$，$\lfloor * \rfloor$为向右取整，η 为取平均值时占整个数据量的最小数量百分比。

第 3 步，通过式(8.17)～式(8.18)对 $\bar{x}(i)$ 进行 EMD 分解。

8.3.2　外推算法

外推算法(extrapolation algorithm)也称为外推极限法、延伸趋限法或加速收敛法，其过程是通过若干已知近似值的适当组合来推算极限值。目前各种外推算法很多，如 Romberg 外推法、多项式外推法(Neville 外推法)、Richardson 外推法、有理式逐步外推法、Larkin 逐步外推法、ε-外推法、Aitken 外推法、向量外推法、矩阵外推法等(邓建中，1984)。外推法一般都从插值算法出发，在已有条件下得到一种所谓更高的精度。

设有微分方程

$$y' = f(t, y(t)),\ y(t_0) = y_0 \tag{8.21}$$

和严格单调递增的正整数列 $n_1 < n_2 < \cdots < n_k$。令 $H>0$ 为基本的步长，定义为

$$h_i = \frac{H}{n_i},\quad 0 \leqslant i \leqslant k \tag{8.22}$$

式中，h_i 为对应于 n_i 的步长。Aitken-Neville 外推算法为

$$T_m^{(i)} = T_{m-1}^{(i+1)} + \frac{T_{m-1}^{(i+1)} - T_{m-1}^{(i)}}{\left(\frac{n_i}{n_{i-m}}\right)^p - 1},\quad i = 0,2,\cdots,k, m = 0,2,\cdots,i \tag{8.23}$$

式中，第 n_i 步的步长为 h_i。则初始的 $T_{i,1}$ 为

$$T(h_i) = T_0^{(i)} = y_{h_i}(t_0 + H) \tag{8.24}$$

Aitken-Neville 算法也可以从 Neville 插值算法得到。对 $f(x)$ 的 Neville 插值公式为

$$\left.\begin{aligned} P_0^{(i)}(x) &= f(x_i) \\ P_m^{(i)}(x) &= \frac{(x - x_i)P_{m-1}^{(i+1)}(x) - (x - x_{i+m})P_{m-1}^{(i)}(x)}{x_{i+m} - x_i} \end{aligned}\right\} \tag{8.25}$$

设

$$\left.\begin{aligned} f(x) &= \sum_{k=0}^{\infty} \tau_k x^k \\ T(h) &= \tau_0 + \sum_{k=1}^{N+1} \tau_k h^{kr} \\ x &= h^r \\ f(x) &\approx T(h) \end{aligned}\right\} \tag{8.26}$$

令 $T_m^{(i)} = P_m^{(i)}(0)$。对 $|x_i| = |h_i^r| \ll 1$，有 $T(h_i) = T_m^{(i)} = P_m^{(i)}(0) \approx \tau_0$。按 Neville 插值式(8.23)，有 $T(h_i) = T_0^{(i)} = P_0^{(i)}(0) = f(x_i)$。即

$$\left.\begin{aligned} T_0^{(i)} &= T(h_i) \\ T_m^{(i)} &= \frac{(h_{i+m})^r T_{m-1}^{(i)} - (h_i)^r T_{m-1}^{(i+1)}}{(h_{i+m})^r - (h_i)^r} = T_{m-1}^{(i+1)} + \frac{T_{m-1}^{(i+1)} - T_{m-1}^{(i)}}{(h_i/h_{i+m})^r - 1} \end{aligned}\right\} \tag{8.27}$$

这样获得了通过一系列点 $T_0^{(i)} = T(h_i)$ 推算 τ_0 近似值 $T_m^{(i)}$ 的外推法，称为多项式外推法或 Neville 外推算法。对于式(8.27)有误差估计

$$T_m^{(i)} - \tau_0 \approx (-1)^m \tau_{m+1} h_i^r h_{i+1}^r \cdots h_{i+m}^r$$

根据 EMD 分解原则，式(8.17)中的最后一项 $r_n(t)$ 最多有一个极值点或没有极值点。若有极值点，则取以极值点 T_0 为中心的两边 S 个数据做平均

$$\mu = \frac{1}{2S+1}\sum_{j=T_0-S}^{T_0+S} r_n(j),\ S = \lfloor 0.5\varepsilon m \rfloor \tag{8.28}$$

式中，ε 为平均值窗口系数，μ 为期望的修正值。当无极值时，取右端前 $S = \lfloor \varepsilon m \rfloor$

个数据 $i=m-T-S+2,\cdots,m-T+1$ 进行 Neville 外推

$$T_m^{(i)}=T_{m-1}^{(i+1)}+\frac{T_{m-1}^{(i+1)}-T_{m-1}^{(i)}}{(h_i/h_{i+m})^r-1} \tag{8.29}$$

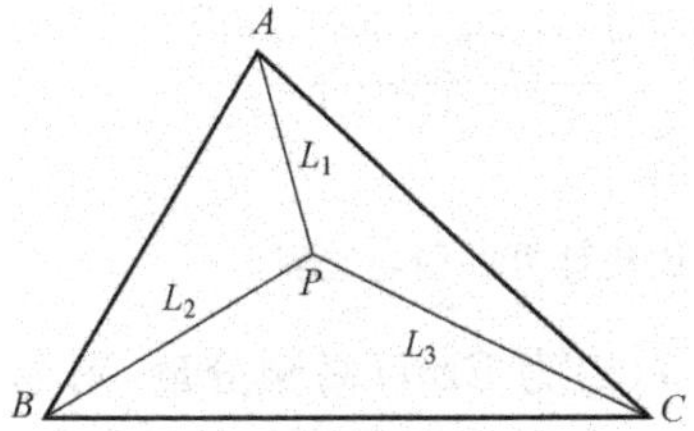

图 8.5　加密控制网点的三角形

式中，$T_0^{(i)}=\bar{x}(i)$（$i=m-T-S+2,\cdots,m-T+1$）为外推初始值，$r=2$ 为外推的次方，h_i 为步长精度参数。外推结果为测量修正值 μ。

例如，图 8.5 中 L_1、L_2、L_3 为观测量，A、B、C 为已知控制点，P 为待定点，三角形的边长 $AB=d_1$、$BC=d_2$、$CA=d_3$ 可通过计算得到，其他部分实验值如表 8.2 所示。令 $\theta_1=\angle APB$、$\theta_2=\angle BPC$、$\theta_3=\angle CPA$，则得到式(8.30)。实验采用随机误差在 15 m 的 200 个仿真数据。约束方程为

$$f_i(\mathbf{L})=(L_i^2+L_{i\bmod 3+1}^2+2L_iL_{i\bmod 3+1}\cos\theta_i-d_i^2)^2,\ 1\leqslant i\leqslant 3$$

$$f_4(\mathbf{L})=\left[\sum_{i=1}^{3}\arccos\left(\frac{d_i-L_i^2-L_{i\bmod 3+1}^2}{2L_iL_{i\bmod 3+1}}\right)-2\pi\right]^2 \tag{8.30}$$

表 8.2　三角形坐标和观测值的准确值　　单位：m

点	x 坐标	y 坐标	准确值	
A	2 692.201	5 203.153	L_1	387.313 93
B	2 092.765	5 132.304	L_2	305.967 65
C	2 210.593	5 665.422	L_3	354.773 74

非线性模型平差值方程一般有两种形式：$\boldsymbol{f}(\hat{\mathbf{L}})=\mathbf{O}_{r\times 1}$，$\mathbf{g}(\mathbf{X})=\hat{\mathbf{L}}_{r\times 1}$。$\boldsymbol{f}(\hat{\mathbf{L}})$ 在观测值处的一次近似为

$$\boldsymbol{f}(\hat{\mathbf{L}})\approx\boldsymbol{f}(\mathbf{L})+\mathbf{V}\partial\boldsymbol{f}(\mathbf{L})/\partial\hat{\mathbf{L}}$$

式中，$\boldsymbol{f}(\hat{\mathbf{L}})=[f_1(\hat{\mathbf{L}})\ f_2(\hat{\mathbf{L}})\ f_r(\hat{\mathbf{L}})]^{\mathrm{T}}$，$\hat{\mathbf{L}}=\mathbf{L}+\mathbf{V}$，$\mathbf{L}=[L_1\ \cdots\ L_n]^{\mathrm{T}}$，$\mathbf{V}=[v_1\ v_2\ \cdots\ v_n]^{\mathrm{T}}$。通过一次平差求解 $\boldsymbol{f}(\hat{\mathbf{L}})=\mathbf{O}_{r\times 1}$ 的迭代过程为

$$\mathbf{L}_{k+1}=\mathbf{L}_k+(\mathbf{A}_k^{\mathrm{T}}\mathbf{A}_k)^{-1}\mathbf{A}_k^{\mathrm{T}}\mathbf{W}_k \tag{8.31}$$

式中，$\mathbf{A}_k=[f_{ij}(\mathbf{L}_k)]_{r\times n}$，$\mathbf{W}_k=[w_1^k\ \cdots\ w_r^k]^{\mathrm{T}}$，$w_i^k=f_i(\mathbf{L}_k)$，$f_{ij}(\mathbf{L}_k)=\partial f_i(\mathbf{L}_k)/\partial\hat{L}_j$。通过平差迭代方程式(8.30)求解式(8.31)，作为初始点进一步进行非线性梯度优化。图 8.6 为通过式(8.30)、式(8.31)和梯度法计算得到的(x,y)坐标。

图 8.6 是约束方程式(8.30)下的最佳点。图 8.6(a)和(b)表现出不同的趋势。EMD 分解能够剔除高频干扰。把平差优化得到的 x 和 y，通过式(8.17)～

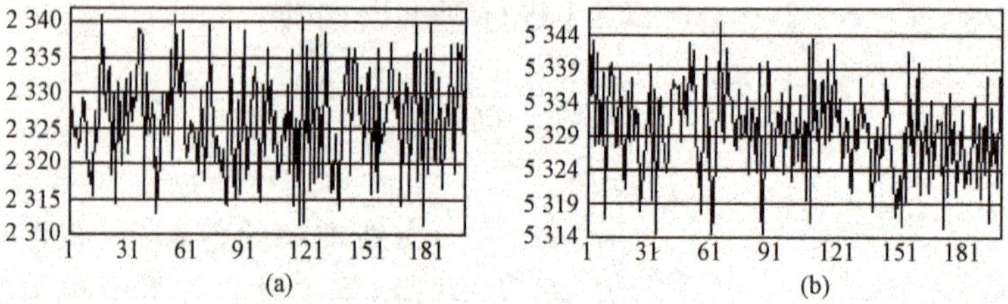

图 8.6　正负误差在 15 m 的 200 个数据通过优化计算的($\boldsymbol{x}$,$\boldsymbol{y}$)坐标

式(8.19)分别进行平均值计算和 EMD 分解。图 8.7(a)为 EMD 高频分量，图 8.7(b)为 EMD 低频分量，图 8.7(c)为低频分量中的最后一个分量曲线 $r_n(t)$ 。从图 8.7(a)可以清晰地看到 x 坐标均值序列随着分解层的增多逐渐降低频率。把这些引起干扰的高频分量逐步剔除，将得到稳定的低频分量图 8.7(b)。而图 8.7(b)的低频成分也随着分解层的增多而趋于平缓。这一点在图 8.7(c)的第 8 层(最后一层 $r_n(t)$) 低频分量中已经明显体现了出来。最后通过式(8.18)的 Neville 外推得到观测位置坐标点。计算结果数据如表 8.3 所示。结果表明，绝对误差从观测量的 15 m 提高到 x 轴的 12 cm、y 轴的 33 cm。误差范围内通过期望值的 EMD 分解把测量值归结到相对稳定的低频分量 $r_n(t)$ 上。

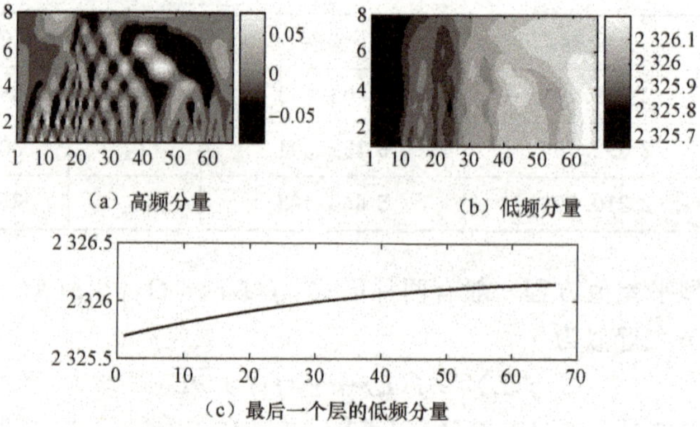

图 8.7　对 x 坐标均值序列的 EMD 分解

表 8.3　EMD-外推法计算结果数据　　单位：m

类型	理论值	结果	最大值	最小值	极差
x 坐标	2 326.259	2 326.139	2 326.221	2 325.628	0.593
y 坐标	5 330.033	5 329.705	5 330.652	5 329.638	1.014
x 坐标误差		−0.120	−0.038	−0.631	—
y 坐标误差		−0.328	−0.619	−0.395	—

8.3.3　海上 GPS 浮标网络定位问题

研究海底定位的技术手段，是解决海底定位问题的一个关键。海上 GPS 浮标网络定位是海底定位的一项技术。为了建立海上 GPS 浮标网络定位模型，先介绍广义简约梯度法（GRG）中的优化模型。它是针对式（8.32）问题提出的算法。

$$\min f(\boldsymbol{x}) \tag{8.32}$$

满足约束条件

$$\left.\begin{aligned}\boldsymbol{C}(\boldsymbol{x}) = \boldsymbol{O}\\ \boldsymbol{\alpha} \leqslant \boldsymbol{x} \leqslant \boldsymbol{\beta}\end{aligned}\right\} \tag{8.33}$$

式中，$\boldsymbol{x} = [x_1 \quad x_2 \quad \cdots \quad x_n)^{\mathrm{T}}$，$\boldsymbol{O}$ 元素值为零的零向量；$\boldsymbol{C}(\boldsymbol{x}) = [c_1(\boldsymbol{x}) \quad c_2(\boldsymbol{x}) \quad \cdots \quad c_m(\boldsymbol{x})]^{\mathrm{T}}$，$f(\boldsymbol{x})$ 和 $\boldsymbol{C}(\boldsymbol{x})$ 可微连续；$\boldsymbol{\alpha} = [\alpha_1 \quad \alpha_2 \quad \cdots \quad \alpha_n]^{\mathrm{T}}$，$\boldsymbol{\beta} = [\beta_1 \quad \beta_2 \quad \cdots \quad \beta_n]^{\mathrm{T}}$，$\boldsymbol{\alpha}$ 和 $\boldsymbol{\beta}$ 是常数向量。

在海上 GPS 浮标网络定位中，通过 GPS 可获得每个浮标的 GPS 定位坐标。对于动态的浮标，需要确定每个浮标的相对稳定的坐标范围。根据文献（许君一等，2010）对整个浮标系统构成的浮标网获得一个海面方向核空间。这样，在很大程度上剔除了海面的波动干扰。设有 m 个浮标，$\boldsymbol{P}_i = [x_i \; y_i]^{\mathrm{T}}$ 为第 i 个浮标的坐标。得到稳定的坐标值估计范围

$$\alpha_i^{(1)} \leqslant x_i \leqslant \beta_1^{(1)}\,,\ \alpha_i^{(2)} \leqslant y_i \leqslant \beta_i^{(2)} \quad (i = 1,2,\cdots,m) \tag{8.34}$$

浮标之间的约束为相互连接的三角网。虽然这个三角网处在动态的状态，但它们的三角关系不会改变。所以，浮标构成了一个用三角网剖分的曲面。每个三角形的顶点坐标满足式（8.34）。另外，三角形的边长是确定的，所以，包括内角在内的三角形本身是确定的。

确定浮标的坐标有多种方法。理论上，精确测量浮标的位置，需要一个具有精确坐标的更大的三角形。这个大的三角形包含所有的浮标。这个大的三角形与图 8.5 $\triangle ABC$ 的作用相同。此时，可获得优化目标函数 $f(\boldsymbol{x})$。

如果没有这样的大三角形，可根据浮标构成的三角网的平移和旋转来确定。例如，如果浮标构成的三角网近似为椭圆形，根据文献（许君一 等，2010）中 8.1.1 小节，确定椭圆的方向角和中心。这里，椭圆的中心可用所有浮标的 GPS 定位坐标的平均来代替。有了浮标构成的三角网的中心坐标和旋转角度，可确定每个浮标的坐标。

无论是大三角形方案还是椭圆形方案，都有各自的优缺点。大三角形方案需要更多的设备支持，而椭圆形方案中椭圆本身及旋转角是优化得到的。假设所有浮标的 GPS 定位坐标的平均坐标的精度是足够的，可反过来确定每个浮标的坐标。虽然浮标有浮动，但每个相邻浮标与中心点构成的三角形是不变的，所以，它们的内角不应有变化。例如，如果椭圆上有 m 个浮标，则有 $m-1$ 个三角形。可计

算出每个椭圆中心到相邻浮标形成的三角形的角度、相邻浮标距离及中心到每个浮标的距离。对一般的浮标网，当确定中心坐标后，可计算出中心到某个浮标及与其相邻浮标形成的三角形的角度、相邻浮标距离及中心到每个浮标的距离，分别记为 γ_i（角）、L_i（浮标间距离）（$i=1,2,\cdots,m-1$）和 ρ_i（中心到浮标）（$i=1,2,\cdots,m$）。由于从中心到浮标的方向上，可能存在多个浮标，即两个浮标的角度一样。但这并不影响计算。假设已经知道理论上的这些角度和距离，分别记为 γ_i^0、L_i^0（$i=1,2,\cdots,m-1$）和 ρ_i^0（$i=1,2,\cdots,m$）。这样，可得到一个整体最优的目标函数。在式(8.32)中，令 $\boldsymbol{\alpha}_i=[\alpha_i^{(1)}\ \alpha_i^{(2)}]^{\mathrm{T}}$、$\boldsymbol{\beta}_i=[\beta_i^{(1)}\ y\beta_i^{(2)}]^{\mathrm{T}}$，则有

角度优化函数

$$f_1(\boldsymbol{L})=\sum_{i=1}^{m-1}\left[\arccos\left(\frac{L_i-\rho_i^2-\rho_{i\bmod m+1}^2}{2\rho_i\rho_{i\bmod m+1}}\right)-\gamma_i^0\right]^2 \tag{8.35}$$

边长优化函数

$$f_2(\boldsymbol{L})=\sum_{i=1}^{m}(L_i-L_i^0)^2+\sum_{i=1}^{m}(\rho_i-\rho_i^0)^2 \tag{8.36}$$

角度约束条件

$$\sum_{i=1}^{m-1}\gamma_i=\sum_{i=1}^{m-1}\gamma_i^0 \tag{8.37}$$

坐标约束条件

$$\boldsymbol{\alpha}_i\leqslant\boldsymbol{P}_i\leqslant\boldsymbol{\beta}_i\ (i=1,2,\cdots,m) \tag{8.38}$$

式(8.35)和式(8.36)构成了目标函数，式(8.37)和式(8.38)构成了约束条件。根据每个浮标上获得 N 个坐标数据，有

$$f_1^{(k)}(\boldsymbol{L})=\sum_{i=1}^{m-1}\left[\arccos\left(\frac{(L_i^{(k)})^2-(\rho_i^{(k)})^2-(\rho_{i\bmod m+1}^{(k)})^2}{2\rho_i^{(k)}\rho_i\rho_{i\bmod m+1}^{(k)}}\right)-\gamma_i^0\right]^2\quad(k=1,2,\cdots,N) \tag{8.39}$$

$$f_2^{(k)}(\boldsymbol{L})=\sum_{i=1}^{m}(L_i^{(k)}-L_i^0)^2+\sum_{i=1}^{m}(\rho_i^{(k)}-\rho_i^0)^2\quad(k=1,2,\cdots,N) \tag{8.40}$$

针对 N 个数据的目标函数为

$$f(\boldsymbol{L})=\sum_{k=1}^{N}(a_kf_1^{(k)}(\boldsymbol{L})+b_kf_2^{(k)}(\boldsymbol{L})) \tag{8.41}$$

式中，$a_k,b_k\geqslant0$ 是对目标函数的权值，可根据实际情况确定。

8.4 GNSS导航定位性能及预警研究

GNSS导航性能包括精度、完备性、连续性和可用性。完备性指系统提供正确信息的可信程度。导航系统发生任何故障或误差超过允许限值时，系统及时发出报警的能力。完备性可用三个指标定量描述：完备性风险（IR）、报警限值（AL）和示警耗时（TTA）。完备性风险又称为灾害误导信息（HMI），指系统发生不可接受

的误差而无法提供实时警告说明的可能性。AL 指系统发出警报时的用户定位误差值(PE),包括水平(HAL)和垂直(VAL)两部分。AL 在坐标域检测故障,可在方案设计分析时确定。实时处理时用保护水平(PL)表示用户定位误差边界值以保护完备性风险概率的要求。TTA 指潜在误导信息发生时与系统提供警告或改正时之差。根据三个指标的定义及关系,两种情况使系统失去完备性:PE 超过 AL 而无法提供警报;故障探测和排除无法在 TTA 内完成。连续性与导航系统输出位置的可靠性有关。连续性风险(CR)指在给定操作模式和时间内系统无法提供输出的概率。当系统停止工作、无法排除探测到的故障或排除故障后无法满足导航要求时,认为系统失去连续性。可用性指系统服务可用时间的百分比,当系统满足精度、完备性和连续性要求时,认为系统具有可用性。因此,当系统发生误导信息或不可用时,需要实时提供警报给用户。

8.4.1　接收机自主完备性监测

GNSS 系统完备性监测包括三种模式:系统级完备性监测、监测站级完备性监测和接收机自主完备性监测。系统级完备性监测是利用其他空基增强系统(SBAS)、地基增强系统(GBAS)、伪卫星或惯性导航系统等广播改正和完备性信息给用户,以满足航空、汽车、火车、轮船等需要。地基增强系统包括广域增强系统(WAAS)和局部增强系统(LAAS)。例如,斯坦福大学的 GPS 实验室深入研究了空基增强系统的完备性,建立相应的理论体系和方法。监测站级完备性监测指导航完备性信道技术(GIC),它由分布于服务区的大量双频 GNSS 监测站组成,把计算改正和完备性信息广播给用户。接收机自主完备性监测是通过站星间的多余观测检测卫星几何结构和各种故障。针对单独 GNSS 系统的完备性监测,研究接收机自主完备性监测方法(RAIM)。

1. 距离比较法

当卫星数大于 4 颗时,可以利用多余的卫星进行故障探测。距离比较法指利用 4 颗卫星解算接收机坐标,解算的坐标预计其他卫星与接收机的距离,将预计值与实际测量的距离比较。如果两者差值很小,探测算法认为没有故障。为了定量描述差值阈值,采用各种不同标准,常用的方法为统计量的概率分布。由于假设观测噪声为高斯分布,当给定预警率后,根据正态分布概率密度分布函数确定临界值,建立概率椭圆。当差值落入概率椭圆内时,认为没有故障;反之,认为系统存在故障。

2. 最小二乘残差法

最小二乘残差法由 Parkinson 引入 GPS 完备性监测。首先,用所有卫星的观测数据估计接收机坐标和钟差,然后根据估计的站星间距离与实际观测距离之差(残差)构造统计量。由于统计量服从卡方分布,根据给定的显著性水平和实际的自由度计算阈值，两者比较以确定是否存在异常。如果观测值有粗差，则统计量服从相应的非中心化卡方分布。当卫星多于 4 颗时，根据卫星定位原理可建立方程

$$\boldsymbol{AX} = \boldsymbol{L} + \boldsymbol{V} \tag{8.42}$$

在最小二乘估计原则下解超定方程组，可得估计值为

$$\boldsymbol{X} = (\boldsymbol{A}^{\mathrm{T}}\boldsymbol{A})^{-1}\boldsymbol{A}^{\mathrm{T}}\boldsymbol{L} \tag{8.43}$$

残差为

$$\boldsymbol{V} = (\boldsymbol{I} - \boldsymbol{A}(\boldsymbol{A}^{\mathrm{T}}\boldsymbol{A})^{-1}\boldsymbol{A}^{\mathrm{T}})\boldsymbol{L} \tag{8.44}$$

距离观测值误差通过误差传播定律传递到残差。如果观测值误差服从相同方差的零均值的正态分布，那么残差的平方和服从一定自由度的卡方分布，则有

$$\boldsymbol{SSE} = \boldsymbol{V}^{\mathrm{T}}\boldsymbol{V} \quad \chi^2(1-\alpha, f) \tag{8.45}$$

实际中通常用下面的统计量代替，作为最小二乘完备性检验的统计量

$$\boldsymbol{T} = \sqrt{\boldsymbol{SSE}/f} \tag{8.46}$$

传统最小二乘法只能处理等精度观测值的情况。在观测值具有异方差性时，一般采用加权最小二乘。加权最小二乘的完备性检验统计量构造方法类似普通最小二乘，由加权最小二乘原理可知，残差为

$$\boldsymbol{V} = (\boldsymbol{W} - \boldsymbol{A}(\boldsymbol{A}^{\mathrm{T}}\boldsymbol{WA})^{-1}\boldsymbol{A}^{\mathrm{T}}\boldsymbol{W})\mathrm{L} \tag{8.47}$$

则残差的平方和服从一定自由度的卡方分布

$$\boldsymbol{SSE} = \boldsymbol{V}^{\mathrm{T}}\boldsymbol{WV} \quad \chi^2(1-\alpha, f) \tag{8.48}$$

另外，由第 6 章模型异常探测可知，当先验方差已知时，整体模型检验的统计量为

$$\boldsymbol{T} = \frac{\boldsymbol{V}^{\mathrm{T}}\boldsymbol{WV}}{\sigma_0^2} \quad \chi^2(1-\alpha, f) \tag{8.49}$$

3. 奇偶向量法

将最小二乘的估计值进行线性变换转换为奇偶向量，从而构造相应的统计量进行判断。转换方法如下

$$\begin{bmatrix} \boldsymbol{X} \\ \boldsymbol{p} \end{bmatrix} = \begin{bmatrix} (\boldsymbol{A}^{\mathrm{T}}\boldsymbol{A})^{-1}\boldsymbol{A}^{\mathrm{T}} \\ \boldsymbol{P} \end{bmatrix}\boldsymbol{L} = \begin{bmatrix} \boldsymbol{B} \\ \boldsymbol{P} \end{bmatrix}\boldsymbol{L} \tag{8.50}$$

式中，$\boldsymbol{p}$ 为奇偶向量。在观测值为高斯随机变量的假设下，奇偶向量的数学期望为零，方差等于观测值噪声的方差，各元素的方差相同。转换矩阵 $\boldsymbol{P}$ 的行归一化后，行之间正交且与矩阵 $\boldsymbol{A}$ 的列正交。同时，在观测值满足正态分布和相同报警率的情况下，奇偶向量的平方与最小二乘残差的平方相等。

为了获得奇偶向量，首先将最小二乘残差转换到奇偶空间。常用的方法为奇异值分解(SVD)，奇异值分解的原理是当系数矩阵奇异或病态时，观测值不在系数矩阵的列空间中。为了求解方程，需要在系数矩阵的列空间中寻找一个最接近原始观测值的近似值，使观测方程成立，则其解即为方程的最小二乘解。将矩阵 $\boldsymbol{B}$

分解为

$$\boldsymbol{B} = \boldsymbol{U}\begin{bmatrix}\boldsymbol{\Sigma} \\ 0\end{bmatrix}\boldsymbol{V}^{\mathrm{T}} \tag{8.51}$$

式中，$\boldsymbol{\Sigma}$ 为 4×4 的对角阵，$\boldsymbol{U}$ 和 $\boldsymbol{V}$ 分别为 $n\times n$ 、4×4 的归一化矩阵。

然后将 $\boldsymbol{U}$ 分解为 $n\times4$ 、$n\times(n-4)$ 维的分块矩阵 $\boldsymbol{U}_1$ 和 $\boldsymbol{U}_2$ 。整理后可得

$$\boldsymbol{p} = \boldsymbol{U}_2^{\mathrm{T}}\boldsymbol{L} \tag{8.52}$$

最后构造统计量

$$\boldsymbol{SSE} = \boldsymbol{P}^{\mathrm{T}}\boldsymbol{P} \quad \chi^2(1-\alpha, f) \tag{8.53}$$

同理，当观测值具有异方差性时，矩阵 $\boldsymbol{B}$ 表示为

$$\boldsymbol{B} = (\mathbf{A}^{\mathrm{T}}\boldsymbol{W}\mathbf{A})^{-1}\mathbf{A}^{\mathrm{T}}\boldsymbol{W} \tag{8.54}$$

经过上述分解后，奇偶量为

$$\boldsymbol{p} = \boldsymbol{U}_2^{\mathrm{T}}\boldsymbol{L} \tag{8.55}$$

4. 卫星几何结构影响

估计坐标的精度不仅与观测值的精度有关，还与卫星几何结构有关，因此，有些学者提出顾及卫星几何结构的接收机自主完备性监测。主要方法有径向误差保护法和最大精度因子变化值。

径向误差保护值只与卫星几何结构和检验阈值有关。定义

$$\boldsymbol{B} = (\mathbf{A}^{\mathrm{T}}\mathbf{A})^{-1}\mathbf{A}^{\mathrm{T}} \tag{8.56}$$

$$\boldsymbol{S} = \mathbf{A}(\mathbf{A}^{\mathrm{T}}\mathbf{A})^{-1}\mathbf{A}^{\mathrm{T}} \tag{8.57}$$

可视卫星的斜率为

$$SLOPE_{\max} = \max(SLOPE(i)) \tag{8.58}$$

近似径向误差保护为

$$APR = SLOPE_{\max} \cdot T_\alpha \tag{8.59}$$

式中，T_α 为给定显著水平 α 和自由度 f 确定的临界值。

如果定义精度因子变化值为

$$\delta HDOP_i^2 = HDOP_i^2 - HDOP^2 = (B_{1i}^2 + B_{2i}^2)/(1 - S_{ii}) \tag{8.60}$$

其最大值为

$$\delta HDOP_{\max} = \max(\delta HDOP_i) \tag{8.61}$$

根据上述推导可得

$$APR = \delta H_{\max} \cdot \sqrt{f} \cdot T_\alpha \tag{8.62}$$

8.4.2 完备性保护水平

保护水平是给定完备性风险概率下不可探测定位误差的上界值。它的计算方法分为两类：统计量投影到坐标域和坐标域内估计坐标的不确定性或误差椭圆。统计量投影方法不仅与统计检验量有关，还与卫星的几何条件有关。当系统发生

故障时，最小二乘残差和奇偶向量法的统计检验量发生相应的偏移，服从非中心化的卡方分布。偏移量称为非中心化参数，由给定的误警率 P_{FA} 和漏警率 P_{MD} 决定。偏移后的统计量通过斜率投影到水平径向误差。由于最大倾斜卫星出现故障时漏警率最高，检测难度最大，将最大倾斜卫星对应的水平径向误差值称为水平保护水平(HPL)。同时，在确定 PL 时，应该考虑卫星几何条件的影响。

当给定误警率和漏警率后，确定非中心参数的最小值 λ。顾及卫星几何结构的 HPL 和 VPL 的计算公式为

$$HPL = \delta HDOP_{\max} \times \sigma_0 \times \sqrt{\lambda} \tag{8.63}$$

$$VPL = \delta VDOP_{\max} \times \sigma_0 \times \sqrt{\lambda} \tag{8.64}$$

在模型异常识别时，统计量服从正态分布。当模型存在故障时，非中心化参数为 δ。基于正态分布的 HPL 和 VPL 为

$$HPL = \delta HDOP_{\max} \times \sigma_0 \times \delta \tag{8.65}$$

$$VPL = \delta VDOP_{\max} \times \sigma_0 \times \delta \tag{8.66}$$

另一种方法是通过坐标域内的坐标不确定性或误差椭圆计算保护水平。基于坐标不确定性的 HPL 和 VPL 的计算公式为

$$HPL = K_H \sigma_H \tag{8.67}$$

$$VPL = K_U \sigma_U \tag{8.68}$$

式中，$\sigma_H = \sqrt{P_{11} + P_{22}}$，$\sigma_U = \sqrt{P_{33}}$，$\boldsymbol{P}$ 为估计参数的方差协方差矩阵。

基于误差椭圆的 HPL 和 VPL 为

$$HPL = K_H d \tag{8.69}$$

$$VPL = K_U \sigma_U \tag{8.70}$$

式中，$d = \sqrt{\dfrac{\sigma_x^2 + \sigma_y^2}{2} + \sqrt{\left(\dfrac{\sigma_x^2 - \sigma_y^2}{2}\right)^2 + \sigma_{xy}^2}}$，$\sigma_x^2$、$\sigma_y^2$、$\sigma_z^2$ 和 σ_{xy}^2 分别为三个分量的方差和水平方向的协方差，K_H 和 K_U 分别为基于漏警率的水平和高程因子。

8.4.3 系统报警原理与方法

导航性能的四个指标与统计检验理论紧密联系。统计检验存在两种错误选择的可能性，即误警率 α 和漏警率 β。如图 8.8 所示，连续性风险(CR)即为漏警率，而误导信息(MI)和完备性风险(IR、HMI)为误警率。正确选择区域观测值的精度满足要求，而故障探测区确认系统存在故障。

系统设计阶段需要根据实际情况确定 AL，PL 为系统运行时误差的上界值，可能超过示警限值。如果 PL 超过 AL，系统不可用，根据统计量是否超过限值，TTA 内及时提示系统失去完备性或探测到故障信息。在 PL 小于 AL 的情况下，如果 PE 小于 PL，则系统正常；如果 PE 大于 PL，系统可能存在误导信息，在

TTA 内及时提供相应的警告信息。图 8.8 给出了 *PL*、*AL* 和 *PE* 之间的关系，原则上 *PL* 小于 *AL*，但 *PL* 取决于卫星几何结构和非中心化参数或定位误差椭圆，系统故障可能使 *PL* 瞬间增大超过 *AL*，使系统失去可用性。

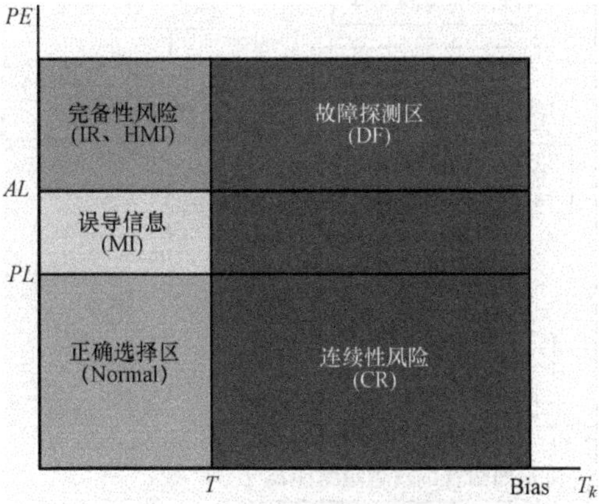

图 8.8 系统报警原理

8.5 QDCORS 网质量评定

根据 VRS 技术求解观测量改正数的基本原理，QDCORS 基准站网形质量评定实验设计思路为：选取两组数据，每组采用 4 个坐标已知的基准站，其中 3 个作为参考站并构成三角形，另外一个基准站作为模拟流动站（采样间隔 1 s），且位于三角形外。其中一组数据构成的三角形代表 QDCORS 网较优几何图形，另一组构成的三角形代表 QDCORS 网较劣几何图形。以其中一个基准站作为主参考站，根据 GPS 观测数据和参考站精确坐标，计算另外两个参考站与主参考站间双差观测值的综合误差改正数。根据 VRS 数学模型，采取综合误差内插法计算流动站的改正数，并以经过 3 个基准站差分改正后用户站的双差载波相位的观测中误差作为评定网络 RTK 定位精度的标准，分析 QDCORS 基准站网形质量。当流动站位于三角网外时，参考站对流动站的控制强度最弱（唐文刚 等，2004）。因此，当该情况下精度满足要求时，其他情况下必能满足要求。

本节以经过基准站差分改正后用户站的双差载波相位的观测中误差作为基准站网形质量评定标准，对流动站的实时定位精度进行分析。以上所述计算过程，采用 Fortran 语言编程实现，具体流程如图 8.9 所示。

本节采用 QDCORS 网中的基准站的观测数据进行质量评定，基准站网形如图 8.3 所示。选取两组数据，分别为：胶南站、红岛站和小港站为基准站，青银路站

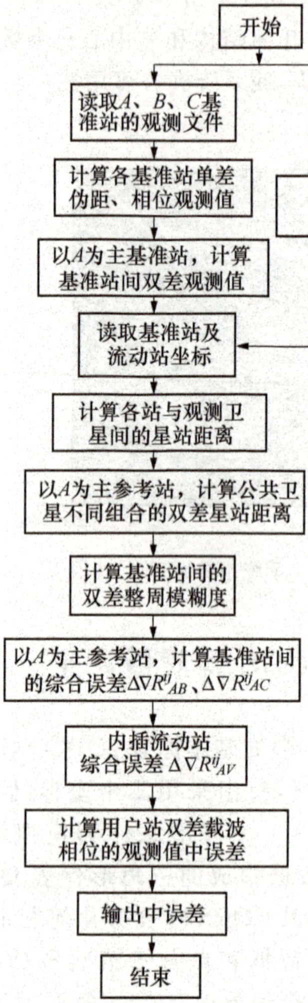

图 8.9 精度评定程序流程

为模拟流动站，胶南站至红岛站的距离约 50 km，胶南站至小港站的距离约44 km，红岛站至小港站的距离约 21 km，青银路站距最近的基准站小港站约16 km，基准站间距不均匀，构成了 QDCORS 网中几何图形较差的三角网；红岛站、红石崖站和青银路站为基准站，小港站为模拟流动站，红岛站至红石崖站的距离约 23 km，红岛站至青银路站的距离约 22 km，红石崖至青银路的距离约 25 km，小港站距最近的基准站青银路站约 11 km，基准站间距均匀，构成了 QDCORS 网中几何图形较优的三角网。实验采用 2006 年 12 月 10 日的观测数据，历元间隔1 s，表 8.4、表 8.5是较优网形计算所得用户站的双差载波相位的观测中误差，表 8.6、表 8.7是较差网形计算所得用户站的双差载波相位的观测中误差。

表 8.4　用户站双差载波相位的观测中误差　　单位:m

历元＼组合	G16,G19	G16,G23	G19,G23
1	0.033 042 4	0.033 049 2	0.026 121 8
2	0.033 042 0	0.033 044 8	0.026 110 4
3	0.033 041 6	0.033 040 4	0.026 099 2
4	0.033 041 2	0.033 036 0	0.026 088 2
5	0.033 040 9	0.033 031 6	0.026 077 4
6	0.033 040 5	0.033 027 2	0.026 066 9
7	0.033 040 2	0.033 022 8	0.026 056 5
8	0.033 039 9	0.033 018 4	0.026 046 4
9	0.033 039 6	0.033 014 0	0.026 036 6
10	0.033 039 3	0.033 009 6	0.026 026 9
11	0.033 039 0	0.033 005 2	0.026 017 5
12	0.033 038 7	0.033 000 8	0.026 008 4
13	0.033 038 5	0.032 996 4	0.025 999 4
14	0.033 038 2	0.032 992 1	0.025 990 7
15	0.033 038 0	0.032 987 7	0.025 982 2
16	0.033 037 8	0.032 983 3	0.025 974 0
17	0.033 037 6	0.032 979 0	0.025 966 1
18	0.033 037 5	0.032 974 6	0.025 958 4
19	0.033 037 3	0.032 970 2	0.025 950 9
20	0.033 037 1	0.032 965 9	0.025 943 7
21	0.033 037 0	0.032 961 6	0.025 936 8
22	0.033 036 9	0.032 957 2	0.025 930 1
23	0.033 036 8	0.032 952 9	0.025 923 6
24	0.033 036 7	0.032 948 5	0.025 917 5

表 8.5　用户站双差载波相位的观测中误差　　单位:m

历元＼组合	G16,G19	G16,G23	G19,G23
217	0.033 290 7	0.032 226 1	0.031 360 9
218	0.033 293 4	0.032 223 2	0.031 425 3
219	0.033 296 1	0.032 220 2	0.031 490 0
220	0.033 298 8	0.032 217 2	0.031 555 0
221	0.033 301 6	0.032 214 3	0.031 620 4

续表

历元 \ 组合	G16,G19	G16,G23	G19,G23
222	0.033 304 3	0.032 211 4	0.031 686 1
223	0.033 307 1	0.032 208 4	0.031 752 3
224	0.033 309 9	0.032 205 5	0.031 818 5
225	0.033 312 6	0.032 202 6	0.031 885 1
226	0.033 315 4	0.032 199 7	0.031 952 1
227	0.033 318 2	0.032 196 8	0.032 019 3
228	0.033 321 0	0.032 193 9	0.032 086 9
229	0.033 323 9	0.032 191 1	0.032 154 7
230	0.033 326 7	0.032 188 2	0.032 222 9
231	0.033 329 6	0.032 185 4	0.032 291 3
232	0.033 332 4	0.032 182 5	0.032 360 2
233	0.033 335 3	0.032 179 7	0.032 429 2
234	0.033 338 2	0.032 176 9	0.032 498 6
235	0.033 341 1	0.032 174 1	0.032 568 3
236	0.033 344 1	0.032 171 3	0.032 638 3
237	0.033 347 0	0.032 168 5	0.032 708 5
238	0.033 349 9	0.032 165 7	0.032 779 1
239	0.033 352 9	0.032 162 9	0.032 849 9
240	0.033 355 9	0.032 160 2	0.032 921 0

表 8.6 用户站双差载波相位的观测中误差 单位:m

历元 \ 组合	G16,G19	G16,G23	G19,G23
1	0.088 410 2	0.056 557 7	0.061 551 9
2	0.088 410 7	0.056 550 4	0.061 554 7
3	0.088 411 1	0.056 543 1	0.061 557 5
4	0.088 411 6	0.056 535 8	0.061 560 3
5	0.088 412 0	0.056 528 6	0.061 563 1
6	0.088 412 5	0.056 521 3	0.061 565 9
7	0.088 413 0	0.056 514 0	0.061 568 8
8	0.088 413 5	0.056 506 8	0.061 571 6
9	0.088 414 0	0.056 499 5	0.061 574 5
10	0.088 414 6	0.056 492 3	0.061 577 3

续表

历元＼组合	G16,G19	G16,G23	G19,G23
11	0.088 415 1	0.056 485 1	0.061 580 2
12	0.088 415 7	0.056 477 9	0.061 583 0
13	0.088 416 2	0.056 470 6	0.061 585 9
14	0.088 416 8	0.056 463 4	0.061 588 8
15	0.088 417 4	0.056 456 3	0.061 591 7
16	0.088 418 0	0.056 449 1	0.061 594 6
17	0.088 418 6	0.056 441 9	0.061 597 5
18	0.088 419 2	0.056 434 7	0.061 600 4
19	0.088 419 9	0.056 427 6	0.061 603 3
20	0.088 420 5	0.056 420 4	0.061 606 3
21	0.088 421 2	0.056 413 3	0.061 609 2
22	0.088 421 9	0.056 406 2	0.061 612 2
23	0.088 422 6	0.056 399 0	0.061 615 1
24	0.088 423 3	0.056 391 9	0.061 618 1

表 8.7　用户站双差载波相位的观测中误差　　单位:m

历元＼组合	G16,G19	G16,G23	G19,G23
217	0.082 309 2	0.054 116 4	0.056 372 2
218	0.082 318 0	0.054 132 9	0.056 370 7
219	0.082 326 9	0.054 149 5	0.056 369 3
220	0.082 335 8	0.054 166 0	0.056 368 0
221	0.082 344 7	0.054 182 6	0.056 366 7
222	0.082 353 7	0.054 199 1	0.056 365 4
223	0.082 362 7	0.054 215 7	0.056 364 2
224	0.082 371 8	0.054 232 3	0.056 363 1
225	0.082 380 9	0.054 248 8	0.056 362 0
226	0.082 390 1	0.054 265 4	0.056 360 9
227	0.082 399 2	0.054 281 9	0.056 359 9
228	0.082 408 5	0.054 298 5	0.056 358 9
229	0.082 417 8	0.054 315 0	0.054 315 1
230	0.082 427 1	0.054 331 5	0.056 357 1
231	0.082 436 4	0.054 348 1	0.056 356 3

续表

历元＼组合	G16,G19	G16,G23	G19,G23
232	0.082 445 8	0.054 364 6	0.056 355 5
233	0.082 455 3	0.054 381 1	0.056 354 8
234	0.082 464 8	0.054 397 7	0.056 354 1
235	0.082 474 3	0.054 414 2	0.056 353 5
236	0.082 483 9	0.054 430 7	0.056 353 0
237	0.082 493 5	0.082 493 5	0.056 352 4
238	0.082 503 2	0.054 463 7	0.056 351 9
239	0.082 512 9	0.054 480 3	0.056 351 5
240	0.082 522 6	0.054 496 8	0.056 351 1

分析试验数据得出以下结论：

(1)由红岛站、红石崖站和青银路站组成的三角形，参考站间距均匀且较短，平均约23 km，模拟流动站小港站位于三角形覆盖范围外，距最近的参考站大约11 km。分析结果得到用户站的双差载波相位的观测中误差最大值约4.3 cm，最小值约1.3 cm，平均值为2.6 cm。

(2)由胶南站、红岛站和小港站组成的三角形，参考站间距最大为50 km，最小为21 km，平均站间距为38 km，参考站间距不均匀，几何图形较差。模拟流动站青银路站位于三角形覆盖范围外，距最近的参考站小港站约16 km。分析结果得到用户站的双差载波相位的观测中误差最大值约8.8 cm，最小值约3.0 cm，平均值为6.2 cm。

(3)以上试验结果表明，QDCORS控制中心根据流动站传送来的单点定位结果，采用3个基准站观测数据计算出的内插误差改正数，能够提供实时的厘米级定位，满足厘米级、分米级精度要求的国土测绘、城市规划等多种现代信息化管理的社会需求；可为合理的布网方案设计提供参考，对确保用户应用要求具有重要的意义。

8.6 QDCORS系统的完备性分析

实时的完备性监测是确保CORS网络正常运行的可靠保障，CORS完备性监测内容广泛。其中，电离层延迟和对流层延迟误差是CORS系统的主要误差源，目前国内外对电离层完备性、对流层完备性进行了大量的研究，但大部分都侧重于完备性监测中的某些方面，整体的完备性监测方案还有待研究。另外，由于VRS技术的数学模型是基于双差的，双差电离层、对流层的完备性监测指标的研究还不充分。

QDCORS 网络 RTK 的原理是基于一定区域内布设的 3 个或 3 个以上数量的基准站，对该区域构成网状覆盖，通过对 CORS 进行长时间连续观测，可对参考站网内的电离层、对流层以及轨道等空间相关误差进行估计，建立空间误差区域模型并生成改正数信息，然后对生成的改正数信息进行 RTCM 编码，并通过现代通信手段发送给流动站用户；流动站用户可以利用上述信息显著削弱空间相关误差，通过求解短基线的模糊度从而实现中长距离实时精密定位。从网络 RTK 技术的原理可以看出，虽然流动站用户端的空间相关误差通过建立空间误差模型可以最大程度消除并使残差白噪声化，但在中等尺度电离层干扰、对流层变化剧烈的情况下，残余误差仍然必须进行考虑，它会对流动站定位精度以及短基线用户端的模糊度求解和坐标估计造成较大的影响(吴北平，2003)。

8.6.1 电离层完备性分析

有关研究表明，移动用户的定位精度和可靠性不仅与参考站网的数据处理算法有关，在很大程度上还与参考站网的时间和空间可用性有关。完备性监测即是为了实时动态监测 GPS 卫星和整个系统的工作状况与健康状况，并及时向用户播发差分改正信息的完备性信息，从而能在最大程度上保证移动用户定位精度和可靠性(吴北平，2003)。

本章将对影响 CORS 运行的主要误差源电离层延迟、对流层延迟的残差完备性，采用相关的完备性模型进行定量分析。

首先估计基准站网内的电离层延迟、对流层延迟和轨道误差等空间相关误差，然后建立区域内插模型削弱流动站端的空间相关误差。在上述空间相关误差中，电离层延迟误差作为 RTK 用户定位的最大误差源，且变化也最为复杂(电离层在高纬度地区低频变化明显，低纬度地区高频变化明显)，因此是最难以精确建模的。电离层延迟在正常的电离层条件下，其影响通过线性内插可以得到很好的消除，甚至在电离层活动剧烈或发生闪烁的情况下，绝大部分电离层影响都可以通过区域线性内插模型而得到消除，这将在很大程度上能使移动用户获得实时高精度定位服务。然而，在某些情况下，一些电离层高阶项残差仍然会残留在虚拟参考站 VRS 和流动用户构成的短基线中，并会对该基线上的模糊度求解和坐标估计造成影响，甚至出现流动端无法初始化的情况。因此，为了保证移动用户定位的可靠性和可用性，必须对电离层进行完备性监测。

电离层完备性监测的内容包括：建立双差电离层延迟模型和区域内插模型；电离层残差完备性监测指标的计算；电离层残差内插不确定性指标的计算。

1. 建立双差电离层延迟模型

由于电离层延迟的色散性，使用双频载波相位形成几何无关组合可以计算电离层延迟。当模糊度得到固定，且多路径效应被充分削弱后，可以较精确地计算传播路径上的双差电离层延迟，从而可对双差电离层延迟的时空变化规律（如与基线长、卫星高度角、地方时以及参考站地理位置之间的相关关系）进行定量的分析。L1双差电离层延迟可以表示（周东卫，2007）为

$$\Delta\nabla I=\left(\frac{f_2^2}{f_1^2-f_2^2}\right)\left[(\lambda_1\Delta\nabla\phi_1-\lambda_2\Delta\nabla\phi_2)-(\lambda_1\Delta\nabla N_1-\lambda_2\Delta\nabla N_2)\right] \tag{8.71}$$

2. 建立电离层区域内插模型

用户位置电离层改正信息的计算可理解为各独立网络基线上的电离层误差信息的加权平均值，而采用不同改正模型的差别就在于基本公式中各内插系数或者各独立基线所对应的权值的不同，其通用计算公式为

$$V_{u,n}=a_1V_{1,n}+\cdots+a_iV_{i,n}+\cdots+a_{n-1}V_{n-1,n} \tag{8.72}$$

电离层网络内插改正方法，可将其归类为线性组合法、距离相关内插法以及低阶表面拟合法等方法（李吉之，2006）。

（1）线性组合法。

线性组合法通过构建单差观测值的线性组合以消除空间系统误差影响。其内插系数满足下述约束条件

$$\sum_{i=1}^{n}a_i=1\ ,\ \sum_{i=1}^{n}a_i(X_u-X_i)=0\ ,\ \sum_{i=1}^{n}a_i^2=\min \tag{8.73}$$

（2）距离相关内插法。

距离相关内插法主要基于参考站间距离对用户站的电离层延迟进行建模，模型为

$$\Delta\nabla I_u=\sum_{i=}^{n-1}\frac{c_i}{c}\Delta\nabla I_i \tag{8.74}$$

式中，$\Delta\nabla I_u$、$\Delta\nabla I_i$分别为用户流动站及各参考站相对于主参考站的双差电离层延迟估值；n为参考站数量；c_i为空间相关内插参数，为参考站与用户流动站之间距离d的倒数，而$c=\sum_{i=1}^{n}c_i$。

（3）低阶表面拟合法。

低阶表面拟合法具体数学模型如下

$$\Delta\nabla I_{i,n}=\alpha_1\Delta X_{i,n}+\alpha_2\Delta Y_{i,n}+\alpha_3 \tag{8.75}$$

当参与计算的参考站数目$n\geqslant 3$时，可以求得改正数内插系数矢量的最小二乘解

$$\begin{bmatrix}\alpha_1\\ \alpha_2\\ \alpha_3\end{bmatrix}=(\boldsymbol{A}^{\mathrm{T}}\boldsymbol{PA})^{-1}\boldsymbol{A}^{\mathrm{T}}\boldsymbol{PL} \tag{8.76}$$

式中，$\boldsymbol{A}=\begin{bmatrix}\Delta X_{1,n} & \Delta Y_{1,n} & 1\\ \Delta X_{2,n} & \Delta Y_{2,n} & 1\\ \vdots & \vdots & \vdots\\ \Delta X_{n-1,n} & \Delta Y_{n-1,n} & 1\end{bmatrix}$，$\boldsymbol{L}=\begin{bmatrix}\Delta\nabla I_{1,n}\\ \Delta\nabla I_{2,n}\\ \vdots\\ \Delta\nabla I_{n-1,n}\end{bmatrix}$，$\boldsymbol{P}=\mathrm{diag}(d_{u1}^{-1},\cdots,d_{u2}^{-1})$，$d$ 为流动站到各参考站的距离，则流动站和主参考站之间的双差电离层延迟可表示为

$$\Delta\nabla I_{u,n}=\boldsymbol{B}\cdot\begin{bmatrix}\alpha_1\\ \alpha_2\\ \alpha_3\end{bmatrix} \tag{8.77}$$

式中，$\boldsymbol{B}=[\Delta X_{u,n}\quad \Delta Y_{u,n}\quad 1]$，$\Delta X$、$\Delta Y$ 分别为同一坐标系下的坐标差值。

在上述三种方法中，低阶趋势面可以很好逼近和拟合网络范围电离层延迟的空间相关性，鉴于此优点，本书即采用该方法。

电离层延迟影响的一阶项可以通过上述区域内插方法扣除，对于流动站用户而言，电离层残差主要是未建模的高阶项的影响。由此可知，电离层的时空变化越呈现线性化，区域模型内插精度越高，流动站端的残差也越小。因此，电离层延迟的线性程度可以为 CORS 网络内的电离层残差提供一个很好的度量。另外，它也可以对潜在的流动站用户的内插误差进行很好的估计。

基于上述分析，为了衡量流动站电离层残余误差，以保证用户定位的完备性，有关研究者提出了两个非差电离层线性指标：电离层残差完备性监测指标(ionosphere residual integrity monitoring，IRIM)和电离层残差内插不确定性指标(ionosphere residual interpolation uncertainty，IRIU)，并对德国的 CORS 网进行了分析，认为该指标可以较好地估计流动站端的电离层内插误差和电离层残余误差(周东卫，2007)。本书也采用该两项指标对 QDCORS 网的双差电离层完备性进行分析，并讨论其在完备性监测方面的应用。下面将分别对其进行阐述。

3. 电离层残差完备性监测指标的计算

电离层残差完备性监测指标(IRIM)的计算过程：在参考站基线间模糊度固定后，利用式(8.42)计算出各基线间的双差电离层延迟，然后采用几条基线(至少是 2 条)对其中一条基线的双差电离层延迟进行内插计算，比较内插基线上所有卫星的估计值和内插值的差值，计算出每一历元所有卫星的加权(加权方法为高度角加权法)均方根(RMS)，然后对加权均方根进行累积(累积区间 1 小时)。IRIM 指标也可以理解为对网络残差内插和模糊度求解的完备性监测。加权采用的计算方法

$$P(z)=\cos^2(z) \tag{8.78}$$

式中，z 为卫星在参考站上的天顶角。

4. 电离层残差内插不确定性指标的计算

电离层残差内插不确定性指标(IRIU)的计算原理是：通过流动站周围的数个

参考站(至少是 4 个),可形成多条基线构建区域内插模型(本书采用加权低阶趋势面法,见式(8.21)),对内插标准差进行计算,该标准差代表了内插区域内流动用户端电离层的线性程度。然后对某一时刻所有构成的卫星对的内插标准差进行加权平均,IRIU 即是该加权平均值。

双差电离层延迟内插的标准差 $\delta_{\nabla\Delta I}$ 的计算过程如下:

(1)计算内插系数,公式为

$$\boldsymbol{\alpha} = \begin{bmatrix} \alpha_1 \\ \alpha_2 \\ \alpha_3 \end{bmatrix} = (\boldsymbol{A}^{\mathrm{T}}\boldsymbol{PA})^{-1}\boldsymbol{A}^{\mathrm{T}}\boldsymbol{PL} \tag{8.79}$$

(2)内插系数 a 的单位权中误差为

$$\boldsymbol{\delta}_0^2 = \frac{\boldsymbol{L}^{\mathrm{T}}\boldsymbol{PL}}{n-3} \tag{8.80}$$

式中,$\boldsymbol{L} = \begin{bmatrix} \Delta\nabla I_{1,n} \\ \Delta\nabla I_{2,n} \\ \vdots \\ \Delta\nabla I_{n-1,n} \end{bmatrix}$,$\boldsymbol{P} = \mathrm{diag}(d_{u1}^{-1},\cdots,d_{u2}^{-1})$,$d$ 为流动站到各参考站的距离。

(3)内插系数 a 的协方差矩阵为

$$\boldsymbol{Q} = \boldsymbol{\delta}_0^2 \cdot (\boldsymbol{A}^{\mathrm{T}}\boldsymbol{PA})^{-1} \tag{8.81}$$

(4)网络改正数 $\Delta\nabla I_{u,n}$ 的方差为

$$\boldsymbol{\delta}_{\nabla\Delta I}^2 = \boldsymbol{BQB}^{\mathrm{T}} \tag{8.82}$$

通过卫星对的双差电离层延迟的残差与其内插标准差的比较,检验电离层内插的不确定性,并用内插的标准差来表示流动站端电离层内插的不确定性。

8.6.2 对流层完备性分析

对流层延迟与当地的天气变化情况和大气湿度有关。对流层延迟的变化主要体现在湿延迟部分,湿延迟主要由水蒸气的变化引起,且由于水蒸气在大气中分布极不均匀,而且变化很快,因此很难实时建立精确的模型。另外,对流层延迟也是空间相关误差。双差对流层延迟随着基线长度和高差的不同表现出很强的空间特性。高程偏差对网络 RTK 对流层改正精度有显著影响。Landau 对德国 SAPOS 网的研究表明,当在流动站与主参考站间高程差异达到 900 m 时,由高程偏差引起的对流层改正数系统误差可达 6.8 cm,且当卫星高度角较低时,这种影响更为显著。特别是当天气变化剧烈且湿度较大时,一些双差对流层残差仍然会残留在虚拟参考站(VRS)和流动用户构成的短基线中,并会对该基线上的模糊度求解和坐标估计造成影响。因此,需要对对流层延迟进行完备性监测(周东卫,2007)。

对流层完备性监测的内容包括:建立双差对流层延迟模型;建立对流层区域内

插模型;对流层残差完备性监测指标的计算;对流层残差内插不确定性指标的计算。

1. 建立双差对流层延迟模型

与电离层延迟不同,对流层属于非色散性误差。使用双频载波相位形成电离层无关线性组合可用来计算对流层延迟。当模糊度得到固定,且轨道误差和多路径效应被充分削弱后,可以较精确地计算传播路径上的双差对流层延迟,从而可定量分析双差对流层延迟与基线长、高差以及与卫星高度角的关系。双差对流层延迟(李成钢,2003)为

$$\nabla\Delta T = \left(\frac{f_1^2}{f_1^2 - f_2^2}\right)[\lambda_1(\nabla\Delta\varphi_1 - \nabla\Delta N_1)] - \left(\frac{f_2^2}{f_1^2 - f_2^2}\right)[\lambda_2(\nabla\Delta\varphi_2 - \nabla\Delta N_2)] - \nabla\Delta\rho \tag{8.83}$$

传播路径上的对流层延迟可用天顶方向的干湿延迟分量及其相应的映射函数表示

$$\begin{aligned}\nabla\Delta T_{a,b}^{m,n} = {} & ZHD_b \times \nabla mfh_b^{m,n} - ZHD_a \times \nabla mfh_a^{m,n} + \\ & ZWD_b \times \nabla mfw_b^{m,n} - ZWD_a \times \nabla mfw_a^{m,n}\end{aligned} \tag{8.84}$$

式中,ZHD、ZHW 分别是天顶方向的干湿分量延迟,$mfh(\theta_b^n)$、$mfw(\theta_b^n)$ 分别是与高度角 θ 有关的干湿分量的映射函数。

由于存在一定的相关性,使得式(8.55)在长基线和低卫星高度角的情况下会产生很大误差。为了消除这种影响,有关研究者提出了一种改进的对流层延迟湿分量的表达方法,湿分量延迟部分采用改进湿分量表达式为

$$\nabla\Delta WD_{a,b}^{m,n} = \Delta ZWD_{a,b} \cdot \nabla mfw_b^{m,n} + ZWD_a \cdot \Delta mfw_{a,b}^{m} \tag{8.85}$$

Hopfield 模型与 Saastamoinen 模型是最常用的对流层干湿分量计算模型(冯超 等,2004)。Hopfield 模型及 Saastamoinen 模型都各自定义了趋近于天顶角余弦倒数的概略映射函数,但其精度较低。目前已发展出多种精度较高的现代映射函数,如 Chao 模型、CAF 模型、MTT 模型和 Niell 模型等。本书将采用较简便的 Hopfield 模型和 Chao 映射函数模型计算对流层延迟。

2. 建立对流层延迟区域内插模型

建立相对天顶对流层延迟距离相关分量区域内插模型公式为

$$\Delta\nabla T_{u,n} = [\Delta X_{u,n} \quad \Delta Y_{u,n} \quad 1] \cdot (\boldsymbol{A}^{\mathrm{T}}\boldsymbol{PA})^{-1}\boldsymbol{A}^{\mathrm{T}}\boldsymbol{PL} \tag{8.86}$$

式中,$\boldsymbol{L} = \begin{bmatrix} \Delta\nabla T_{1,n} \\ \Delta\nabla T_{2,n} \\ \vdots \\ \Delta\nabla T_{n-1,n} \end{bmatrix}$,具体计算公式及其他符号参考式(8.46)。

由于采用式(8.55)将流动站与主参考站之间基线上的相对天顶对流层湿延迟

还原到双差对流层延迟是一个线性过程，所以仍可以采用双差电离层完备性监测的方法来对双差对流层延迟进行完备性监测。因此，本书采用了对流层残差完备性监测（troposphere residual integrity monitoring，TRIM）和对流层残差内插不确定性（troposphere residual interpolation uncertainty，TRIU）指标，并将针对QDCORS进行计算与分析。

3. 对流层残差完备性监测指标的计算

对流层残差完备性监测指标（TRIM）的计算过程：在电离层无关组合模糊度固定以后，可精确计算出各参考站的天顶对流层湿延迟，对参考站间的相对天顶对流层延迟建立空间误差内插模型，这样可计算出流动站和其主参考站间的相对天顶对流层延迟，然后计算出传播路径上的双差对流层延迟（内插值）。双差对流层延迟估计值也可由上述步骤通过精确估计的天顶对流层湿延迟和相对天顶对流层湿延迟得出。然后比较内插基线上所有卫星的估计值和内插值的差值，计算出每一历元所有卫星的加权（高度角加权）均方根，然后对加权均方根进行累积（累积区间1个小时）。

4. 对流层残差内插不确定性指标的计算

对流层残差内插不确定性指标（TRIU）的计算原理是：通过流动站周围的数个参考站（至少是4个），可形成多条基线并建立区域内插模型（采用加权低阶趋势面法），对内插标准差进行计算，该标准差代表了内插区域内流动用户端对流层的线性程度。然后对某一时刻所有构成的卫星对的内插标准差进行加权平均，TRIU即该加权平均值。

双差对流层延迟内插的标准差 $\delta_{\nabla\Delta Tr}$ 计算过程与双差电离层延迟一样，这里不再赘述，可以计算出某时刻整个网络范围内的TRIU，并用内插的标准差来表示流动站端对流层内插的不确定性，检验对流层延迟误差内插的不确定性。

8.7　QDCORS完备性实验分析

根据完备性分析思路，在基准站基线间模糊度固定后，以其中一个基准站为主参考站，一个基准站为模拟流动站，利用式(8.42)和式(8.54)计算出各基线间的双差电离层（对流层）延迟，然后采用至少两条基线对其中一条基线（模拟流动站与主参考站）的双差延迟进行内插计算，比较内插基线上所有卫星的估计值和内插值的差值，计算完备性指标，进行完备性分析。本次试验选取QDCORS网的5个参考站进行QDCORS网的完备性检验，分别为红岛站（Hdao）、红石崖站（Hsya）、青银路站（Qylu）、小港站（Xiao）、胶南站（Jnan），采用的数据为2006年12月10日1小时的240组观测数据与卫星坐标数据，基准站分布如图8.3所示。

8.7.1　电离层完备性分析

1. 数据获取

(1)参考站原始观测数据。

授权用户可以在 ftp 地址利用用户名和密码,从 CORS 系统数据处理中心下载各个参考站的原始观测数据。

(2)卫星星历数据。

试验采用 IGS 站提供的精密卫星星历,从 IGS 相关网站下载。下载得到 15 min间隔卫星星历,内插为 15 s 间隔,作者使用三次样条内插法实现。

电离层完备性分析程序流程如图 8.10 所示。

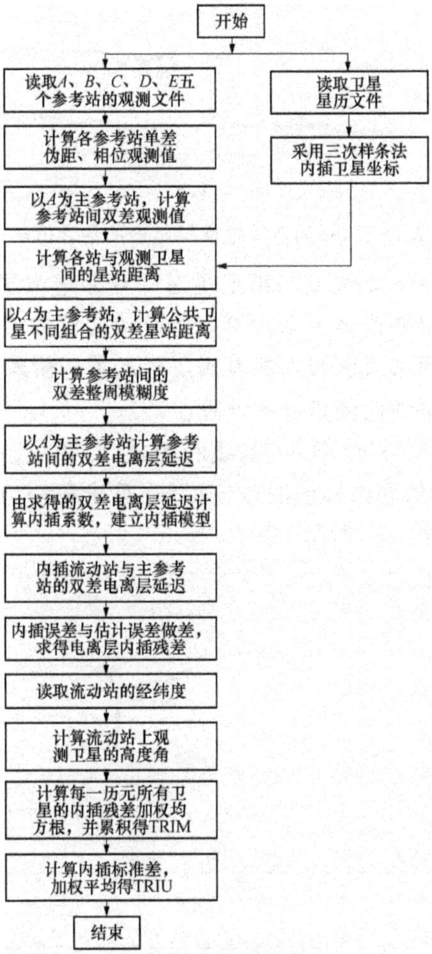

图 8.10　电离层完备性分析程序流程

2. 电离层完备性检验

(1)建立电离层区域内插模型。

首先,需要解算双差整周模糊度。模糊度固定后,通过式(8.42)计算参考站间双差电离层延迟,并以小港站作为流动站,红石崖站作为主参考站,再以低阶表面拟合法作为区域内插模型计算流动站和主参考站之间的双差电离层延迟,分别得到基线 Xiao-Hsya 的双差电离层延迟的估计值与内插值。将两者作差比较,结果如图 8.11 所示。

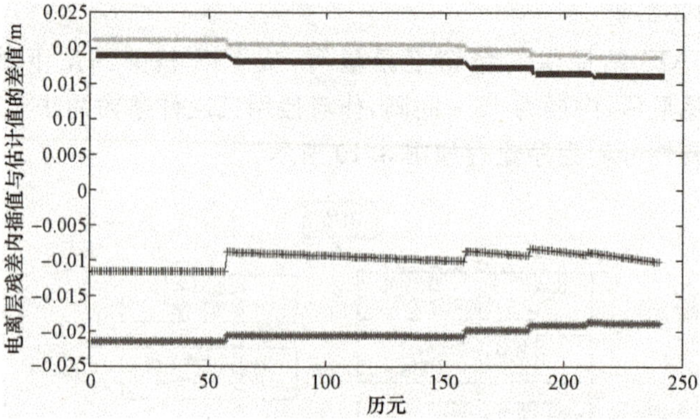

图 8.11 基线 Xiao-Hsya 的双差电离层延迟的估计值与内插值的差值

图 8.11 为 Xiao-Hsya 基线上三组卫星对的双差电离层延迟的估计值与内插值的差值,由图可以看出差值最大值约 2 cm,说明加权的表面模型法是较好的电离层延迟内插方法,可用来对区域内的电离层延迟进行精确建模。

(2)电离层残差完备性监测指标的计算。

采用其余三条基线对 Xiao-Hsya 基线利用式(8.46)进行内插计算,得到内插基线上所有卫星的估计值和内插值的差值后,计算出每一历元所有卫星的加权均方根(RMS)。结果如图 8.12 所示。

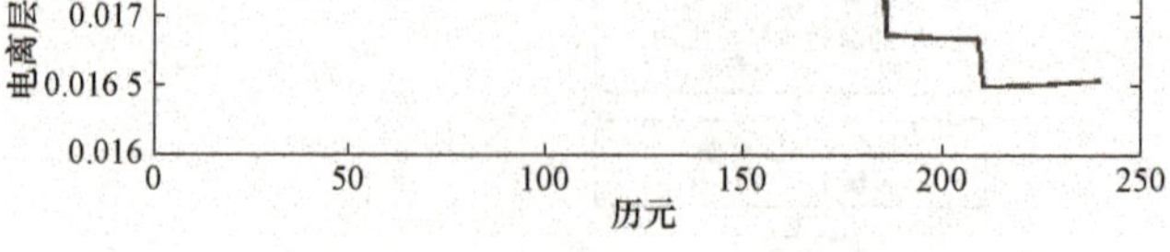

图 8.12 Xiao-Hsya 基线电离层残差完备性监测指标

将图 8.12 与图 8.13 中残差曲线相比较可以看出,其变化趋势和双差电离层延迟的残差具有很好的一致性。因此，该指标可以很好地反映网络区域内电离层残差的总体情况，在某种程度上也反映了区域内电离层的扰动情况。由图可以得出，电离层残差最大值约 2 cm，最小值 1.65 cm。

(3)电离层残差内插不确定性指标的计算。

计算过程如 8.6.1 小节所述，电离层残差与内插标准差的比较结果如图 8.13 所示。

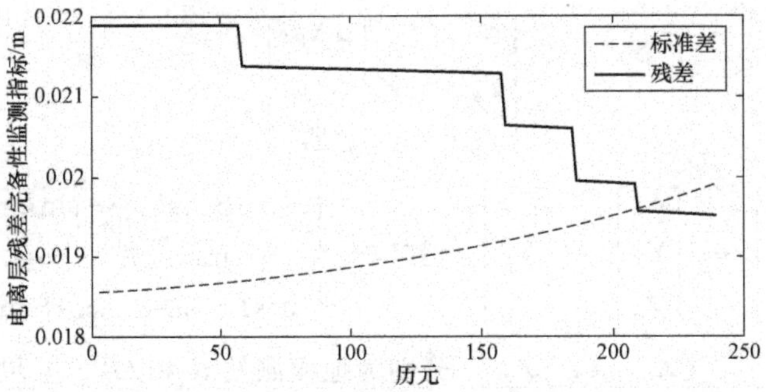

图 8.13 Xiao-Hsya 基线电离层残差与内插标准差的比较

由图 8.13 可以看出，双差电离层残差与其内插标准差的差值最大为3.5 mm。因此，可以用内插的标准差来表示流动站端电离层内插的不确定性。

由于双差电离层延迟内插标准差的计算只与流动站的位置、残差大小和参与内插的参考站的位置有关，因此，可以计算出参考站网络中某时刻所有构成卫星对的双差电离层延迟内插的标准差，然后对其进行加权平均得出电离层残差内插不确定性指标 IRIU，其计算结果如图 8.14 所示。

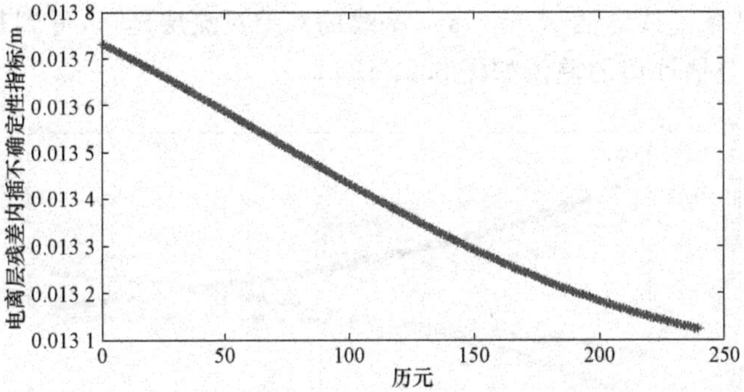

图 8.14 Xiao-Hsya 基线的电离层残差内插不确定性指标

对于流动站用户来说，某一历元电离层内插的不确定性仍然需要考虑。内插的不确定性可反映出移动用户定位的可靠性，电离层残差内插不确定性指标反映了整个网络区域电离层内插的精度。

8.7.2 对流层完备性分析

对流层完备性分析的具体步骤见文献(柏铭，2009)，通过数据获取同电离层完备性分析。由于在计算对流层延迟干湿分量的映射函数时要用到每个历元的卫星高度角。因此,首先要计算每个参考站上各个历元的卫星高度角,方法如下:

在求得卫星 S 坐标后,为求得卫星高度角,需将 GPS 卫星的在轨位置换算成以地面测站 R 为坐标原点的站心坐标系的三维坐标。卫星在站心坐标系的坐标为

$$\begin{bmatrix} X_R^S \\ Y_R^S \\ Z_R^S \end{bmatrix} = \boldsymbol{H} \begin{bmatrix} \Delta X_{RS} \\ \Delta Y_{RS} \\ \Delta Z_{RS} \end{bmatrix} \tag{8.87}$$

式中, $\begin{bmatrix} \Delta X_{RS} \\ \Delta Y_{RS} \\ \Delta Z_{RS} \end{bmatrix} = \begin{bmatrix} X_S \\ Y_S \\ Z_S \end{bmatrix} - \begin{bmatrix} X_R \\ Y_R \\ Z_R \end{bmatrix}$, $\boldsymbol{H} = \begin{bmatrix} -\sin B\cos L & -\sin B\sin L & \cos B \\ -\sin L & \cos L & 0 \\ \cos B\cos L & \cos B\sin L & \sin B \end{bmatrix}$,

$[X_R \quad Y_R \quad Z_R]^{\mathrm{T}}$、$[X_S \quad Y_S \quad Z_S]^{\mathrm{T}}$ 分别为地面测站 R 和 GPS 卫星的坐标向量,B 和 L 分别是测站 R 的大地纬度和大地经度。

得到卫星在站心坐标系中坐标后,从而得到卫星高度角

$$e = \arctan \frac{Z_R^S}{\sqrt{(X_R^S)^2 + (Y_R^S)^2}} \tag{8.88}$$

1. 建立对流层区域内插模型

内插模型见 8.6.2 小节中所述,采用的数据同电离层完备性检验。仍以红石崖站为主参考站,小港站为流动站,计算各参考站与主参考站间的双差对流层延迟,并用其余 3 条基线内插 Xiao-Hsya 基线的双差对流层延迟,得到其估计值与内插值。内插值与估计值的差值如图 8.15 所示。

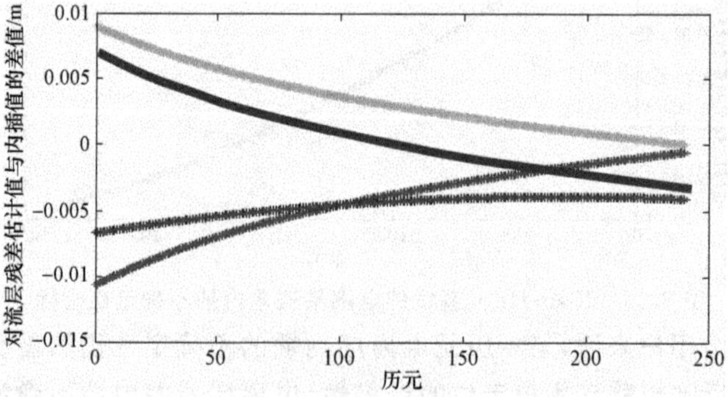

图 8.15 Xiao-Hsya 基线对流层延迟估计值与内插值的差值

由图可以看出,对流层残差与内插值的差值最大值约为 1 cm,最小值接近于零,说明该方法具有很高的精度。

2. 对流层残差完备性监测指标的计算

按照 8.6.2 小节所述步骤计算，结果如图 8.16 所示。

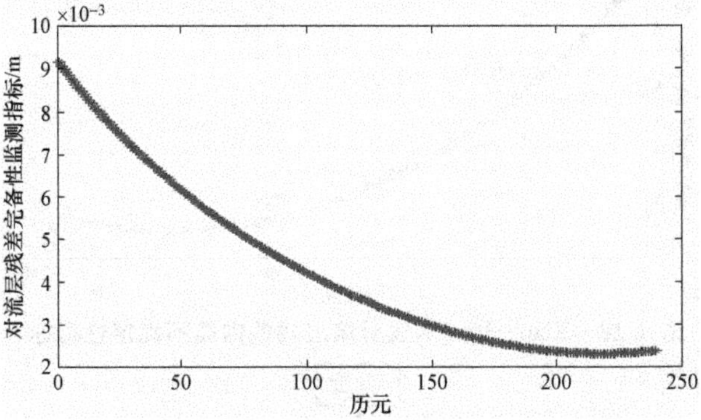

图 8.16　Xiao-Hsya 基线对流层残差完备性监测指标

将图 8.16 与图 8.17 中残差比较可看出，其变化趋势和双差对流层延迟残差具有很好的一致性，说明了指标用于对流层延迟监测的有效性。由此可以看出，该指标可以很好地反映网络区域内对流层残差的总体情况，在某种程度上也反映了区域内对流层的状况。由图可得出，对流层残差最大值约为 9 mm，最小值为 2 mm。

3. 对流层残差内插不确定性指标的计算

计算步骤如 8.6.2 小节所述，基线对流层残差与标准差的比较结果如图 8.17 所示。

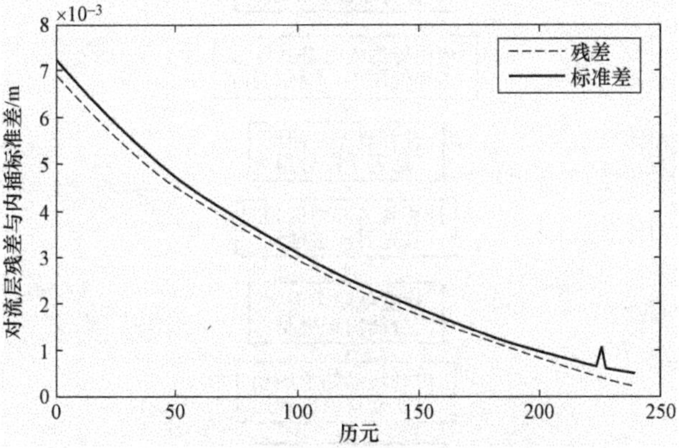

图 8.17　Xiao-Hsya 基线对流层残差与标准差的比较

通过比较可以发现，双差对流层延迟内插的标准差和其残差的绝对值在绝大多数情况下都吻合得很好，因此，可以用内插的标准差来表示流动站端对流层延迟内插的不确定性。对流层残差内插不确定性指标的计算方法同电离层，结果如图 8.18 所示。

该指标可以很好地反映整个参考站网络内不同时间和空间的对流层延迟的不确定性，即精度分布情况，这在对流层延迟监测方面具有非常重要的意义。

对流层完备性分析程序流程如图 8.19 所示。

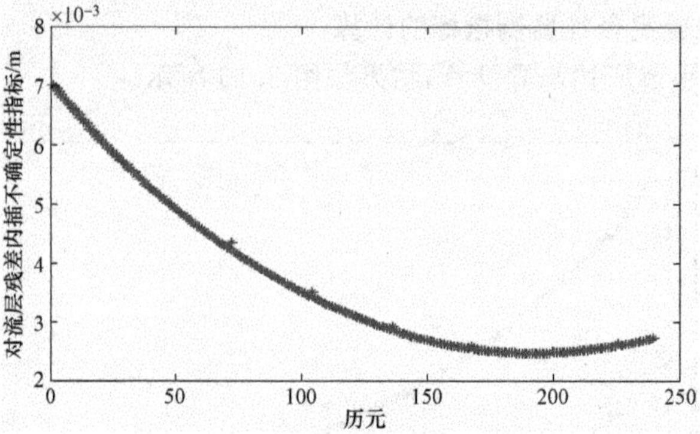

图 8.18　Xiao-Hsya 基线对流层残差内插不确定性指标

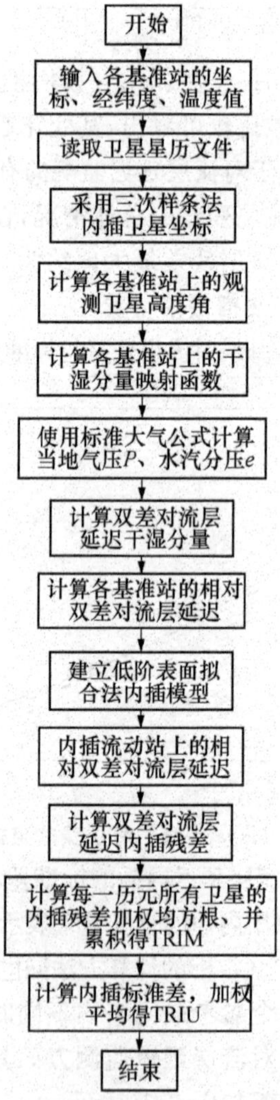

图 8.19　对流层完备性分析程序流程

分析本节所述完备性试验数据得出以下结论：

(1)通过对 QDCORS 系统观测误差的分析得出，完备性监测是卫星导航定位基准站网络技术的一个重要组成部分，对 QDCORS 系统的成功运行起着至关重要的作用。

(2)讨论了完备性指标在 QDCORS 网的适用性。实验表明：指标可以较好地反映出电离层和对流层残余误差的情况及其变化趋势，是监测双差电离层和对流层变化非常有效的手段，可用于 QDCORS 网电离层和对流层完备性监测。

(3)根据双差观测值误差(电离层、对流层误差)的残差，建立完备性数学模型，通过分析残差大小，分析根据基准站观测数据进行差分改正的可靠性，检验 QDCORS网的完备性性能。实验表明：电离层延迟是影响移动用户定位的最大误差源，在 Xiao-Hsya 基线上，双差电离层残差最大为 2.2 cm，双差对流层残差最大值为 0.9 cm。

第9章　CORS网反演电离层模型

9.1　概　述

在测绘、航天、通信等领域人们利用电磁波进行远程空间通信时，电离层会对电磁波的传递速度产生重大的影响，而电子浓度总含量(TEC)是描述电离层形态和结构的重要参量。因此，无论是在电离层物理的理论研究中，还是在电离层电波传播的实际应用中，TEC都是一个很有价值的参量。对此许多研究人员进行了大量的实际观测和理论研究。TEC的探测研究主要采用中低轨道或同步轨道卫星信标实施TEC的空间分布与时间变化观测，直到GNSS技术的出现与普及，使得TEC探测规模迅猛扩大，并进一步促进了TEC的理论研究与应用研究的发展。近年来，针对GPS TEC的探测，主要围绕数据处理、建模、预测等方面的工作进行，并取得了明显进展。本章主要讲述了基于球谐函数模型的电离层预报和夜间平场随维度、季节和太阳活动的变化规律。

9.2　基于球谐函数模型的电离层预报

9.2.1　基于球谐函数的预报模型

电离层的运动变化受到太阳风、磁层和中层大气的作用，除了通常存在的昼夜变化、季节变化、太阳活动周年变化外，还存在显著的逐日变化和暴时变化。为提高通信、定位、雷达、导航等无线电系统的工作性能，需要对TEC进行准确定量的预报(刘瑞源 等，2005)。同时，实时检测和预报电离层TEC的变化，对纠正单频GPS接收机电离层延迟和检测电离层活动及其所反映的太阳活动规律具有重要意义。

常用的电离层VTEC预报模型分为经验模型、非经验模型。经验模型如Klobuchar模型、IRI模型等；非经验模型如三角级数模型、多项式模型、球谐函数模型等。这两种模型是用长期的观测资料采用一定的数学方法建立的模型，不能反映电离层不规则变化，预报精度也不高。近些年许多研究人员针对两种模型的不足之处提出了层析模型、神经网络模型、格网模型、时间序列模型等，这些模型有多维、实时和全球性等特点(刘军 等，2010)。本书基于球谐函数模型，采用时间序列分析模型进行预报，实践表明预报精度有了较大的提高。

球谐函数模型是 IGS 的数据分析中心之一 CODE 生成全球电离层产品所采用的方法。高阶球谐函数可以用来建立全球电离层模型（现在 CODE 采用的是 15 阶），低阶球谐函数可用来建立区域电离层模型。具体的函数模型（李志刚 等，2008）为

$$TEC(\alpha,\beta)=\sum_{n=0}^{\max\_n}\sum_{m=0}^{n}P_{nm}(\sin\alpha)(a_{nm}\cos(m\beta)+b_{nm}\sin(m\beta)) \tag{9.1}$$

式中：$TEC(\alpha,\beta)$ 是在地面上空某一高度（如 450 km）的球壳上，纬度为 α 、经度为 β 处的总电子含量；$\max\_n$ 是拟合时采用的最大阶数；$P_{nm}(\alpha)$ 是归一化缔合 Legendre 多项式；a_{nm} 及 b_{nm} 则是球谐系数，不同时刻有不同的 a_{nm} 及 b_{nm} 。如果已知某时刻的 a_{nm} 及 b_{nm} ，根据式(9.1)可计算该时刻离地面同样高度的球壳上纬度为 α、经度为 β 处的电子浓度。因此，如果能根据已有的 a_{nm} 及 b_{nm} 的序列预报未来时刻的 a_{nm} 及 b_{nm} ，基于式(9.1)就可根据所预报的未来时刻的 a_{nm} 及 b_{nm} 算出相应时刻离地面同一高度球壳上任一点的 TEC。

时间序列分析模型分为四种：AR(P)模型、MA(q)模型、ARMA(p,q)模型和 ARIMA(p,d,q)模型。其中 p 是自回归部分阶数，q 是滑动部分阶数，d 是差分阶数。根据所采用的球谐函数模型系数的特点和物理背景可知，时间序列不需要进行差分处理，所以自回归—滑动模型 ARMA(p,q)更为适合球谐函数模型系数的预报。其公式为

$$x_t=\Phi_1x_{t-1}+\Phi_2x_{t-2}+\cdots+\Phi_px_{t-p}+\varepsilon_t \tag{9.2}$$

其中

$$\varepsilon_t=a_t-\theta_1a_{t-1}-\cdots-\theta_qa_{t-q} \tag{9.3}$$

式中，$\{a_t\}$ 为白噪声序列，$p=1$、2、…，$q=0$、1、2、…。

9.2.2　实例分析

为验证基于 ARMA(p,q)模型预报球谐系数的有效性和高精度，取 2010 年 1 月 3 日—4 月 10 日共计 98 天的球谐函数模型系数和电离层 VTEC 网格资料，分两个方案进行算例分析。方案一：取 2010 年 1 月 3 日—2010 年 3 月 13 日共计 70 天的数据，采用 ARMA 模型分别预报不同时刻的球谐函数模型系数。方案二：取 2010 年 1 月 3 日—2 月 6 日共计 35 天的球谐函数模型系数，采用 ARMA 模型进行预报。球谐函数模型系数按时刻排序。

图 9.1(a)～(d)分别为 3 月 14 日西经 60°上各纬度处 00:00、06:00、12:00、18:00 预报的电离层总电子含量与 CODE 网站上下载的总电子含量的比较。图 9.2(a)～(d)分别为东经 120°上各纬度处预报第 1、2、7、14 天的总电子含量预报值与理论值的比较。图 9.3 显示了 28 天每 2 小时 (00:00～22:00)对应的百分比值。

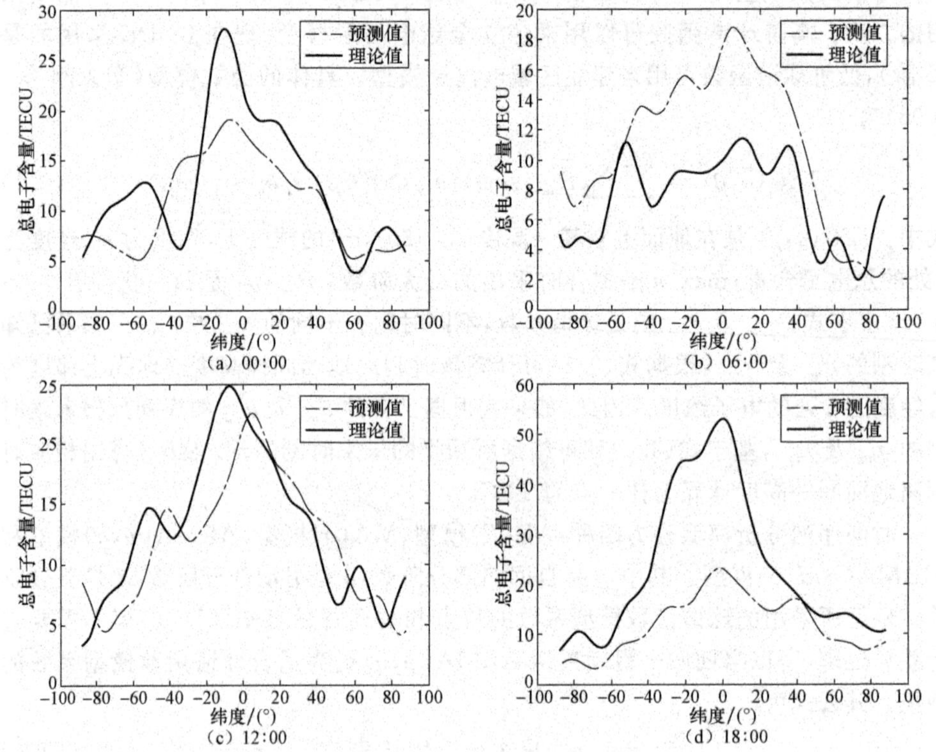

图 9.1　西经 60°一天不同时刻预报值与理论值比较

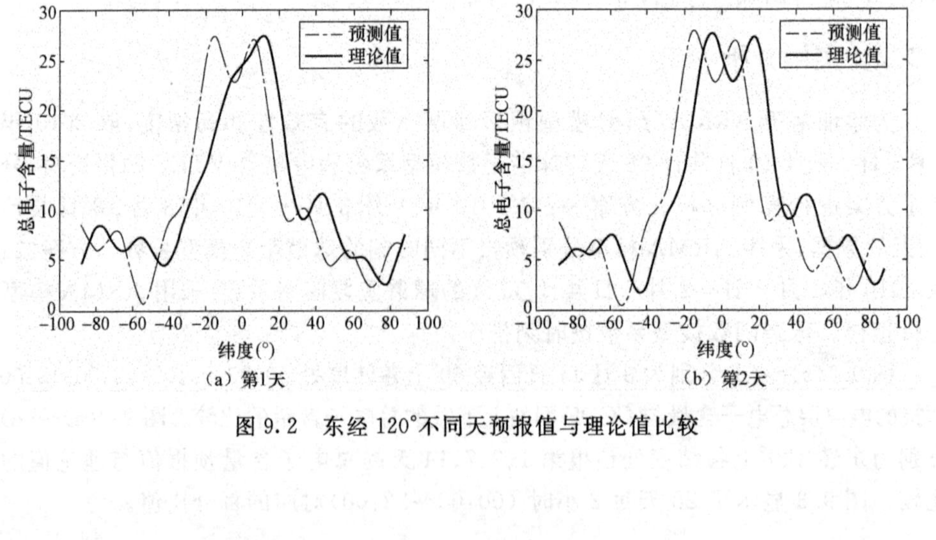

图 9.2　东经 120°不同天预报值与理论值比较

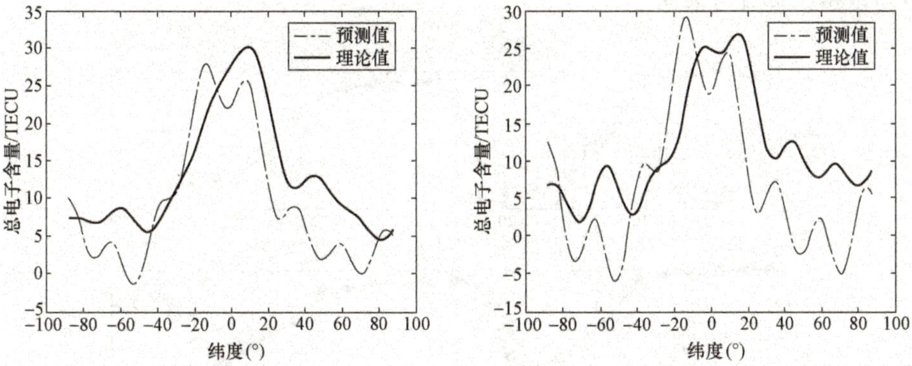

（c）第7天 （d）第14天

图 9.2(续) 东经 120°不同天预报值与理论值比较

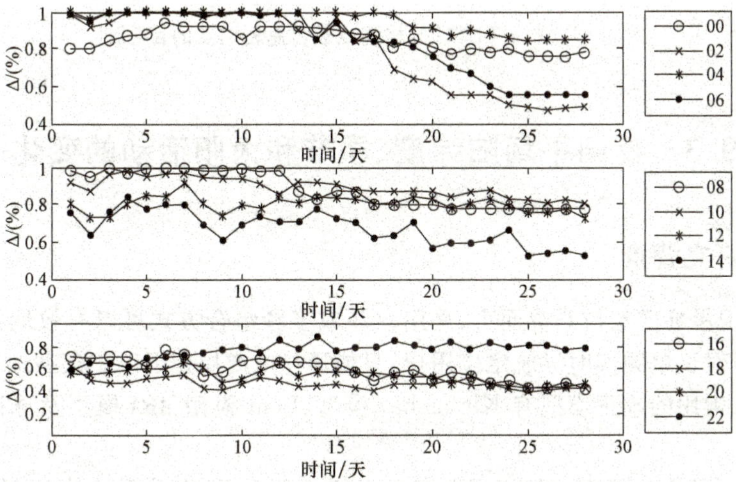

图 9.3 Δ<3 TECU 的格网点数占总格网点的百分比

图 9.4 显示了 120°～155°E 上按时刻顺序预报 2 天的结果。预报值与理论值差值小于 3 TECU 的点数占总网格点数的百分比。

由图 9.4 可知，在预报 12～22 h 和 38～44 h 时百分比明显降低，预报到第二天的白昼时，精度突然升高，38～44 h 时精度又急剧下降。这说明一天中不同时刻预报精度会有所差别，可能是由于太阳、气候等其他方面影响。随着预报时间的延长，预报精度明显降低。对于方案一而言，这种现象就不会存在。从一天来看，随着预报时间的延长，预报精度明显降低。对于方案一，预报 28 天的结果，预报值与理论值的偏差在 3 TECU 以下点数占总点数的比值最差也达到 0.4，在 17 天里可以达到 0.6。而对于方案二，预报 2 天的结果，预报第 1 天的夜间，比值就在 0.4 以下，白天夜间预报精度起伏较大。所以，相对于方案二，方案一预报时间大大延长，预报精度也有所提高。

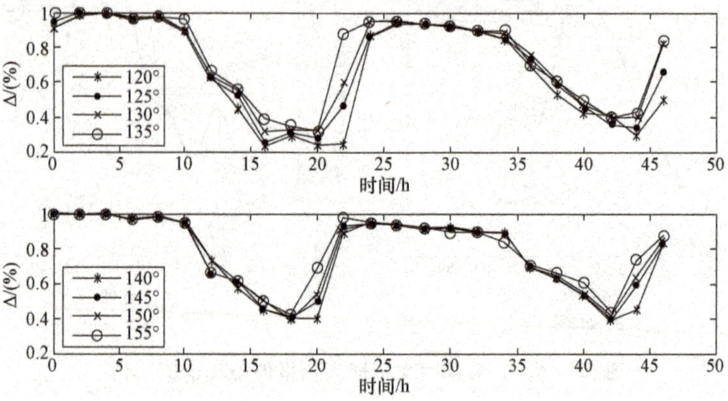

图 9.4　Δ<3 TECU 的格网点数占总格网点的百分比

9.3　夜间平场随纬度、季节和太阳活动的变化

9.3.1　研究背景

对于卫星导航定位系统而言，采用双频或多频组合方式可以有效地消除电离层影响，但对于单频实时导航定位用户，只能通过电离层延迟改正模型削弱该误差源的影响，常用的改正模型有 Klobuchar 模型、Bent 模型、IRI 模型及球谐函数模型等。

GPS 系统中导航电文包含了电离层天顶延迟预报，它采用的是 Klobuchar 模型(Klobuchar，1986)，这里称作 Klobuchar8 参数模型。具体公式为

$$I_z(t)=\begin{cases}5+A_2\cos\left[\dfrac{2\pi(t-50\,400)}{A_4}\right] & |t-50\,400|<A_4/4\\ 5 & |t-50\,400|\geqslant A_4/4\end{cases}\tag{9.4}$$

式中，t 以秒为单位的接收机至卫星连线与电离层交点(M)处的地方时。

(1) A_2 为白天电离层延迟余弦曲线的幅度，用 α_n 系数计算得到

$$A_2=\begin{cases}\sum_{n=0}^{3}\alpha_n\phi_M^n & A_2>0\\ 0 & A_2\leqslant 0\end{cases}\tag{9.5}$$

式中：α_0 、α_1 、α_2 、α_3 单位分别为 ns、ns/π、ns/π^2 、ns/π^3 ；ϕ_M 是电离层穿刺点的纬度，单位为半周(π)。

(2) A_4 为余弦曲线的周期，用 β_n 系数求得

$$A_4=\begin{cases}172\ 800 & A_4>172\ 800\\ 129\ 600+\sum_{n=0}^{3}\beta_n\phi_M^n & 172\ 800\geqslant A_4\geqslant 72\ 000\\ 72\ 000 & A_4<72\ 000\end{cases} \tag{9.6}$$

式中，β_0 、β_1 、β_2 、β_3 单位分别为 s、s/π、s/π²、s/π³。

Klobuchar 电离层模型是基于 Bent 电离层经验模型简化而来，是一个简单且不失一般性的典型实用模型。夜间电离层 VTEC 平场是 Klobuchar 模型中一个重要特征参数，目前 GPS 的广播星历 Klobuchar 改正模型中，将其取为常数：9TECU。实际应用表明，广播星历 Klobuchar 模型的电离层延迟改正的有效性仅为 60%，在很多场合不能满足广大单频 GNSS 电离层延迟改正的需要。已有研究表明：全球电离层夜间 VTEC 的平均值与太阳活动相关，在一个太阳活动周期内它会从 6 TECU 增加到约 20 TECU，夜间平场看成 9 TECU 会引入 20%～30% 的误差。为了改善电离层延迟改正精度，实时监测电离层 VTEC，对夜间电离层 VTEC 平场值随太阳活动、纬度和季节变化进行定量分析和评估。

9.3.2 夜间平场随太阳活动的变化

根据对 IGS 十余年全球格网 VTEC 序列的系统研究，夜间 VTEC 平场值与太阳活动密切相关。已发现在太阳活动峰年，春秋季和低纬度地区的夜间 VTEC 平场值可超过 40 TECU。图 9.5～图 9.6 标出了 1998—2010 年全球 VTEC 夜间平场平均值序列和太阳活动指数 f10.7 序列变化。

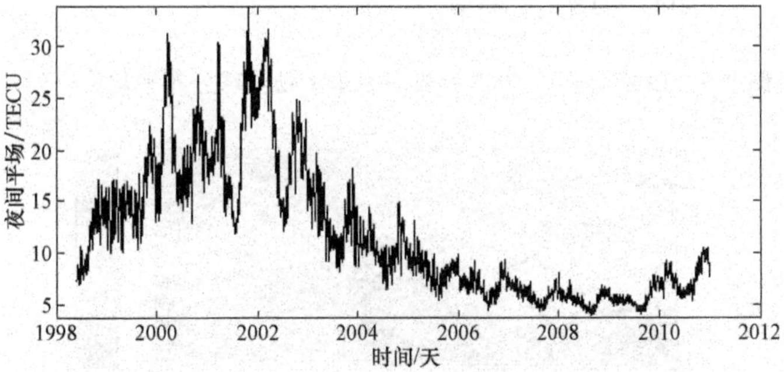

图 9.5 1998—2010 年全球夜间平场平均值序列

由图 9.5～图 9.6 可以看出，全球夜间 VTEC 平场平均值和太阳活动指数在 2002 年均达到高峰，2008 年达到低峰。夜间平场与太阳活动指数的曲线走势也几乎完全一样，足以说明夜间电离层总电子含量与太阳活动有紧密联系。

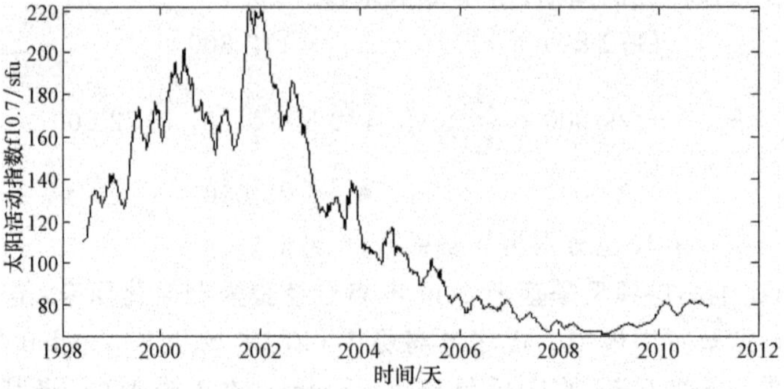

图 9.6　1998—2010 年太阳活动指数 f10.7 序列

9.3.3　夜间平场随纬度、季节的变化

以峰年 2001 年为例，全年变化序列春秋季双峰特征明显，夏季最小，春、夏、秋、冬四季的全球夜间 VTEC 平场平均值分别为 26、15、30、21 TECU。图 9.7～图 9.10(彩图见封三)分别给出了太阳活动高峰年(2001—2003)年间夜间 VTEC 平场平均值在春、夏、秋、冬四季的全球分布图，横轴是经度(－180°～180°，间隔 5°)，纵轴是纬度(－87.5°～87.5°，间隔 2.5°)。

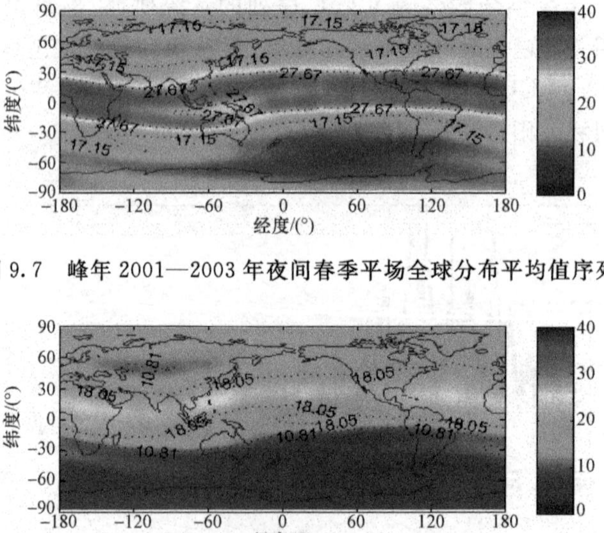

图 9.7　峰年 2001—2003 年夜间春季平场全球分布平均值序列

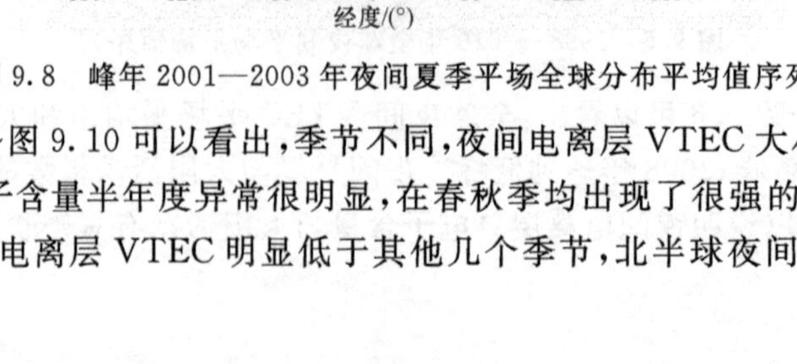

图 9.8　峰年 2001—2003 年夜间夏季平场全球分布平均值序列

由图 9.7～图 9.10 可以看出，季节不同，夜间电离层 VTEC 大小分布不同；夜间电离层总电子含量半年度异常很明显，在春秋季均出现了很强的夜间电子总含量，夏季的夜间电离层 VTEC 明显低于其他几个季节，北半球夜间电离层 VTEC

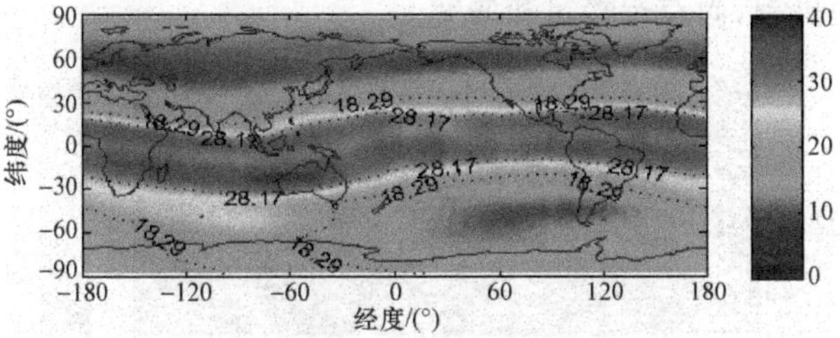

图 9.9　峰年 2001—2003 年夜间秋季平场全球分布平均值序列

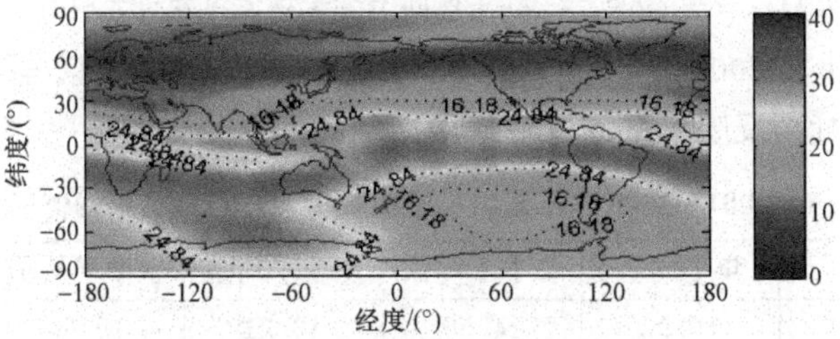

图 9.10　峰年 2001—2003 年夜间冬季平场全球分布平均值序列

要高于南半球，而冬季恰恰相反。这种半年度异常现象是太阳星下点在南北回归线之间作周年运动的结果，也有人认为这与温度变化有关(Chen et al,2008)。在春秋二分点左右，太阳处于赤道上空，从空间几何构型上看，太阳此时对全球的影响应该等同，但太阳本身还有 27 天的自转周期，同时，太阳还存在 11 年的活动周期，会引起二分点月份上太阳黑子数的差异，从而引起总电子含量的差异。但本书将每个季节的月份平均到了一起，这种现象不是很明显。

图 9.7～图 9.10 也反映了 2001—2003 峰年期间春、夏、秋、冬四季的夜间平场值随纬度的变化。春秋季低纬度地区的三年夜间平场平均值约为 32 TECU，局部地区可达 40 TECU，在北半球，春季的夜间平场值大于秋季，而南半球正好相反，这也与太阳星下点在南北回归线之间作周年运动相关。夏季的平均值最小，低纬度地区的平均值不到 20 TECU，北半球大于南半球；中、高纬度地区，北半球约为 12 TECU，南半球基本上均在 10 TECU 以下。冬季的平均值随纬度的变化比较复杂，低纬度地区的平均值约为 29 TECU，南半球大于北半球；中、高纬度地区，北半球约为 10 TECU，南半球呈现异常，在印度洋南部经度－150°到－30°间出现平均值达 29 TECU 的高值区，中心的经纬度为(－90°，－60°)，平场值达 32 TECU，而在太平洋南部经度 30°到 150°间出现平均值达 15 TECU 的低值区，其中心的平场值仅为 10 TECU。电离层 VTEC 夜间平场值在太阳活动峰年冬季南半球呈现的这种区域性异常变化，其实在太阳活动的平年和谷年也同样出现，图 9.11(彩图见封三)给出了全球夜间平场 2005—2008 年冬季平均值变化图像，图中南半球也出现类似的区域性变化。这种在南半球出现的 VTEC 区域性异常

变化的地球物理机制，尚有待探讨和研究。

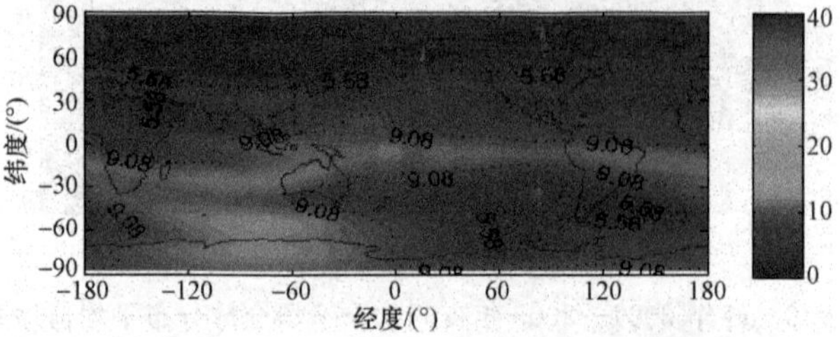

图 9.11　谷年 2005—2008 年夜间冬季平场全球分布平均值序列

表 9.1 给出了 2001 年、2004 年和 2007 年不同纬度地区全年及四季夜间 VTEC 平场平均值，反映了平场值随太阳活动和纬度变化的情况。

表 9.1　2001—2010 年不同纬度区间夜间 VTEC 平场平均值　单位：TECU

年份	纬度	年平均值	春季平均值	夏季平均值	秋季平均值	冬季平均值
2001	40°～60°	15.93	14.55	12.21	19.65	17.4
	20°～40°	22.86	22.87	16.75	29.22	22.65
	0°～20°	30.61	32.10	20.31	40.31	29.8
2004	40°～60°	8.38	8.36	7.63	8.52	9.04
	20°～40°	10.96	11.56	9.80	11.27	11.20
	0°～20°	14.56	16.56	11.11	15.71	14.9
2007	40°～60°	5.44	5.38	5.01	4.96	6.41
	20°～40°	6.77	6.96	6.3	6.39	7.45
	0°～20°	7.51	8.22	6.21	7.42	8.23

从表 9.1 的结果看，太阳活动峰年的夜间 VTEC 平场值，不仅其本身数量甚大，且随纬度的增高而减低非常明显，低纬地区比高纬地区高 15 TECU；在太阳活动的谷年，夜间平场值甚小，随纬度的变化也很小，低纬地区仅比高纬地区高 1～2 TECU。不同纬度区域，四季夜间 VTEC 平场平均值有所差别，不同年份差别也不同。

第 10 章　结论与展望

10.1　主要结论

本书基于笔者主持的国家自然科学基金(40904001)、中国博士后科学基金特别资助(201003146)、中国博士后科学基金一等资助(20080440049)、国家“863”计划重点项目子课题(2009AA121401)、国家测绘地理信息局重点实验室基金(2009A01)等课题的研究以及博士后研究报告,以高精度 GNSS 时变观测模型及数据处理质量控制为核心,以 PPP 技术和 CORS 系统为主线,开展非差相位定位观测模型与误差改正、系统误差与随机误差处理、卫星钟差内插与预报、参数估计收敛速度及影响因素、CORS 网静态时变信息分析、动态定位与质量控制、CORS 网反演电离层模型等研究。具体主要做了如下几个方面工作:

(1)在总结了 GPS 非差基本观测方程、线性组合及平差模型的基础上,对精密单点定位技术中的主要误差源进行了分类,给出了相应的误差计算模型,并进行了各误差量级及改善措施分析。

(2)由于 GPS 数据处理中,误差是影响数据处理精度、有效性和应用服务的关键因素,深入研究了 GPS 数据处理中的系统误差分离问题;讨论分析了目前 GPS 差分处理和基于 CORS 网的随机模型,以提高数据处理精度;研究了基于符号约束稳健最小二乘估计的 GPS 系统误差分离方法,主要包括对基于符号约束稳健最小二乘估计的粗差剔除有效性、选群拟合的解算方法和基于不同崩溃污染率的符号约束稳健估计最小二乘估计等的分析研究,给出了 GPS 系统误差分离流程图;讨论分析了 GPS 差分处理中随机模型、降低观测量噪声的组合模型以及基于 CORS 系统的随机模型。

(3)基于实时精密单点定位中卫星钟差预报精度对定位精度的影响,在探讨 IGS 超快星历钟差资料相关性的基础上,深入研究了 GPS 卫星钟差内插与预报方法,比较分析了线性插值法、Lagrange 插值法、Newton 插值法、Hermit 插值法、样条函数插值法和最小二乘拟合法,并根据不同采样间隔、不同类型的原子钟进行了内插精度分析;针对线性预报模型、二次多项式模型和经典灰色模型在卫星钟差预报中的局限性,提出了附有指数的灰色模型,给出了不同类型卫星钟差与模型指数系数的一般关系;提出了附有周期项的二次多项式模型和基于递推遗忘因子最小二乘法等卫星钟差预报模型,并利用大量的 GPS 卫星钟差实测资料进行精度分析与比较。

(4)针对快速定位过程中影响参数解算，尤其模糊度参数解算与固定的收敛时间和收敛稳定性问题，深入分析了GPS观测资料采样间隔和卫星钟差采样间隔对参数收敛的影响，探讨了参数收敛的影响因素及改善措施分析，得出一些有益的结论。

(5)阐述了精密单点定位顾及系统误差抗差模型，讨论了新息和残差的随机性分析指标。针对卡尔曼滤波，介绍了具有抗差性能的统计抗差卡尔曼滤波，并探讨了滤波中的模型异常探测和识别的方法，最后定义了参数估计的精度评定准则。

(6)提出了利用CORS网的点位、基线变化来反映地壳运动的基本思路和处理方法，利用国内的BJFS、SHAO、WUHN和KUNM四个IGS台站2008年5月一个月的观测资料进行点位变化和基线变化的时间序列分析，包括平滑处理、小波分解与重构等，根据点位和基线变化来反映地壳运动的某些特征，得出一些初步结论，与地球物理变化解释能较好地吻合，为充分利用GPS等空间观测技术进行地球物理反演提供参考。

(7)以青岛CORS资料为例，研究了CORS网的精度评定和完备性监测理论和方法，研究了基于CORS网的高精度动态定位方法。实例表明：基于CORS网的动态定位X方向的残差为1～2 cm，Y方向为2～3 cm，高程方向为4～5 cm，点位误差优于10 cm，能够满足城市空间数据采集的定位精度要求。根据VRS技术求解观测量改正数的基本原理，开展了QDCORS基准站网形质量评定、QDCORS网的电离层完备性和对流层完备性分析研究，得出一些有益结论。

(8)分析基于球谐函数模型的电离层预报和夜间平场随维度、季节和太阳活动的变化规律。基于球谐函数模型，采用时间序列分析模型进行预报，并利用实测数据进行验证分析。分析表明：夜间电离层总电子含量和太阳活动有紧密联系，太阳活动峰年的夜间VTEC平场值，不仅其本身数量甚大，且随纬度的增高而减低非常明显，低纬地区比高纬地区高15 TECU；太阳活动的谷年夜间平场值甚小，随纬度的变化也很小，低纬地区仅比高纬地区高1～2 TECU。不同纬度区域，四季夜间VTEC平场平均值有所差别，不同年份差别也不同。

10.2 研究展望

当前，我国测绘地理信息事业发展正处于转型升级、跨越发展的关键时期。大地测量从静态到动态、从地基到天基、从区域到全球迅速发展，测量精度显著提高，应用领域不断拓宽。重力卫星的发射使得地球重力场观测正在由地基向天基转变，观测精度和覆盖率不断提高，这将有助于实现全球高程基准的统一。GNSS技术飞速发展，美国正在实施GPS现代化升级改造计划，俄罗斯正在着手

GLONASS补星组建，欧盟的Galileo 2013年初步组网。目前，我国的BDS共发射16颗卫星，按计划完成了北斗区域系统的组网建设，具备覆盖亚太地区的定位、导航和授时以及短报文通信服务能力。预计到2020年左右，将建成覆盖全球的北斗卫星导航系统。多系统兼容互操作成为全球定位导航系统应用的主流。当前，基于多种大地测量观测手段的全球大地测量观测系统（global geodetic observing system，GGOS）建设已成为一个新的发展方向。

未来一个时期，国际大格局、大环境将进一步发生巨大变革，工业化、信息化、城镇化、市场化、国际化将渗透到经济社会发展的各个方面，我国的经济社会发展将达到一个新的更高水平，综合国力将大幅提升，中国将更深入、更广泛地融入世界、影响世界。地球科学、环境科学、空间科学、信息科学等更加交叉融合，新一代互联网、物联网、智慧地球、云计算、大数据等新技术、新理念迅速兴起和发展，测绘对象从静态到动态、从陆地到海洋、从地上到地下、从国内到全球、从地球到太空不断拓展延伸，测绘基准现代化、地理信息获取实时化、处理自动化、服务网络化和应用社会化的需求更加迫切。国家主管部门确定了今后一个时期“加强基础测绘、监测地理国情、强化公共服务、壮大地信产业、维护国家安全、建设测绘强国”的测绘地理信息发展战略方向，制定了测绘地理信息事业全面深化改革的实施意见。在这样一个大的背景下，从现代大地测量角度分析，作者认为，卫星导航定位技术还有很大的研究空间和发展前景，简单展望如下：

(1)实时精密单点定位方面。由于单点定位具有其他差分技术无法比拟的优势，高精度实时单点定位在海上定位、野外科考、导航、形变监测等方面具有广阔的应用前景，但是目前单点定位的精度和实时性还是两个没有完全解决的技术难题，精度的提高涉及一些误差的改正，实时性涉及参数估计的快速收敛等问题，因此，实时精密单点定位还是今后一个时期需要深入研究的课题。

(2)全球级CORS系统建立与应用服务。全球级的CORS系统建设与应用是GNSS网络化应用服务的最终目的，不但能为现代大地测量基准体系建设与维护服务，还能为人们提供更高精度和可靠性的导航与位置服务，使得GNSS能真正改变人们的生活方式。因此，全球级CORS技术与应用研究是CORS系统的最终目标，当前我国应该充分利用现有各部门、各省市的CORS站资源，构建全国的CORS综合服务系统。

(3)多系统多技术集成定位导航技术。精密导航与位置服务产业无论在我国还是全球都是一个重要的战略性新兴产业，其广泛的产业关联度和与通信产业的融合度，能有效地渗透到国民经济诸多领域和人们的日常生活中。随着各种空间观测技术的不断完善，多系统多技术集成的定位导航技术已经成为当前的一个研究热点。

(4)室内导航定位新理论、新技术、新方法。加强室内导航定位新理论、新技术、新方法的研究，采用不同形式的备选导航定位技术来补充和替代现有GNSS系统。采用战术级惯性导航系统保证定位导航的连续性和可靠性；采用先进的城市及室内导航定位信号处理技术和融合算法，实现室内外高精度、一体化导航定位，实现对城市、室内外环境区域的无缝覆盖。

(5)现代大地测量框架建立与维护。现代大地测量基准(框架)体系是测绘工作的根本，传统的大地测量基准与现代大地测量基准体系之间存在一系列深层次的问题。在实现并推广应用基于GNSS、SLR等建立动态连续地心参考框架之前，有很多概念、模式需要深入研究，同时，还包括平面基准、高程基准、深度基准以及陆海基准统一等方面的研究。

(6)基于GNSS-R的海洋微波遥感及参数反演应用。海平面均高、海浪高度、海面风场、海水盐度等海态信息是全球变化与地球系统科学、海洋气象学、海洋渔业、航运、海洋工程以及海洋灾害等的重要物理参数。GNSS-R海洋遥感技术作为一项新兴技术，为海洋参数探测提供了一套极具优势的方法，不但具有重要的学术意义，在国防上也有重要的应用前景，这也正是国际上急于在卫星上进行相关实验的原因。

(7)海底大地测量。海洋战略是我国“十八大”确立的国家发展战略，海洋的合理开发与应用、发展海洋经济是我国今后一个时期的重点发展方向。海洋大地测量以及海底大地坐标基准框架构建是进行海洋开发与利用、海底地壳形变监测等的测绘基准和重要前提，对于海洋战略的顺利实施具有重要的意义。

参考文献

白廷义,2010.基于激光扫描数据的隧道曲面重建技术研究[D].青岛:山东科技大学.

柏铭,2009.QDCORS网的精度分析与完备性研究[D].青岛:山东科技大学.

陈金平,2001.GPS完善性增强研究[D].郑州:解放军信息工程大学.

陈俊勇,魏子卿,胡建国,等,2000.即将迈入新千年的大地测量学——第22届IUGG大会有关大地测量部分的技术总结(下)[J].测绘学报(2):1-11.

陈俊勇,许厚泽,胡建国,等,2004.第23届IUGG大会有关大地测量的最新进展[J].测绘学报(1),12-21.

陈鹏,姚宜斌,吴寒,2011.利用时间序列分析预报电离层TEC[J].武汉大学学报,36(3):267-270.

陈兆国,1988.时间序列及其谱分析[M].北京:科学出版社.

程乾生,2003.数字信号处理[M].北京:北京大学出版社.

程贤德,1990.低纬地区夜间电离层底部电子浓度与磁扰的关系[J].空间科学学报,10(3):230-236.

崔希璋,於宗俦,陶本藻,等,2001.广义测量平差[M].武汉:武汉大学出版社.

崔先强,焦文海,2003.灰色系统模型在卫星钟差预报中的应用[J].武汉大学学报(信息科学版),30(5):447-450.

戴连君,过静珺,谭志彬,等,2004.北京市全球卫星定位综合应用服务系统[J].测绘通报(8):38-40.

邓聚龙,2005.灰色系统基本方法[M].2版.武汉:华中科技大学出版社.

杜金观,项静怡,戴俭华,1991.时间序列分析-建模与预报[M].合肥:安徽教育出版社.

范士杰,2004.GPS精密单点定位的算法实现与精度分析[D].武汉:武汉大学.

冯超,田蔚风,金志华,2004.GPS载波相位双差整周模糊度在航求解[J].中国惯性技术学报,15(5):27-30.

付梦印,邓志红,张继伟,2003.Kalman滤波理论及其在导航系统中的应用[M].北京:科学出版社.

高井祥,王坚,2004.GPS动态监测数据特征提取与变形预报[R].北京:首届测绘青年科学家论坛.

高星伟,2002.GPS/GLONASS网络RTK的算法研究与程序实现[D].武汉:武汉大学.

高志,俞啸海,2007.小波分析与应用[M].2版.北京:国防工业出版社.

顾国华,2006.印尼8.7级大震前后GPS观测站的地壳水平与垂直位移时间序列结果[J].地震,26(2):19-28.

顾国华,张晶,2002.中国地壳运动观测网络基准站GPS观测的位移时间序列结果[J].大地测量与地球动力学,22(2):61-67.

顾国华,张晶,王武星,2003.关于2001年昆仑山8.1级大地震前后中国大陆地壳水平运动的讨论[J].地震学报,25(6):653-660.
归庆明,宫轶松,李国重,等,2006.粗差探测的Bayes方法[J].测绘学报(4):303-307.
郭东美,韩保民,熊熊,2007.低轨卫星定轨中精密卫星钟差的插值方法[J].大地测量与地球动力学,27(2):103-106.
韩保民,2006.精密卫星钟差加密方法及其对星载GPS低轨卫星定轨精度影响[J].武汉大学学报(信息科学版),31(12):1075-1078.
洪樱,欧吉坤,彭碧波,2006.GPS卫星精密星历和钟差三种内插方法的比较[J].武汉大学学报(信息科学版),31(6):516-518.
胡昌华,李国华,刘涛,等,2004.基于MATLAB 6.x的系统分析与设计——小波分析[M].2版.西安:西安电子科技大学出版社.
胡昌华,张军波,2000.基于MATLAB的系统分析与设计——小波分析[M].西安:西安电子科技大学出版社.
胡友健,梁新美,许成功,2006.论GPS变形监测技术的现状和发展趋势[J].测绘科学(5):155-157.
黄兵杰,柳林涛,高光星,等,2006.基于小波变换的GPS精密单点定位中的周跳探测[J].武汉大学学报(信息科学版),31(6):512-515.
黄丁发,卓健成,1997.GPS相位观测值周跳检测的小波方法[J].测绘学报(4):352-357.
黄观文,张勤,许国昌,等,2008.基于频谱分析的IGS精密星历卫星钟差精度分析研究[J].武汉大学学报(信息科学版),33(5):496-499.
黄俊华,陈文森,2009.连续运行卫星定位综合服务系统建设与应用[M].北京:科学出版社.
黄逸丹,2007.区域电离层GPS监测及应用研究[D].上海:中国科学院研究生院(上海天文台).
季善标,朱文耀,熊永清,2001.精密GPS卫星钟差的改正和应用[J].空间科学学报,21(1):42-48.
江在森,马宗晋,张希,等,2003.GPS初步结果揭示的中国大陆水平应变场与构造变形[J].地球物理学报,46(3):352-358.
姜卫平,马强,刘鸿飞,2008.CORS系统中坐标移动转换方法及应用[J].武汉大学学报(信息科学版),33(8):775-778.
金文敬,唐正宏,黄乘利,等,2003.国际地球自转服务(IERS)评介[J].天文学进展,21(1):26-32.
李成钢,2003.基于多基准站网络的VRS技术及其误差分析与建模[D].成都:西南交通大学.
李成钢,2007.网络GPS/VRS系统高精度差分改正信息生成与发布研究[D].成都:西南交通大学.
李成钢,黄丁发,邹乐韬,等,2007.GPS/VRS参考站网络的对流层误差建模技术研究[J].测绘科学,32(4):29-32.
李德仁,袁修孝,2002.误差处理与可靠性理论[M].武汉:武汉大学出版社.
李吉之,2006.基于VRS技术的误差分析与建模[D].辽宁:辽宁工程技术大学.
李庆扬,2001.数值分析基础教程[M].北京:高等教育出版社.
李征航,黄劲松,2005.GPS测量与数据处理[M].武汉:武汉大学出版社.

李征航,吴秀娟,2002.全球定位系统(GPS)技术的最新进展第四讲精密单点定位(上)[J].测绘信息与工程,27(5):34-37.

李征航,张小红,2009.卫星导航定位新技术及高精度数据处理方法[M].武汉:武汉大学出版社.

李志刚,李伟超,程宗颐,等,2008.电离层 TEC 预报的直接法和间接法及其比较[J].天文学报,49(1):29-44.

刘经南,刘晖,2003.连续运行卫星定位服务系统——城市空间数据的基础设施[J].武汉大学学报(信息科学版),28(3):259-264.

刘经南,刘晖,2003.建立我国卫星定位连续运行站网的若干思考[J].武汉大学学报(信息科学版),28(S1):32-36.

刘经南,叶世榕,2002.GPS 非差相位精密单点定位技术探讨[J].武汉大学学报(信息科学版),27(3):234-240.

刘精攀,2007.GPS 非差相位精密单点定位方法与实现[D].南京:河海大学.

刘军,柴洪洲,刘先冬,等,2010.基于 ARIMA(p,1,1)的电离层预报模型[J].大地测量与地球动力学,30(3):79-82.

刘君,夏智勋,2007.动力学系统辨识与建模[M].北京:国防科技大学出版社.

刘瑞源,刘顺林,徐中华,等,2005.自相关分析法在中国电离层短期预报中的应用[J].科学通报,50(24):2781-2785.

刘思峰,党耀国,方志耕,等,2004.灰色系统理论及其应用[M].北京:科学出版社.

隆华平,胡友健,曾云,2005.GPS 连续运行参考站网络的解的精度及其稳定性研究[J].全球定位系统,30(2):30-35.

卢秀山,李清泉,冯文灏,等,2003.车载式城市信息采集与三维建模系统[J].武汉大学学报(工学版),36(3):76-80.

路晓峰,贾小林,崔先强,2006.灰色系统理论的优化方法及其在卫星钟差短期预报中的应用[J].测绘工程,15(6):12-14.

秘金钟,2010.GNSS 完备性监测方法、技术与应用[D].武汉:武汉大学.

秘金钟,李玮,谷守周,2011.精密单点定位用户自主式完备性监测算法[J].测绘学报,40(S1):63-67.

秘金钟,李毓麟,2001.广域差分 GPS 系统完备性监测技术的新进展[J].测绘科学,26(1):44-47.

秘金钟,李毓麟,2002.分布式 WADGPS 完备性技术监测研究[J].全球定位系统,27(4):2-8.

聂建亮,2010.GPS 精密单点定位算法及故障诊断研究[D].西安:长安大学.

宁津生,刘经南,陈俊勇,等,2006.现代大地测量理论与技术[M].武汉:武汉大学出版社.

牛飞,2008.GNSS 完好性增强理论与方法研究[D].郑州:解放军信息工程大学.

欧吉坤,1999.粗差的拟准检定法(QUAD 法)[J].测绘学报,2(28):15-20.

欧吉坤,王振杰,2003.GPS 精密测量中系统误差的分离方法[J].数据采集与处理,18(4):365-368.

彭玉华,2000.小波变换与工程应用[M].北京:科学出版社.

平劲松，黄逸丹，王明远，等，2007. 无线电掩星技术观测火星夜间电离层的可行性[J]. 深空探测研究 (2)：18-25.

秦显平，杨元喜，焦文海，等，2004. 利用SLR和伪距资料确定导航卫星钟差[J]. 测绘学报，33(3)：206-209.

芮国胜，康健，2004. 小波与傅里叶分析基础[M]. 北京：电子工业出版社.

石杏喜，岳建平，2004. 基于小波的GPS基线解算精化处理技术及其应用[J]. 测绘通报 (5)：18-21.

宋成，王飞雪，庄钊文，2008. 基于遗忘因子最小二乘的GPS接收机钟差预测算法研究[J]. 测绘科学(S1)：41-43.

宋立杰，杨元喜，1999. 均值漂移模型粗差探测法与LEGE法的比较[J]. 测绘学报，28(4)：295-300.

宋迎春，朱建军，等，2008. Kalman滤波中测量粗差的探测与修复[J]. 工程数学学报，25(3)：437-441.

唐卫明，刘经南，刘晖，等，2007. 一种GNSS网络RTK改进的综合误差内插方法[J]. 武汉大学学报(信息科技版)，32(12)：1156-1159.

唐卫明，楼益栋，刘晖，等，2006. GPS连续运行参考站系统定位精度检测方法研究[J]. 通信学报，27(8)：73-77.

唐文刚，王建辉，金元德，等，2004. 虚拟参考站系统的设计与建立[J]. 现代测绘，27(2)：13-15.

王贵文，2004. VRS对流层模型及其算法研究[D]. 成都：西南交通大学.

王红平，李婷峰，2004. 卫星轨道误差对网络RTK定位精度的影响分析与改进方法[J]. 全球定位系统，29(6)：32-35.

王金岭，陈永奇，1994. 论观测值的可靠性度量[J]. 测绘学报，23(4)：252-258.

王梅，2008. GPS时间学列变化特征研究[D]. 合肥：中国科学技术大学.

王平，2001. 虚拟参考站——GPS网络RTK技术[J]. 测绘通报(S1)：4-5.

王琪，张培震，马宗晋，2002. 中国大陆现今构造变形GPS观测数据与速度场[J]. 地学前缘，9(2)：415-429.

王潜平，徐天河，许国昌，2011. 粗差检测与抗差估计相结合的方法在动态相对定位中的应用[J]. 武汉大学学报(信息科学版)，36(4)：476-480.

王威，夏林元，2003. 区域性导航定位综合服务系统方案研究[J]. 武汉大学学报(信息科学版)，28(S1)：9-12.

王志贤，2004. 最优状态估计与系统辨识[M]. 西安：西安工业大学出版社.

韦建超，2007. GPS精密单点定位的数据处理研究[D]. 长沙：中南大学.

吴北平，2003. GPS网络RTK定位原理与数学模型研究[D]. 北京：中国地质大学.

吴耀强，吕戈培，廖华，等，2005. GPS/VRS卫星定位服务网络建设与精度评定[J]. 测绘科学，30(3)：75-77.

夏林元，2005. GPS观测值中多路径理论研究与数值结果[D]. 武汉：武汉大学.

夏小裕，秦世茂，2008. GPS测量中病态性问题的初探[J]. 山西建筑，34(10)：357-358.

熊年禄，唐存琛，李行健，1999. 电离层物理概论[M]. 武汉：武汉大学出版社.

熊永良，黄丁发，2000. 一种基于小波变换的 GPS 基线求解算法[J]. 测绘科学技术学报，17(4)：260-264.

徐君毅，曾安敏，2009. ARIMA(0,2,q)模型在卫星钟差预报中的应用[J]. 大地测量与地球动力学，29(5)：116-120.

徐绍铨，张华海，杨志强，等，2011. GPS 测量原理及应用[M]. 武汉：武汉大学出版社.

徐天河，贺凯飞，2009. 移动开窗检验法及其在 GOCE 数据粗差探测中的应用[J]. 测绘学报，38(5)：391-396.

许长辉，2011. 高精度 GNSS 单点定位模型质量控制及预警[D]. 北京：中国矿业大学.

薛军琛，宋淑丽，朱文耀，等，2011. 区域 GPS 网实测电离层变化和卫星硬件延迟的可靠性研究[J]. 天文学报，52(4)：310-321.

闫伟，牛安福，江在森，等，2007. 昆仑山地震前后基线变化特征研究[J]. 大地测量与地球动力学，27(S1)：8-11.

杨国华，江在森，刘广余，等，2007. 华北地区的水平运动场与昆仑山 8.1 级地震的可能关系[J]. 大地测量与地球动力学，27(2)：10-15.

杨小军，2005. 虚拟参考站(VRS)技术与差分改正信息的研究[D]. 成都：西南交通大学.

杨小军，周乐韬，黄丁发，2005. 利用多基准站网络生成 VRS_RTK 差分改正信息的方法研究[J]. 测绘工程，14(1)：5-8.

杨洋，2007. 虚拟参考站(VRS)技术及其精度评定[D]. 成都：西南交通大学.

叶聪云，罗涛，陈远，等，2008. 精密卫星钟差的内插方法研究[J]. 测绘信息与工程，33(1)：11-13.

叶达忠，2007. GPS 精密单点定位(PPP)原理、测试及应用[J]. 广西水利水电(1)：24-26.

叶世榕，2002. GPS 非差相位精密单点定位理论与实现[D]. 武汉：武汉大学.

伊廷华，李宏男，伊晓东，等，2006. 基于自适应噪声抵消与小波滤波的 GPS 监测误差分析[J]. 武汉大学学报(信息科学版)，31(11)：995-998.

殷海涛，黄丁发，熊永良，等，2006. IGS 超快星历在对流层实时监测中的应用研究[J]. 西南交通大学学报，41(1)：97-101.

殷海涛，李杰，董晓娜，等，2009. 汶川地震前后山东及周边地区地壳运动特征分析[J]. 大地测量与地球动力学，29(3)：23-27.

袁代林，2002. 推广的遗忘因子递推最小二乘算法在 GPS 中的应用[J]. 四川大学，39(4)：595-601.

袁运斌，2002. 基于 GPS 的电离层监测及延迟改正理论与方法的研究[D]. 武汉：中国科学院研究生院(测量与地球物理研究所).

张斌，欧吉坤，2007. 一种小波与谱分析结合的 GPS 精密卫星钟差拟合方法研究[J]. 武汉大学学报(信息科学版)，32(8)：715-718.

张晨晰，2008. 基于 CORS 的“车载式三维信息采集系统”定位研究[D]. 青岛：山东科技大学.

张善文，雷英杰，冯有前，2007. MATLAB 在时间序列分析中的应用[M]. 西安：西安电子科技大学出版社.

张守建，李建成，邢乐林，等，2007. 两种 IGS 精密星历插值方法的比较分析[J]. 大地测量与地球动力学,27(2):80-83.

张伟,2008.虚拟参考站系统的建设与研究[D].长春:吉林大学.

张小红,蔡诗响,李星星,等,2010b.利用GPS精密单点定位进行时间传递精度分析[J].武汉大学学报(信息科学版),35(3):274-278.

张小红,郭斐,李星星,2010a.IGS卫星钟差产品采样间隔对PPP精度的影响[J].武汉大学学报(信息科学版),35(2):152-155.

张晓亮,江在森,王敏,等,2006.利用GPS连续站资料研究地壳运动与地震的关系[J].大地测量与地球动力学,26(4):63-68.

张正禄,张松林,罗年学,等,2003.多维粗差定位与定值的算法研究及实现[J].武汉大学学报(信息科学版),28(4):400-404.

章红平,2006.基于地基GPS的中国区域电离层检测与延迟改正研究[D].上海:中国科学院研究生院(上海天文台).

赵春梅,欧吉坤,袁运斌,2005.基于单点定位模型的GALILEO及GPS-GALILEO组合系统的定位精度和可靠性的仿真分析[J].科学通报,50(8):811-819.

郑作亚,2005.GPS数据预处理和星载GPS运动学定轨研究及其软件实现[D].上海:中国科学院研究生院(上海天文台).

郑作亚,2007山东省卫星定位连续运行综合应用服务系统(SDCORS)总体设计方案[R].济南:山东省国土资源厅.

郑作亚,陈永奇,卢秀山,2008.灰色模型修正及其在实时GPS卫星钟差预报中的应用研究[J].天文学报,49(3):306-320.

郑作亚,陈永奇,卢秀山,等,2007.基于模糊度中误差的GPS信号第三民用频率L5的选取研究[J].测绘学报,36(4):383-388.

郑作亚,党亚民,卢秀山,等,2010.观测资料和卫星钟差对PPP收敛影响分析[J].空间科学学报,30(6):578-583.

郑作亚,黄瑊,卢秀山,等,2003.小波分析在GPS技术中的应用[J].中国科学院研究生院(上海天文台)年刊(24),48-55.

郑作亚,卢秀山,2008.几种GPS卫星钟差预报方法比较及精度分析[J].山东科技大学学报(自然科学版),27(4):6-11.

郑作亚,卢秀山,陈永奇,2007.利用IGS超快星历中观测资料预报卫星钟差初步分析[C]//中国测绘学会大地测量专业委员会2007年综合性学术年会.青岛:中国测绘学会:11-19.

周东卫,2007.虚拟参考站(VRS)技术的质量控制和完备性监测研究[D].成都:西南交通大学.

周江文,黄幼才,杨元喜,等,1997.抗差最小二乘法[M].武汉:武汉理工大学出版社.

周江文,欧吉坤,1984.拟稳点的更换——兼论自由网平差若干问题[J].测绘学报,13(3):167-170.

周乐韬,2007.连续运行参考站网络实时动态定位理论、算法和系统实现[D].成都:西南交通大学.

周硕愚,吴云,施顺英,等,2006.GPS对地震预报的推进和问题研究[J].大地测量与地球动力学,26(3):111-117.

周忠谟,易杰军,周琪,1997. GPS 卫星测量原理与应用[M]. 北京:测绘出版社.

朱陵凤,韩春好,李超,2007. 灰色模型用于卫星钟差长期预报的性能研究[J]. 天文研究与技术,4(3): 226-230.

朱陵凤,吴晓平,李超,等,2007. 灰色模型在卫星钟差预报中的缺陷分析[J]. 宇航计测技术,27(4): 42-44.

朱习军,2006. 基于小波分析的高精度 GPS 测量质量控制研究[D]. 青岛:山东科技大学.

朱习军,戴月明,2005. 基于小波分解的 GPS 监测数据消噪处理[J]. 山东科技大学学报(自然科学版),24(2):17-19.

ANGUS J E,2006. RAIM with multiple faults[J]. Navigation,53(4):249-257.

BALAN N, BRAO P,NIYER K,1986. Seasonal and solar cycle variations of night-time anomalous enhancements in total electron content[J]. Earth Planet, 95(3): 409-416.

BISNATH S B, LANGLEY R B,2001. A new approach to an old problem: earrier phase cycle slips [J]. GPS World,12(5):46-51.

BLOMENHOFER H,EHRET W, ARIANLEONARD,et al,2004. GNSS/Galileo global and regional integrity performance analysis[C]//ION GNSS 17th International Technical Meeting of the Satellite Division. Long Beach:Long Beach Convention Center:2158-2168.

BRUNNER F K, GU M,1991. An improved model for dual frequency ionospheric correction of GPS observations[J]. Manuscripta Geodaetica,16(3):205-214.

CHEN W, HU C, LI Z, et al, 2004. Kinematic GPS precise point positioning for sea level monitoring with GPS buoy [J]. Journal of Global Positioning Systems, 3(2): 302-307.

CHEN Y, MA G, HUANG W,2008. Night-time total electron content enhancements at equatorial anomaly region in China[J]. Advances in Space Research,41(4):617-623.

COLLIN F,WARNANT R,1995. Applications of the wavelet transform for GPS cycle slip correction and comparison with Kalman filter [J]. Manuscripta Geodaetica, 20(3):161-172.

FU W X,RIZOS C,1997. The applications of wavelets to GPS signal processing, 10th Int. Tech. Meeting of the Satellite Division of the U. S. Inst. of Navigation, Kansas City, Missouri,16-19 Sep. , 1385-1388.

FULLER S,KEALY A,COLLIER P A, 2004. Real time quality assessment for CORS networks [J]. Positioning, 4(1&2).

GAO Y, SHEN X,2002. A new method of carrier phase based precise point positioning [J]. Journal of the institute of Navigation,49(2):109-116.

GUO J F, OU J K, YUAN Y B,2011. Reliability analysis for a robust M-estimator[J]. Journal of Surveying Engineering,137(1): 9-13.

HAINES G V, 1985. Spherical cap harmonic analysis [J]. Geophys Research, 90 (B3): 2583-2591.

HAN S C, KWON J H, JEKELI C,2011. Accurate absolute GPS positioning through satellite clock error estimation[J]. Journal of Geodesy, 77:33-43.

HUANG C, HU X G, CHENG Z Y,2002. Solution of regional GPS network using precise point positioning with undifferenced data[J]. Chinese Astronomy and Astrophysics, 26(1):69-80.

HUBERT P J,1981. Robust Statistics[M]. New York:Wiley.

IERS(1989). IERS Standards(1989),IERS Technical Note 3,(ed. D. D. McCarthy)

IERS(1996). IERS Conventions(1996),IERS Technical Note 21,(ed. D. D. McCarthy)

INGRID D,2004. 小波十讲[M]. 李建平,杨万年,译. 北京:国防工业出版社.

KLOBUCHAR J A,1986. Ionospheric Time 2 delay Algorithm for Single Frequency GPS Users [J]. IEEE Transactions on Aerospace and Electronics System AES,23(3):231-325.

KOUBA J,HEROUX P,2011. GPS precise point positioning using IGS orbit products [J]. GPS Solutions, 5(2): 12-28.

LANDAU H,2002. VRS technology application in europe and asia[R]. International Symposium on GPS/GNSS.

LIM S S,TRAN B Q,2004. Convergence of block decorrection method for the integer ambiguity fix[J]. Journal of Global Positioning System, 3(1): 290-295.

LIU Z, SKONE S, GAO Y, et al,2005. Ionospheric modeling using GPS data[J]. GPS Solutions,9(1):63-66.

MADONNA P, SABINA V, SFARZO L,2010. NIORAIM algorithm applied to a multi-constellation GNSS: analysis of integrity monitoring performances in various phases of flight[C]// Position Location & Navigation Symposium IEEE/ION, 29(16):1258-1263.

MARTINI I, HEIN G W,2006. An integrity monitoring technique for multiple failures detection [C]//Position, Location, & Navigation Symposium, IEEE/ION:450-467.

MOHAMED A A,2005. Precise point positioning using un-differenced code and carrier phase observations[D]. Calgary:University of Calgary.

OLIVEIRA J, TIBERIUS C,2009. Quality control in SBAS: protection levels and reliability levels[J]. Journal of Navigation, 62(3):509-522.

PAUL M K,BRENT M L,2005. The ionosphere, radio navigation, and global navigation satellite systems[J]. Advances in Space Research, 35(5):788-811.

RICHERT T,2005. The Impact of future global navigation satellite systems on precise carrier phase positioning[D]. Calgary:University of Calgary.

ROUSSEEUW P J,1984. Least median of squares regression[J]. Journal of the American Statistical Association,79(388):871-880.

SCHUSTER W, BAI J, FENG S, et al, 2012. Integrity monitoring algorithm for airport surface movement[J]. GPS Solutions, 16(1):65-75.

SHEN X,2002. Improving ambiguity convergence in carrier phase-based precise point positioning [D]. Calgary:University of Calgary.

TEUNISSEN P J G,Kleusberg A,1998. GPS for geodesy[M]. 2nd ed. Berlin:Springer Berlin Heidelberg.

TEVK M,2004. The stochastic modeling of GPS observations [J]. Turkish Journal of Engineering & Environmental Sciences,28:223-231.

WANG J,GAO J,XU C,2006. Single epoch GPS deformation signals extracting and gross error detection technique based on wavelet transform[J]. Geo-spatial Information Science, 9(3): 187-190.

WANG J,PENG X, XU C,2011. Coal mining GPS subsidence monitoring technology and its application[J]. Mining Science and Technology, 21(4):463-467.

WU C,2002. Critical issues on GPS-RTK operation using Hong Kong GPS active network [J]. Journal of Geospatial Engineering,4(1):31-40.

WU J T, WU S C, GA H,et al, 1993. Effects of antenna orientation on GPS carrier phase [J]. Astrodynamics,18:1647-1660.

WU J, HUANG Z M,2002. Spatially convergent GPS kinematic positioning [J]. GPS Solutions (6): 3-10.

XU C H, QIN Z,2009. SVD-Based model for mine quasi-geoid establishment[C]. Procedia: Earth and Planetary Science, 1(1): 1212-1219.

XU C, WANG J, GAO J,et al,2011. Precise point positioning and its application in mining deformation monitoring[C]. Transactions of Nonferrous Metals Society of China.

XU G C,2007. GPS theory, algorithms and applications[M]. Meppel: Springer.

XU G C,2011. GPS 理论、算法与应用[M]. 北京:清华大学出版社.

XU P L,1993. Consequences of constant parameters and confidence intervals of robust estimation [J]. Bollettino Geod Scienzi Affini,52:231-249.

XU P L,2005. Sign-constrained robust least squares, subjective breakdown point and the effect of weights of observations on robustness [J]. Journal of Geodesy, 79(4):146-159.

YOHAI V J,1987. High breakdown-point and high efficiency robust estimates for regression[J]. Annals of Statistics,15(2):642-656.

ZHENG Z Y , CHEN Y, LU X,2009. An improved grey model and its application research on the prediction of real-time GPS satellite clock errors[J]. Chinese Astronomy and Astrophysics, 2009, 33(1):72-89.

ZHENG Z Y, HUANG C, FENG CG, et al,2004. Selection of GPS satellites for the optimum geometry [J]. Metals and Materials International, 6(2):169-175.

ZUMBERGE J F , HEFLIN M B , JEFFERSON D C, et al,1997. Precise point positioning for the efficient and robust analysis of GPS data from large networks[J]. Journal of Geophysical Research Atmospheres, 102(B3): 5005-5017.

ZUMBERGE J F,1999. Automated GPS data analysis service [J]. GPS Solutions, 2(3): 76-78.